MANUEL
DES
CONSTRUCTIONS MÉTALLIQUES

CHARPENTES ET PONTS

TROISIÈME ÉDITION

RÉSISTANCE DES MATÉRIAUX
GRAPHOSTATIQUE
APPLIQUÉES AUX
SYSTÈMES TRIANGULAIRES — FERMES ET POUTRES
ARCS ARTICULÉS, CONTINUS, ENCASTRÉS
DOME SPHÉRIQUE
RÈGLEMENT DE 1891 SUR LES PONTS — DONNÉES DE CONSTRUCTION, etc.

PAR
J. BUCHETTI
INGÉNIEUR CIVIL (A. M.) (E. C. P.)
EX-CONSTRUCTEUR
EX-PROFESSEUR SUPPLÉANT A L'ÉCOLE CENTRALE DE PARIS

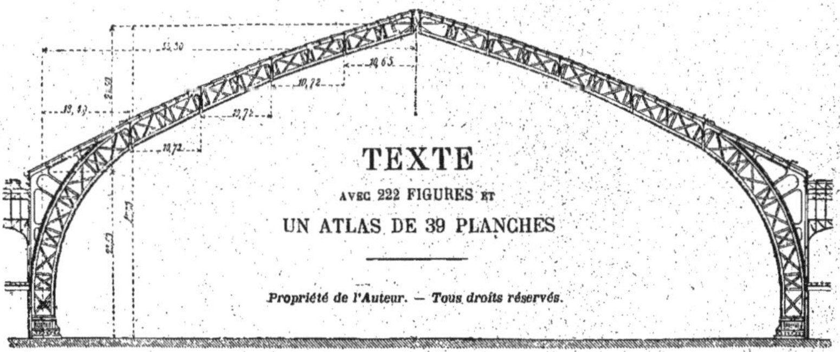

TEXTE
AVEC 222 FIGURES ET
UN ATLAS DE 39 PLANCHES

LIBRAIRIE POLYTECHNIQUE CH. BÉRANGER
15, RUE DES SAINTS-PÈRES, 6e
PARIS

MANUEL

DES

CONSTRUCTIONS MÉTALLIQUES

ANGERS. — IMPRIMERIE ORIENTALE A. BURDIN ET Cie, 4, RUE GARNIER.

MANUEL

DES

CONSTRUCTIONS MÉTALLIQUES

CHARPENTES ET PONTS

TROISIÈME ÉDITION

RÉSISTANCE DES MATÉRIAUX
GRAPHOSTATIQUE
APPLIQUÉES AUX

SYSTÈMES TRIANGULAIRES — FERMES ET POUTRES
ARCS ARTICULÉS, CONTINUS, ENCASTRÉS
DOME SPHÉRIQUE
RÈGLEMENT DE 1891 SUR LES PONTS — DONNÉES DE CONSTRUCTION, etc.

PAR

J. BUCHETTI

INGÉNIEUR CIVIL (A. M.) (E. C. P.)
EX-CONSTRUCTEUR
EX-PROFESSEUR SUPPLÉANT A L'ÉCOLE CENTRALE DE PARIS

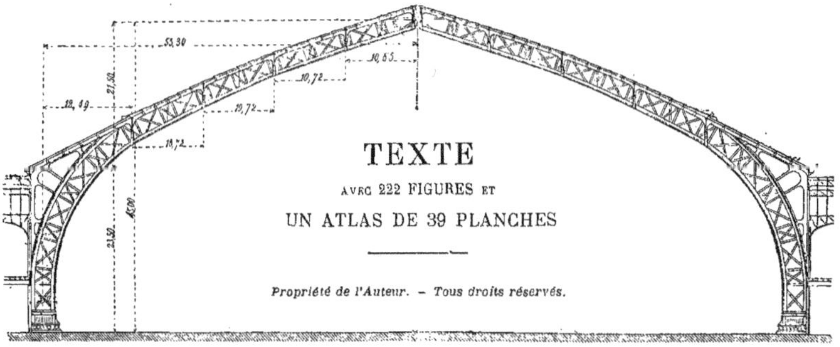

TEXTE

AVEC 222 FIGURES ET
UN ATLAS DE 39 PLANCHES

LIBRAIRIE POLYTECHNIQUE CH. BÉRANGER .
15, RUE DES SAINTS-PÈRES, 6e
PARIS

EXTRAIT

d'un jugement rendu par le Tribunal civil de la Seine

(1898)

en faveur de J. Buchetti

. . . .

« Attendu que sans rechercher si les dessins revendiqués par Buchetti ont une destination industrielle, il est indiscutable que par leur conception et leur exécution ils rentrent dans le domaine des beaux-arts et sont, à ce titre, protégés par la loi de 1792...

« Attendu que Buchetti paraît avoir surtout eu pour but, en introduisant son action, de faire respecter ses droits et qu'il lui suffira de lui allouer à titre de dommages-intérêts une somme de... et de faire cesser la contrefaçon.

« Pour ces motifs, dit que les dessins (suit l'énumération des dessins contrefaits) ont été *contrefaits*. Ordonne la destruction des clichés dans la huitaine de la signification du présent jugement.

« Fait défense à X.-Y de reproduire les dits dessins dans les futures éditions de l'ouvrage de X.

« Condamne X et Y à payer à Buchetti la somme de... à titre de dommages-intérêts...

« Condamne les défendeurs aux dépens. »

PRÉFACE

DE LA TROISIÈME ÉDITION

Dans cette nouvelle édition nous ne considérons que les constructions métalliques, comprenant : les charpentes et les ponts. Nous ferons ailleurs l'application des calculs de résistance aux organes des constructions mécaniques.

Le fer, en barres méplates, de l'ancienne métallurgie, était peu employé dans les constructions. On voit cependant à Paris, rue de la Douane, dans les bâtiments de la douane, une charpente en fer. Le pont des Arts, établi sur la Seine en 1803, est aussi un spécimen du genre de construction de l'époque.

Avec les chemins de fer prit naissance la construction des ponts en métal. Les premiers ponts de ce genre, établis en Angleterre, étaient à faible portée et en fonte. Le pont du Carrousel sur la Seine, établi vers 1833, est un type de ce genre, et malgré la flexibilité que lui donnent ses tympans annulaires il fait encore un bon service. Cependant la fonte, cassante, peu élastique, résistant mal à l'extension était d'un emploi limité.

L'extension des chemins de fer imposa bientôt les ponts à grandes portées et pour ces ponts, le fer, plus résistant à la traction, plus élastique que la fonte, lui fut préféré. En même temps les progrès de la métallurgie permettaient cette substitution, et la fabrication des fers profilés facilitait singulièrement la construction. Le fer fut généralement adopté vers 1845. C'est ainsi que furent construits les ponts *Britannia* sur le détroit de *Menai*, par Stéphenson fils ; celui du *Conway* et plus récemment celui du *Forth*.

Bientôt le fer fut substitué au bois dans la construction des grandes charpentes qu'exigeaient les Gares des chemins de fer : puis vinrent les édifices d'utilité publique tel que les marchés couverts, dont les Halles centrales de Paris sont restées un type toujours admiré. Enfin l'exposition de 1889 vit s'élever avec la Galerie des machines ; la tour de 300 mètres. Les contructions privées emploient aussi largement le fer.

Cependant les ingénieurs qui établirent les premiers ponts en fer avaient la presque certitude que ces ponts auraient une courte durée et cela pour trois causes, on craignait : 1° que le fer ne fut promptement détruit par la rouille ; 2° que sous l'action des efforts alternatifs et des vibrations qu'occasionnait le passage des trains, les rivets ne soient desserrés et ne prennent du jeu dans leurs trous ; 3° enfin on craignait par dessus tout que sous l'action des vibrations répétées la texture du fer ne passât de celle à neuf ou à grains fin à la texture à gros grains ou cristalline, en perdant son élasticité et sa résistance.

Heureusement que l'expérience a promptement rassuré les plus inquiets et fait voir que ces craintes étaient tout à fait exagérées. Aujourd'hui encore, on ne connaît aucun pont mis hors de service pour l'une des trois causes ci-dessus et rien ne permet de prévoir la limite de ce maintien en service. (1°) L'oxydation est combattue par une peinture renouvelée tous les 5 ou 6 ans. (2°) Si quelques rivets se desserrent, si notamment leur tête se détache, cela tient surtout à ce que le rivet a été mal posé, la preuve c'est que l'accident est toujours très localisé. (3°) L'altération moléculaire ne se produit pas, tant que les efforts subis par le métal n'atteignent pas sa limite d'élasticité. On l'a constaté sur la fonte des ponts, notamment sur le pont du Carrousel ; sur les fils du pont suspendu du Niagara, etc.

L'énorme extension des chemins de fer, des constructions métalliques et aussi de l'armement, offrant un débouché toujours plus vaste à la métallurgie, les procédés de fabrication et l'outillage des forges se sont modifiés sans cesse, au point de vue de la fabrication en grand.

Après le haut-fourneau au coke et le fer puddlé, Bessemer proposa vers 1855 son procédé de décarburation directe de la fonte. Peu après vint le procédé Martin-Siemens.

Actuellement ces deux procédés, auxquels il convient de joindre la méthode basique de Thomas et Gilchrist, dépassant le but de leurs inventeurs (fabrication de l'acier dur), fournissent en quantités énormes *le fer fondu* ou *acier doux* qui se substitue de plus en plus au fer puddlé.

C'est cet étonnant développement de la production et de l'emploi du métal qui ont fait appeler le XIXe siècle : le *siècle du fer* et plus récemment : le *siècle de l'acier*.

Théorie. Mais pour édifier les ponts et charpentes il fallait connaître les lois de la statistique et de la résistance des matériaux. Les premiers essais furent faits par *Hodgkinson*.

Navier, ingénieur français, résumant les travaux de ses prédécesseurs, peut être considéré comme le fondateur de la *statique des Constructions*. C'est lui qui dans son ouvrage : (Mécanique appliquée), donna pour la flexion la formule classique $RI : v = \mu$. Plus tard (1857), *Clapeyron* donna la théorie des trois moments pour les poutres continues : Mohr (1860) fit connaître sa méthode graphique pour les poutres continues.

On ne considérait toujours pour les ponts que des poutres à âme pleine. Ce ne fut que dans la seconde moitié du siècle que le système des poutres à treillis prévalut.

Les méthodes graphiques de *Culmann* et de *Cremona* permirent de déterminer rapidement et simplement les tensions des barres dans les systèmes triangulaires indéformables.

Eddy donna vers 1878 sa méthode graphique de calcul des arcs.

On a souvent reproché aux méthodes graphiques de ne pas présenter la même précision que les méthodes analytiques. Au point de vue de la pratique, ce reproche est absolument mal fondé. En effet, si le calcul des formules est rigoureux, les hypothèses sur lesquelles elles sont établies ne le sont pas et les données numériques qui y entrent le sont encore moins. Qu'importe un calcul rigoureux quand : 1° les charges, qui sont les données premières, ne sont estimées qu'approximativement ; quand 2° le coefficient de travail du métal peut varier de 50 % et plus. Et puis le constructeur arrondit toujours le chiffre trouvé pour une tension, et quand il a déterminé la section d'une pièce, pour un coefficient de résistance R donné, il arrondit encore cette section pour employer les fers du commerce.

Si l'ingénieur peut projeter et calculer les dimensions des ouvrages les plus hardis, il doit à l'exécution s'assurer par des essais continuels que la qualité du métal fourni est bien celle prévue dans les calculs. Aussi les constructeurs ont dû, comme les usines métallurgiques, créer un laboratoire d'essais.

Dans la Ire *Partie* de cet ouvrage nous rappelons les formules générales de la résistance, les conditions d'essais des matériaux et décrivons quelques types des machines employées à cet effet.

Les autres parties de cet ouvrage ont trait, ainsi que l'indique en détail la table des matières, aux méthodes analytiques et surtout aux méthodes graphiques qui déterminent les tensions et moments de flexion, dans les poutres droites; les fermes de charpente et les arcs à articulation, continus ou encastrés.

Nous ne présentons que des calculs élémentaires. Les méthodes graphiques, réunies ici pour la première fois croyons-nous (méthode de Culmann, de Cremona, de Mohr, de Eddy), sont exposées aussi simplement qu'il nous a été possible, afin d'en rendre l'assimilation facile surtout aux débutants.

Cette partie de l'ouvrage a reçu d'importantes additions et c'est ainsi que l'Atlas comporte sept planches dont une double, de plus que l'édition précédente.

Nous espérons que cette nouvelle édition, avec les additions qu'elle comporte, donnera de plus en plus satisfaction aux constructeurs, qui nous ont souvent manifesté leur satisfaction au sujet des éditions précédentes.

J. Buchetti.

ERRATA

Page 37, 6e ligne,	*au lieu de :*	Pl. 36,	*mettre :*	Pl. XXXVIII
» 38, 4e »	»	Pl. 37,	»	Pl. XXXIX
» 180, 9e »	»	Pl. 34,	»	Pl. XXXV
» 180, Arc de 110 mètres,			*ajouter :*	Pl. XXVII

PREMIÈRE PARTIE

RÉSISTANCE

DES

MATÉRIAUX

MANUEL DES CONSTRUCTIONS MÉTALLIQUES

CHAPITRE PREMIER

FORMULES GÉNÉRALES DE LA RÉSISTANCE

La résistance d'un corps est la somme des résistances de ses molécules qui fait équilibre aux forces extérieures. La théorie suppose que les corps sont parfaitement élastiques ; par conséquent les formules ne sont applicables qu'autant que cette élasticité n'est pas altérée.

On distingue la résistance à la *traction*, à la *compression*, à la *flexion*, au *cisaillement*, à la *torsion* ; enfin à deux de ces actions combinées.

TRACTION ET COMPRESSION

Une tige AB (fig. 1) de section S est soumise à un effort de traction P. soit :

$R = P : S$ — la tension par unité de section,
l — la longueur primitive,
a — l'allongement total,
$i = a : l$, l'allongement par unité de longueur.

Fig. 1.

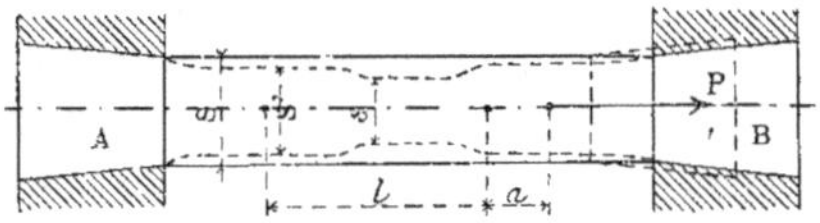

Le rapport : $\frac{R}{i} = \frac{P}{S} \times \frac{l}{a} = E$, s'appelle coefficient d'élasticité (1). (*a*)

Pour $S = 1$ et $i = 1$, on a : $R = P = E$; E est donc aussi : *la charge par unité de section capable d'allonger une tige d'une quantité égale à sa longueur primitive.*

Pour le fer en barres ou l'acier non trempé : $E = \begin{cases} 18000 \text{ par mm. c. ou } 18 \times 10^9 \text{ par m. carré} \\ \text{ou } 20000 \quad — \quad 20 \times 10^9 \quad — \end{cases}$

Pour les pièces formées de tôles et cornières rivées on a :

$E = 16000$ — ou 16×10^9 par mètre carré.

(1) A moins d'indication contraire, les valeurs de E sont toujours rapportées au millimètre carré, c'est-à-dire que R étant pris en kilogrammes par millimètre carré, *i* sera pris en mètres.

Tant que l'allongement i reste proportionnel à R, l'élasticité du corps n'est pas altérée, la charge correspondante est la *limite d'élasticité*, nous la désignons par R_e.

On conçoit que dans les constructions il importe de ne pas atteindre cette charge limite afin d'éviter les déformations permanentes. Dans les métaux, notamment les fers et les aciers, cette limite d'élasticité est sensiblement égale à la moitié de la charge de rupture que nous désignons par R_r.

1er *Exemple.* — Application de la relation (a). Quel est l'allongement a que subit une tige de fer ayant : S = 250 mm. c. ; l = 30 m. ; pour P = 3500 kg., sachant que E = 20000 par millimètre carré, on a :

$$a = \frac{Pl}{SE} = \frac{3500 \times 30}{250 \times 20000} = 0^m,021 \qquad \text{ou 21 millimètres.}$$

2e *Exemple.* — Un tirant ayant $l = 25$ m. ; S = 300 mm. c. ; est mis en place à la température de 25°. Quel sera l'effort de traction qu'il exercera par ses ancres à la température — 10° ? Le coefficient de la dilatation linéaire du fer étant 0,0000122, le raccourcissement par mètre sera : 0,0000122 (25 + 10) = 0,000427 ; le raccourcissement total sera : $a = 0,000427 \times 25 = 0,00106$ ou 106 millim.

L'effort par unité de section : $R = E\,i = 20000 \times 0,000427 = 8^k,54$.

L'effort total sur les ancres sera : $R\,S = 8,54 \times 300 = 2562$ kg.

On tient compte du poids Q du corps. — C'est le cas des tiges de pompes ; des câbles d'extraction ; des murs et piliers de grande hauteur.

Soit : P — la charge utile que le corps supporte,
Q — le poids propre total du corps,
S l — la section et la longueur du corps en mètres,
R — la résistance pratique par mètre carré,
δ — le poids du mètre cube du corps.

On a pour la section supérieure S d'une tige ou la section inférieure d'un mur :

$$P + Q = P + S\,l\delta = RS$$

$$P = S\,(R - l\delta) \quad \text{et} \quad S = \frac{P}{R - l\delta}.$$

La charge utile P devient nulle (le poids du corps produit seul la tension R admissible) pour :

$$l\delta = R \quad \text{ou} \quad l = R : \delta.$$

Exemple. — Pour une tige ou une chaîne en fer, soit R = 6000000 kg. ou 6 kg. par millimètre carré : δ = 7800 kg. La longueur limite admissible sera :

$$l = \frac{6000000}{7800} = 770 \text{ mètres.}$$

Pour diminuer le poids des tiges ou murs, on les compose (fig. 2) de tronçons de section décroissante dont on calcule successivement les sections $S\ S_1\ S_2$ ...

Solide d'égale résistance (fig. 3). — Le poids minimum du corps est donné par la section décroissante continue.

La section minimum est $S = P : R$.

La théorie donne pour la section S' correspondant à une longueur l' et pour le poids total Q les relations suivantes :

$$S' = \frac{P}{R}\left(2{,}718^{\frac{\delta l'}{R}}\right) : \quad \log S = \log\frac{P}{R} + 0{,}434\,\frac{\delta}{R}\,l'$$

$$Q = P\left(2{,}718^{\frac{\delta l}{R}} - 1\right).$$

Fig. 2. Fig. 3.

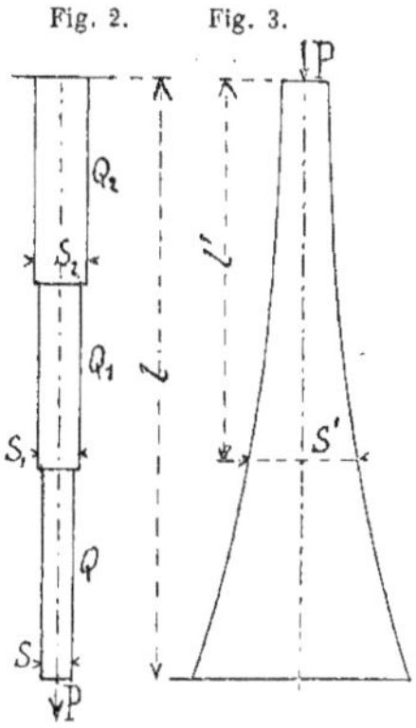

FLEXION PLANE

Soit (fig. 4) P l'effort exercé à la distance l et parallèlement à la section d'encastrement AB de la pièce.

On suppose la flexion assez faible pour que le *moment de flexion* $\mu = Pl$, puisse être considéré comme constant. La section $a'b'$ parallèle à AB est venue après la flexion en ab, son plan coupe celui AB en o qui est l'*axe de courbure*; $gg'g$ étant l'axe des centres de gravité des sections, $go = \rho$ est le *rayon de courbure*.

Les fibres supérieures se sont allongées, celles inférieures se sont raccourcies et si on admet que leur résistance R est la même à l'extension comme à la compression, ces déformations sont proportionnelles à la distance de chaque fibre à l'axe gg, qui est alors l'axe des *fibres neutres*.

Fig. 4.

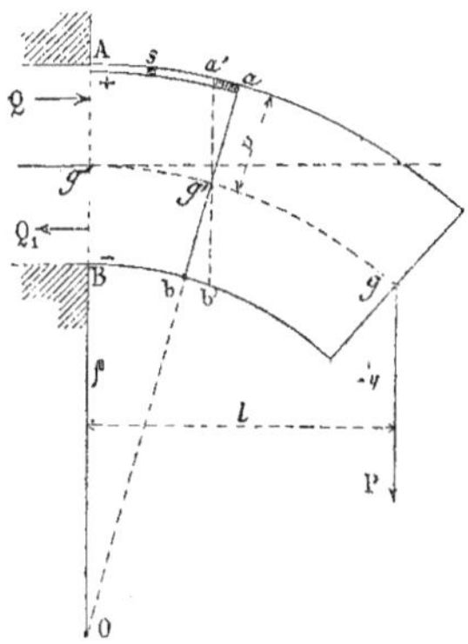

La fibre extérieure $Aa' = gg'$, à la distance v des fibres neutres, s'est allongée de aa' et les triangles $aa'g'$ et $gg'o$ étant semblables, on a :

$$i = \frac{aa'}{gg'} = \frac{v}{\rho}.$$

D'après ce que nous avons vu à l'extension ; $R = Ei = E\frac{v}{\rho}$. Le moment résistant par rapport à l'axe gg d'une fibre de section s sera :

$$Rvs = \frac{E}{\rho}\,v^2 s.$$

La somme intégrale de ces moments doit faire équilibre au moment des forces extérieures Pl que l'on désigne par μ. Si v désigne la distance variable de chaque fibre à l'axe neutre, on a :

$$\mu = \frac{E}{\rho} \int v^2 s = \frac{E I}{\rho} = \frac{R I}{v}. \qquad (a)$$

$I = \int v^2 s$, est le *moment d'inertie* de la section autour de l'axe projeté en g'. On a ainsi les relations suivantes de la flexion :

$\rho = \frac{E I}{\mu} = \frac{E v}{R}$, rayon de courbure,

$R = \frac{v \mu}{I}$, charge par millim. carré,

$\frac{I}{v} = \frac{\mu}{R}$, qui détermine les dimensions des pièces,

$R \frac{I}{v} = \mu$, moment résistant égal au moment de flexion μ.

Pour appliquer ces relations, il nous reste à connaître : la valeur des moments d'inertie I des sections usuelles d'où celles de $I : v$; les valeurs du coefficient de résistance R à la flexion, des matériaux employés et enfin le moment fléchissant μ.

Flexion et compression (fig. 5). — La colonne encastrée en *ab*, et soumise à une force P oblique par rapport à la section d'encastrement, subit une flexion et une compression. Nous négligeons le flambage, et supposons le rapport de la plus petite dimension de la colonne à sa hauteur, assez faible.

Fig. 5.

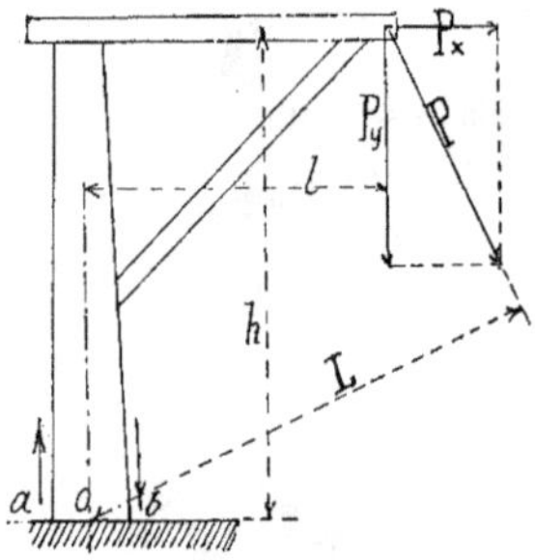

Cette force P se décompose en deux : l'une P_x parallèle à la section d'encastrement y produit un cisaillement; l'autre P_y perpendiculaire à cette section S y produit une compression $P_x : S$, par unité de surface. Le moment fléchissant en *ab* est :

$$\mu = PL = P_x h + P_y l,$$

la tension maximum R des fibres extérieures, dans la section *ab* dont le moment d'inertie est I et la surface de la section S, est donnée par la relation

$$R = \frac{v}{I} \mu \pm \frac{P_y}{S}, \qquad v = oa = ob.$$

Le signe + s'applique aux fibres comprimées du côté *b*, le signe — s'applique aux fibres tendues du côté *a*.

MOMENTS D'INERTIE

Axe neutre. Le moment d'inertie I est pris par rapport à *l'axe neutre* passant par le centre de gravité de la section et perpendiculaire au plan de flexion. Dans les sections symétriques cet axe neutre est l'un des axes de symétrie.

Sections composées. — *Méthode des moments.* Pour une section (fig. 6) composée de surfaces dont l'axe de symétrie commun est dans le plan de flexion, on procède comme suit :

On mesure les distances y, y', y''... des centres de gravité des surfaces élémentaires s, s', s''... à un axe perpendiculaire au plan de flexion.

Soit — $S = s + s' + s''$..... la surface totale ;
Y — la distance de l'axe neutre à l'axe considéré.
On a : $SY = sy + s'y' + s''y''$..... d'où on tire Y.

Méthode graphique (fig. 6) (v. chapitre VII). On considère les surfaces s, s', s''...

Fig. 6.

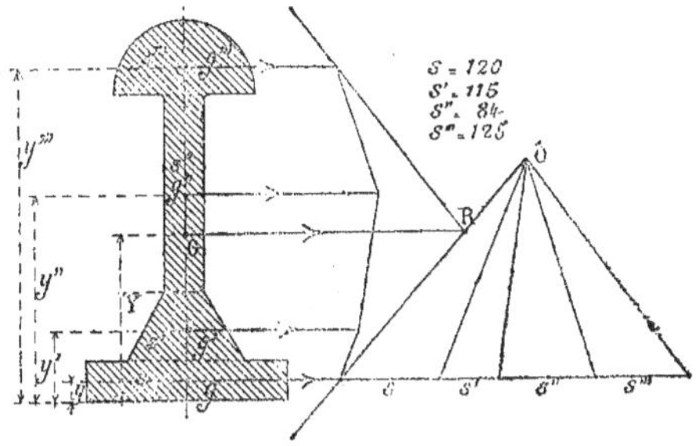

comme des forces parallèles entre elles et perpendiculaires au plan de flexion. On forme le polygone rectiligne de ces forces en prenant des longueurs proportionnelles aux surfaces s, s', s''... On mène les rayons au pôle o quelconque et on trace le funiculaire correspondant. Le point R ou se rencontrent les côtés extrêmes du funiculaire est le point ou passe la résultante des forces, passant par le centre de gravité G de la section, c'est l'axe neutre.

Méthode expérimentale. On découpe la section considérée dans une feuille de carton ou de métal, puis on la met en équilibre sur un couteau ou sur un fil, placé perpendiculairement au plan de flexion, la trace du couteau est l'axe neutre.

Surface quelconque. En appliquant l'une ou l'autre des trois méthodes précédentes, par rapport à deux axes perpendiculaires l'un à l'autre, on déterminerait les distances du centre de gravité à ces axes et par suite ce centre de gravité par lequel passe l'axe neutre.

Moments d'inertie de sections symétriques.

Section rectangulaire (fig. 7). — a étant la dimension parallèle à l'axe neutre ; b la dimension perpendiculaire à cet axe, le calcul donne : $I = \frac{ab^3}{12}$ et puisque $v = \frac{b}{2}$, on a : $\frac{I}{v} = \frac{ab^2}{6}$.

On écrit ainsi les valeurs de $I : v$ de toutes les autres sections composées (fig. 8).

Pour la section carrée il suffit de faire $b = a$.

Pour la section circulaire (fig. 9) $I = \frac{\pi}{64} d^4, v = \frac{d}{2}$.

Pour la section elliptique (fig. 10) $I = \frac{\pi}{64} ab^3, v = \frac{b}{2}$.

Fig. 7.

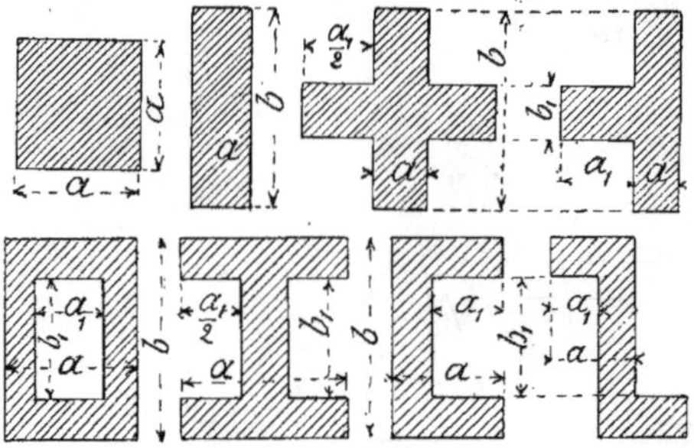

Carré. . . . . $\frac{I}{v} = \frac{a^3}{6}$.

Rectangle. . . $\frac{I}{v} = \frac{ab^2}{b}$.

Sections en croix $\frac{I}{v} = \frac{ab^3 + a_1 b_1^3}{6b}$.

Rectangles creux ou évidés $\frac{I}{v} = \frac{ab^3 - a_1 b_1^3}{6b}$.

Section sans axe $a_1 = a$ $\frac{I}{v} = \frac{a(b^3 - b_1^3)}{6b}$.

Fig. 8.

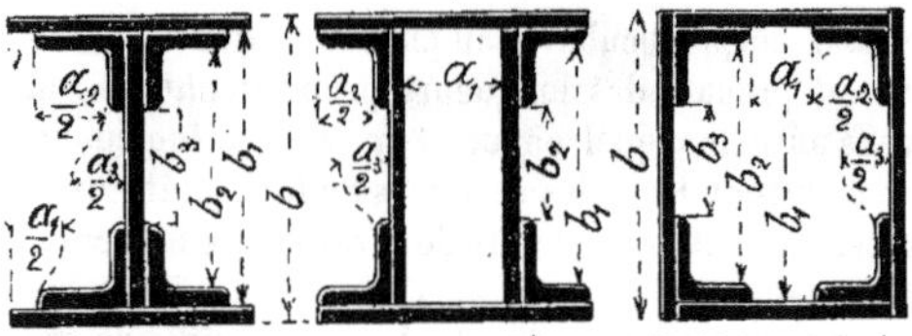

Sections formées de tôles et cornières (fig. 8) :

$$\frac{I}{v} = \frac{ab^3 - a_1 b_1^3 - a_{11} b_{11}^3 - a_3 b_3^3}{6b}.$$

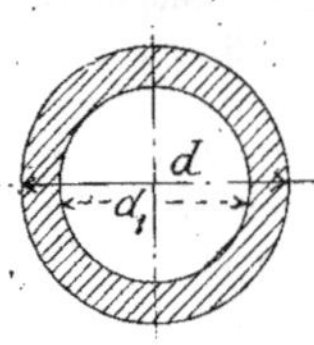

Fig. 9.

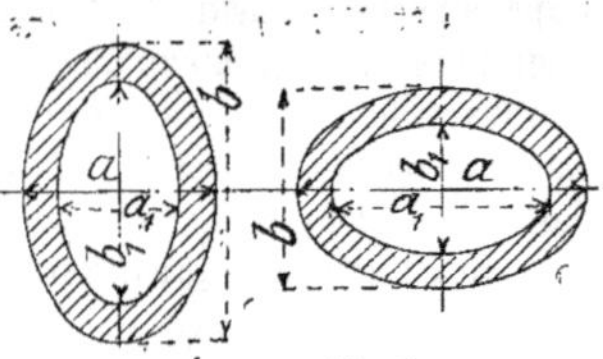

Fig. 10.

Circulaire fig. 9: pleine $\frac{I}{v} = \frac{\pi}{32} d^3 = 0{,}1\, d^3$. creuse $\frac{I}{v} = \frac{\pi}{32} \frac{d^4 - d_1^4}{d}$.

Elliptique fig. 10: pleine $\frac{I}{v} = \frac{\pi}{32} ab^2$. creuse $\frac{I}{v} = \frac{\pi}{32} \frac{ab^3 - a_1 b_1^3}{b}$.

Moments d'inertie de sections non symétriques.

Connaissant pour une section de surface S son moment d'inertie I par rapport à l'axe passant par son centre de gravité, son moment d'inertie I_k par rapport à un axe parallèle au premier, mais éloigné à la distance K est

$$I_k = I + SK^2. \qquad (a)$$

Le moment d'inertie d'un rectangle par rapport à un côté parallèle à l'axe neutre, à la distance $K = b : 2$ est donc :

$$I_k = \frac{ab^3}{12} + ab\frac{b^2}{4} = \frac{ab^3}{3}.$$

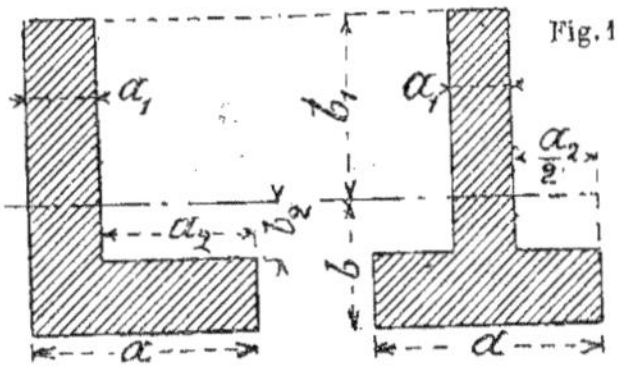

Fig. 11.

On en déduit les valeurs suivantes :

(fig. 11) $$I = \frac{1}{3}ab^3 + a_1 b_1^3 - a_{11} b_1^3,$$

$$\frac{1}{v} = \frac{1}{b} \; ; \; \frac{1}{v'} = \frac{1}{b_1}.$$

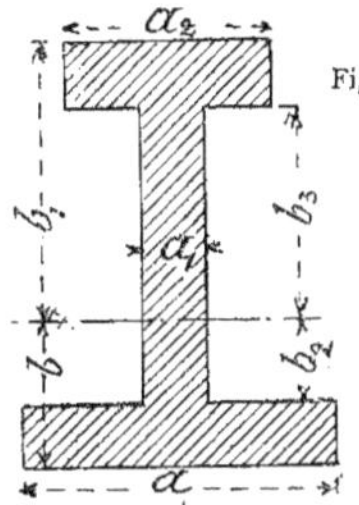

Fig. 12.

(fig. 12)

$$I = \frac{1}{3}\left(a(b^3 - b_2^3) + a_1(b_2^3 + b_3^3) + a_2(b_1^3 - b_3^3)\right),$$

$$\frac{1}{v} = \frac{1}{b}; \qquad \frac{1}{v'} = \frac{1}{b_1}.$$

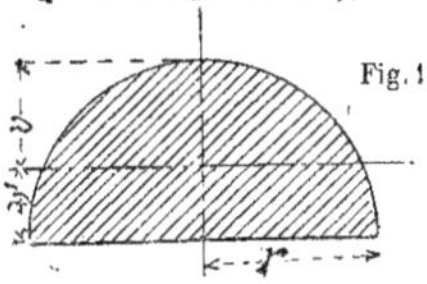

Fig. 13.

(fig. 13) $$I = 0{,}11\, r^4,$$

$$v = 0{,}5755\, r, \qquad \frac{I}{v} = 0{,}19\, r^3,$$

$$v' = 0{,}4244\, r, \qquad \frac{I}{v'} = 0{,}26\, r^3.$$

Moments d'inertie de sections composées.

Fig. 14.

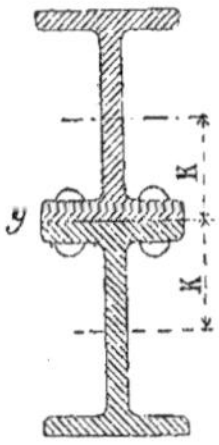

Fig. 15.

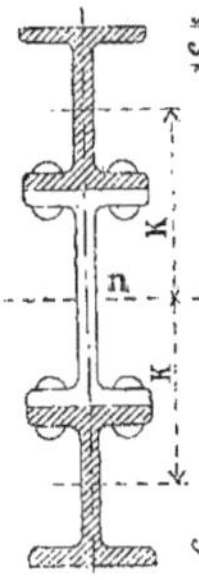

Fig. 16.

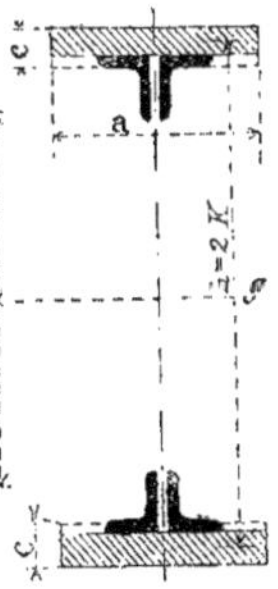

Pour deux sections S égales, réunies (fig. 14) on aura :

$$I_k = 2(I + S K^2).$$

Si les sections sont inégales on détermine I' et S' pour la 2e section et la distance K' des axes neutres, d'où (fig. 15) :

$$I_k = (I + S K^2) + (I' + S' K'^2).$$

Poutres hautes (fig. 16). — En négligeant l'âme on a :

$$I_k = 2\left(I + S\frac{h^2}{4}\right), \; I = \frac{ac^3}{12} = S\frac{c^2}{12},$$

$$I_k = \frac{S}{2}\left(h^2 + \frac{c^2}{6}\right).$$

Dans les poutres hautes, c étant petit par rapport à h, on peut faire :

$$I_k = \frac{1}{2} S h^2, \text{ et puisque } v = \frac{h}{2}, \qquad \frac{I}{v} = S h.$$

On opérait de même pour les 4 cornières en prenant pour h la distance des centres de gravité.

FORMULES PRATIQUES — FLEXION

Pièces posées sur deux appuis. — En nous reportant au chapitre III, le moment de flexion maximum pour une pièce posée sur deux appuis et portant une charge concentrée P au milieu, ou une charge uniformément répartie p par mètre courant est :

$$\mu = \frac{Pl}{4} = \frac{pl^2}{8} \qquad \text{d'où } P = 0{,}5\,pl.$$

Pour une pièce de section rectangulaire $a \times b$, on aura :

$$R\frac{ab^2}{6} = \frac{Pl}{4} = \frac{pl^2}{8}.$$

Si les dimensions a, b, l, sont exprimées en mètres, les valeurs de R que nous donnons plus loin, par millimètre carré, seront rapportées au mètre carré, $R \times 10^6$.

Si la longueur l est exprimée en mètres, mais si les dimensions a et b sont exprimées en centimètres on prend les valeurs de R par millimètre carré. On tire de la relation ci-dessus pour les dimensions à donner à une pièce.

$$ab^2 = 1{,}5\frac{Pl}{R} = 0{,}75\frac{pl^2}{R}.$$

Pour les charges que peut porter une pièce donnée :

$$P = 0{,}666\frac{Rab^2}{l}\,; \quad \text{ou } p = 0{,}333\frac{Rab^2}{l^2}.$$

Si on connaît le rapport $a : b = k$, on remplace dans ces relations ab^2 par kb^3 et on en tire la valeur de b.

Pour une pièce de section circulaire on aura de même :

$$R \times 0{,}10\,d^3 = \frac{Pl}{4} = \frac{pl^2}{8}.$$

Diamètre : $$d^3 = \frac{Pl}{0{,}4\,R} = \frac{pl^2}{0{,}8\,R}.$$

Charges : $$P = \frac{0{,}4\,R\,d^3}{l} \quad \text{ou} \quad p = \frac{0{,}8\,R\,d^3}{l^2}.$$

Exemple. — Soit à déterminer les dimensions d'une barre de fer devant porter $p = 1000$ k. par mètre, si $l = 2^m,50$. — $k = 0{,}50$ et $R = 6$ k. On aura :

$$b^3 = \frac{1000 \times \overline{2{,}50}^2}{6 \times 0{,}5} \times 0{,}75 = 1{,}562\,; \quad b = 11^{cm},6 = 116 \text{ millimètres},$$

et la dimension a sera égale à — 58 millimètres.

Condition d'égale résistance à la flexion.

Pièce encastrée (fig. 17-18). — Une pièce est d'égale résistance quand R est constant.

1° Cas d'une pièce encastrée par un bout portant à l'autre bout une charge P.

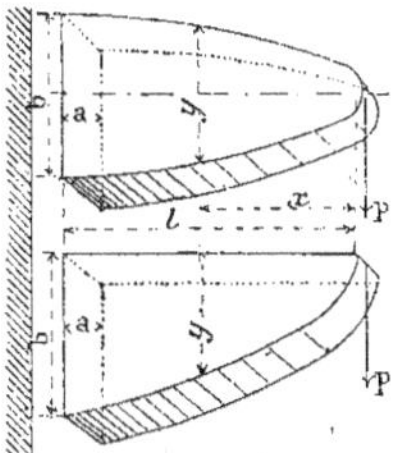

Fig. 17.

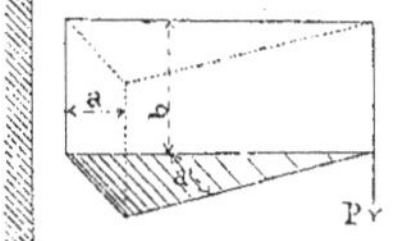

Fig. 18.

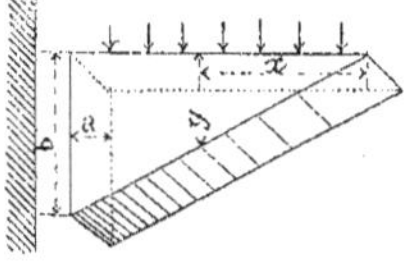

Fig. 18 *bis*.

Pour la section encastrée, $\frac{ab^2}{6} = \frac{Pl}{R}$

Pour une section en x : $\frac{ay^2}{6} = \frac{Px}{R}$

d'où : $\frac{ay^2}{ab^2} = \frac{x}{l}$.

Si $a =$ constante, $y = b\sqrt{\frac{x}{l}}$.

On a un des profils paraboliques (fig. 17).

Si $b =$ constante, $\frac{a'b^2}{ab^2} = \frac{x}{l}$, $a' = a\frac{x}{l}$.

La forme en plan est un triangle (fig. 18).

Flèches. — (V. chapitre III.) La flèche à l'extrémité d'une pièce à profil parabolique d'égale résistance est double de celle d'une pièce de section constante, on a donc pour la fig. 17.

$$f = 8\frac{Pl^3}{Eab^3}.$$

Pour la pièce de forme triangulaire (fig. 18), la flèche est plus faible, on a :

$$f = 6\frac{Pl^3}{Eab^3}.$$

Fig. 19.

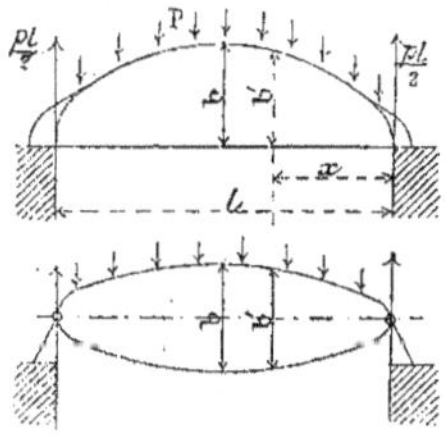

2° Cas d'une charge uniforme (fig. 18 *bis*).

A l'encastrement, $\frac{ab^2}{6} = \frac{pl^2}{4R}$

Pour la section en x, $\frac{ay^2}{6} = \frac{px^2}{4R}$

$\frac{ay^2}{ab^2} = \frac{x^2}{l^2}$.

Si $a =$ constante, $y = b\frac{x}{l}$.

On a le profil triangulaire (fig. 18 *bis*).

Pièce sur deux appuis (fig. 19). — Pour une charge uniforme p et une section rectangulaire, on a pour la section en x :

$$\frac{ab'^2}{6} = \frac{p}{2R}(lx - x^2);$$

si $a =$ constante, les valeurs de b' donnent un profil parabolique. Ces pièces prennent une flèche $= 1,33$ celle de la pièce à section constante.

Section ⌶ (fig. 20). Si la largeur a est constante on fait varier h ou c.

1° *La hauteur* h *est variable.* On a, en négligeant le moment d'inertie de l'âme :

$$\frac{I}{v} = a c h, \quad \text{d'où } h = \frac{p}{2R} \frac{(lx - x^2)}{a c}.$$

On a ainsi une poutre à courbe parabolique ;

2° *L'épaisseur* c *est variable.* La hauteur h étant grande par rapport à c on peut la considérer comme constante. On a alors :

Fig. 20.

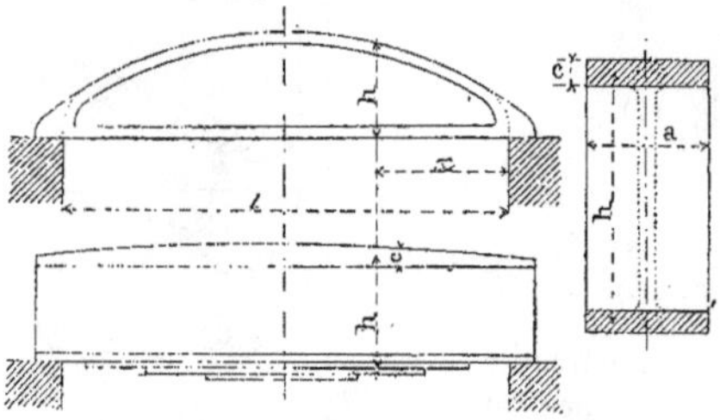

$$c = \frac{p}{2R} \frac{(lx - x^2)}{ah}.$$

La construction de cette poutre est plus simple que la précédente et son poids théorique n'en est que les 2/3 : elle fléchit moins puisque $v = 1/2\ h$, est plus grand en chaque section.

Charge commune à deux pièces (fig. 21). — Ces pièces peuvent être parallèles, superposées ou en croix.

Fig. 21.

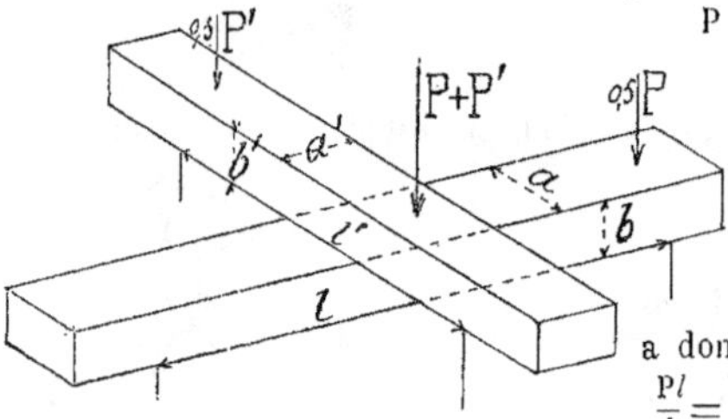

$P + P'$ = la charge commune.

P — charge afférente à la pièce $a\,b$ dont on connaît : R, E, I, l.

P' — charge afférente à la pièce $a'b'$ dont on connaît : R', E', I', l'

Les pièces posées sur deux appuis prendront la même flèche. On a donc :

$$\frac{Pl}{4} = \frac{RI}{v}; \quad \frac{P'l'}{4} = \frac{R'I'}{v'}, \quad \text{et} \quad f = \frac{Pl^3}{48\,EI} = \frac{P'l'^3}{48\,E'I'}.$$

(La valeur de la flèche f est donnée au chapitre III.)

Remplaçant P et P' par leur valeur ; $P = \dfrac{4\,RI}{lv}$; $P' = \dfrac{4\,R'I'}{l'v'}$, on a :

$$\frac{R}{R'} = \frac{E\,v\,l'^2}{E'\,v'\,l^2}.$$

Ce rapport est indépendant des charges.

1° *Les deux pièces sont de même matière*, $E = E'$. Il faut alors, pour que $R = R'$, condition économique, que l'on ait :

$$v\,l'^2 = v'\,l^2 \quad \text{ou} \quad \frac{v}{v'} = \frac{b}{b'} = \frac{l^2}{l'^2}.$$

Exemple : Pour $l = 3$, $l' = 2$, $b = \frac{9}{4}\,b' = 2{,}25\,b'$.

Si les pièces ont même hauteur $b = b'$, on a : $R' = 2{,}25$ R.

C'est ce qui a lieu pour les tôles embouties rectangulaires, les fibres parallèles à la petite largeur l' supportent un effort $R' = 2{,}25$ R, R étant l'effort que subissent les fibres parallèles à la grande largeur l.

2° *Les deux pièces sont de matières différentes* (fer et bois) (fig. 22). Pour que chaque pièce travaille à son coefficient propre, il faut avoir :

Fig. 22.

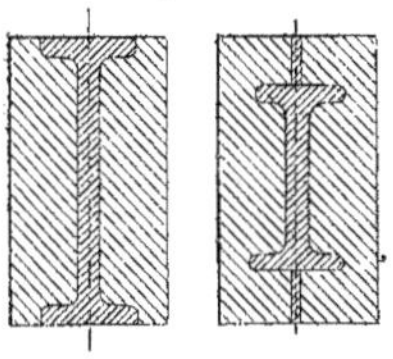

$$\frac{v}{v'} = \frac{b}{b'} = \frac{R E' l^2}{R' E l'^2}.$$

Soit une pièce de fer, $E = 20000$, $R = 8^k$ et $l = 3$.

— de bois, $E' = 1200$, $R' = 0{,}8$ — $l = 2$.

On aura : $\frac{b}{b'} = \frac{8 \times 1200 \times 9}{0{,}8 \times 20000 \times 4} = 1{,}35$ ou $b = 1{,}35\, b'$.

Si $l = l'$ on trouve qu'il faut faire $b = 0{,}6\, b'$.

Si les pièces ont même hauteur, $b = b'$, on a : $\frac{R}{R'} = \frac{E}{E'} = \frac{20000}{1200} = 16{,}66$.

Rapport plus élevé que celui des coefficients, puisque $R : R_{,} = 10$.

Si donc le fer travaille à $R = 8^k$, le bois travaillera au taux $R' = 8 : 16{,}66 = 0^k{,}48$ au lieu de $0^k{,}8$. L'assemblage de deux pièces hétérogènes de même hauteur n'est pas rationnel.

Charge des pièces de bois sur 2 appuis. — La pièce de section rectangulaire la plus avantageuse que l'on puisse tirer d'un arbre, est celle qui correspond aux dimensions $b = 1{,}4\, a$ ou $b^2 = 2\, a^2$.

Pour tracer ce rectangle (fig. 23), on divise le diamètre d en 3 parties égales en m et n ; on élève de ces points des perpendiculaires à d. Le rectangle cherché est : e, f, g, h.

On a : $a : d :: 1/3\, d : a$, $d^2 = 3\, a^2$; $b^2 = d^2 - a^2 = 2\, a^2$.

D'où
$$\frac{I}{v} = \frac{a b^2}{6} = \frac{2 a^3}{6} = \frac{a^3}{3}.$$

Fig. 23.

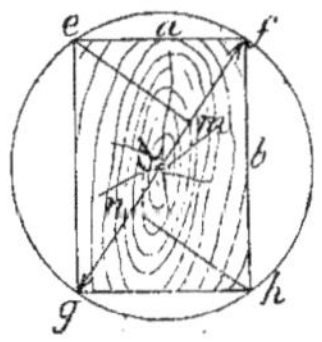

On a donc pour les dimensions a d'une pièce posée sur 2 appuis suivant qu'elle doit porter une charge p par mètre, ou P au milieu

$$a^3 = \frac{3}{8} \frac{p l^2}{R} = \frac{3}{4} \frac{P l}{R}.$$

Si les dimensions a et $b = 1{,}4\, a$ sont données, les charges seront :

$$p = \frac{8}{3} \frac{R}{l^2} a^3 ; \quad P = \frac{4}{3} \frac{R}{l} a^3.$$

Les dimensions étant en mètres, R sera pris par mètre carré.

Charge totale $p\, l$. La charge uniforme totale, $p\, l = 2$ P, que peut porter une pièce de sapin, pour laquelle R = 600000 k. par mètre carré sera

$$2\, P = p\, l = \frac{8}{3}\, 600000\, a^3 \frac{1}{l} = 1600000\, a^3 \frac{1}{l}.$$

Nous avons ainsi calculé le tableau suivant en faisant $l = 1$. Pour toute autre valeur de l il suffira de diviser ces charges par l pour avoir la charge totale $p\,l$. De même pour une autre valeur R′ de la résistance, ces charges seront multipliées par le rapport R′ : R.

CHARGES DES PIÈCES DE BOIS — R = 600000[k].

a	0m,08	0,09	0,10	0,11	0,12	0,14	0,15	0,16	0,18	0,20	0,25
$b = 1,4\,a$	0,112	0,126	0,14	0,154	0,168	0,196	0,21	0,224	0,252	0,28	0,35
	Charge uniforme $p\,l$.										
$l = 1^m$	819	1166	1600	2130	2760	4390	5400	6550	9330	12800	25000
= 1,50	546	776	1066	1420	1840	2926	3600	4360	6220	8530	16500
= 2.00	410	583	800	1065	1380	2195	2700	3275	4665	6400	12500
= 2.50	328	466	720	852	1104	1756	2160	2620	3732	5120	10000
= 3.00	273	388	530	710	920	1460	1800	2180	3110	4270	8330
= 3.50	246	350	480	640	828	1317	1640	1965	2800	3840	7500
= 4.00	205	290	400	530	690	1100	1350	1640	2330	3200	6250

CISAILLEMENT ET GLISSEMENT

Cisaillement transversal. Effort tranchant. — Une section droite quelconque A, B (par ex.) du barreau $g\ g$ fig. 4 subit encore un effort de cisaillement, analogue à celui que produirait une cisaille et qu'on appelle l'*effort tranchant*. Cet effort tranchant désigné par F, est égal à la somme des projections des charges sur la section considérée. Soit S la surface de la section considérée; R_{ci} le coefficient de résistance au cisaillement. Pour les métaux, notamment le fer et l'acier, cette résistance au cisaillement est égale aux 3/4 de la résistance à la traction, soit $R_{ci} = 0,75$ R.

On a donc : $R_{ci} = F : S$ ou $S = F : R_{ci}$.

Cisaillement longitudinal ou glissement. — Par suite de la flexion, les fibres supérieures, dans une pièce posée sur deux appuis, sont comprimées tandis que les fibres inférieures sont tendues : c'est l'inverse dans le cas d'une pièce encastrée par un bout.

Fig. 24.

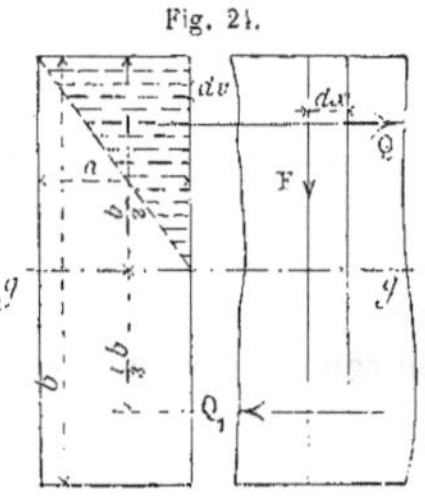

Dans tous les cas, et dans une section quelconque (fig. 24) la résultante Q des tension des fibres supérieures est égale et opposée à la résultante Q_1 des tensions des fibres inférieures. Ces tensions opposées tendent à produire un glissement, suivant l'axe neutre, de la partie supérieure sur la partie inférieure. Appliquons ces considérations à un solide de section rectangulaire fig. 24. On a pour cette section :

$$\frac{I}{v}=\frac{ab^2}{6} \quad \text{et} \quad R=6\frac{\mu}{ab^2}.$$

La valeur de R décroît de l'extérieur jusqu'à l'axe neutre ou $R=0$. La résultante Q, des résistances ou tensions élémentaires R adv, variables dans chaque tranche, sera donc représentée par la surface d'un triangle ayant pour base la largeur a de la section et pour hauteur $0,5\,b$. On a donc :

$$Q=Ra\times\frac{1}{2}\frac{b}{2}=Ra\frac{b}{4}=1,5\frac{\mu}{b}.$$

C'est l'effort total de glissement depuis l'origine de la pièce ou $\mu=o$, jusqu'à la section considérée ou ce moment est μ.

Pour un intervalle dx entre deux sections dans lesquelles l'effort tranchant F déterminé ci-dessus, peut être considéré comme constant, la variation du moment est $d\mu=F\,dx$. Par suite, la variation de l'effort de glissement sera :

$$dQ=1,5\frac{d\mu}{b}=1,5\frac{F\,dx}{b}.$$

Si on divise cet effort par la surface adx, sur laquelle il s'exerce, on a R_g la résistance au glissement longitudinal par unité de section ;

$$R_g=\frac{dQ}{a\,dx}=1,5\frac{F}{ab}, \text{d'où } ab=1,5\frac{F}{R_g}.$$

Fig. 25.

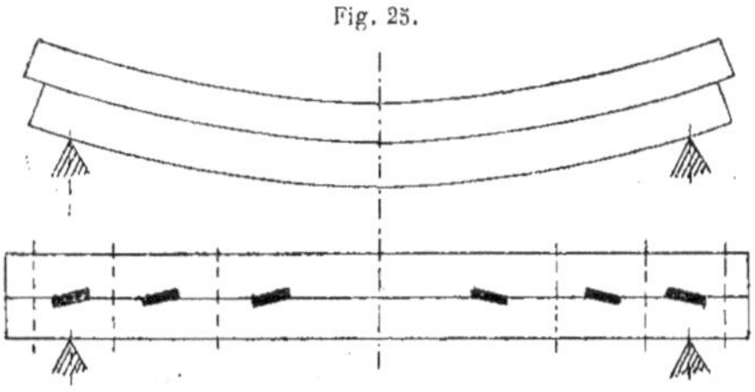

La section qu'exigerait la simple résistance au cisaillement serait $ab=\frac{F}{R_{ci}}$.

Pour les corps à texture grenue, tels que les métaux, on a généralement $R_g = R_{ci} = 0,8$ R ; mais pour les corps fibreux, tels que le bois, on a $R_g < R_{ci} = 0,6$ R, soit $R_g = 0,6$ R, R étant la résistance à la traction.

Application aux poutres superposées. — Quand on charge deux pièces de bois superposées, elles prennent la forme indiquée fig. 25 et la charge qu'elles peuvent porter est simplement double de celle que peut porter chaque pièce ou proportionnelle à $2\,b^2$. Mais si on rend les deux pièces solidaires, leur charge sera proportionnelle à $(2\,b)^2=4\,b^2$, c'est-à-dire double de la résistance précédente.

Pour cela il faut lier les pièces pour s'opposer au glissement suivant la ligne de joint.

Ce glissement ou déplacement relatif est nul au milieu, tandis qu'il est maximum aux extrémités où F est maximum. On dispose donc, outre les étriers ou boulons qui serrent les deux pièces, des cales transversales, plus fortes et plus rapprochées aux extrémités qu'au milieu.

Cisaillement longitudinal dans la section en double T (fig. 26). — En négligeant l'âme e on a pour le moment d'inertie des tables d'épaisseur c, comme nous l'avons vu précédemment :

Fig. 26.

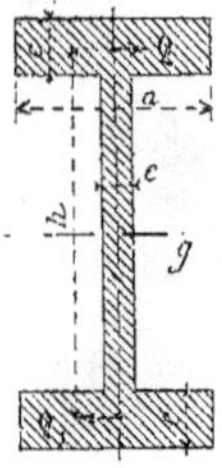

$$\frac{1}{v} = a\,c\,h, \quad \text{d'où} \quad \mu = \mathrm{R}\,a\,c\,h : \quad \mathrm{Q} = \mathrm{R}\,a\,c = \frac{\mu}{h}; \quad d\,\mathrm{Q} = \frac{\mathrm{F}\,dx}{h}.$$

Divisant $d\,\mathrm{Q}$ par la surface $e \times dx$ de l'âme qui résiste au glissement, on a pour la résistance au glissement par unité de section,

$$\mathrm{R}_g = \frac{\mathrm{F}}{eh} \quad \text{ou} \quad eh = \frac{\mathrm{F}}{\mathrm{R}_g}, \qquad (a)$$

tandis que le cisaillement transversal est : $\mathrm{R}_{ci} = \dfrac{\mathrm{F}}{eh + 2\,ac} < \mathrm{R}_g$.

Pour les poutres fer ou acier, on fait $\mathrm{R}_g = \mathrm{R}_{ci} = 0.8\,\mathrm{R}$, R étant le coefficient de résistance à la traction. On détermine donc l'épaisseur de l'âme e d'après (a) en fonction de l'effort tranchant F. Tandis que les tables ou membrures, $a \times c$, résistent à la flexion.

TORSION

Un barreau cylindrique (fig. 27) encastré en A, est soumis en B à un couple F r normal à l'axe ; la génératrice $m\,b$ est devenue après la torsion, l'hélice $m\,c$.

Soit : R — la résistance tangentielle par unité de section,
θ et θ° — l'arc est l'angle de torsion pour $l = 1$,
$\mathrm{G} = 0{,}4\,\mathrm{E}$ — le coefficient d'élasticité à la torsion,
E étant le coefficient d'élasticité pour la traction,
I_1 — le moment d'inertie polaire de la section du barreau.

Le déplacement superficiel, par unité de longueur est :

$$i_1 = bc : l = \operatorname{tg}\alpha = \theta r_1 \quad \text{d'où} \quad \theta\, i_1 : r_1$$

On a, comme pour la traction, $\mathrm{R} = \mathrm{G}i_1 = \mathrm{G}\,\theta r_1$.

Le moment de résistance d'une fibre élémentaire de section S est :

$$\mathrm{R}\,s\,r_1 = \mathrm{G}\,\theta\,\mathrm{S}\,r^2.$$

Ce moment résistant de la section entière sera la somme intégrale de ces moments, qui doit faire équilibre au moment de torsion Fr, r_1 désignant la distance variable de chaque fibre élémentaire à l'axe. On a :

$$\mathrm{F}r = \mathrm{G}\,\theta \int r_1^2\, s = \mathrm{G}\,\theta\,\mathrm{I}_1 = \mathrm{G}\,\frac{i_1\,\mathrm{I}_1}{r_1} = \mathrm{G}\,\frac{bc}{l}\,\frac{\mathrm{I}_1}{r_1} = \mathrm{R}\,\frac{\mathrm{I}_1}{r_1}. \qquad (a)$$

$\int r_1^2\, s = \mathrm{I}_1$ est le *moment d'inertie polaire* de la section.

Pour déterminer les dimensions d'une pièce, on tire de (a) :

(b) $\frac{I_1}{r_1} = \frac{Fr}{R}$, ou $\frac{I_1}{r_1} = \frac{bc}{l}\frac{Fr}{G}$. (c)

La seconde relation (c) tient compte du déplacement superficiel $bc : l$ qui est la tangente à l'angle de torsion α.

Fig. 27.

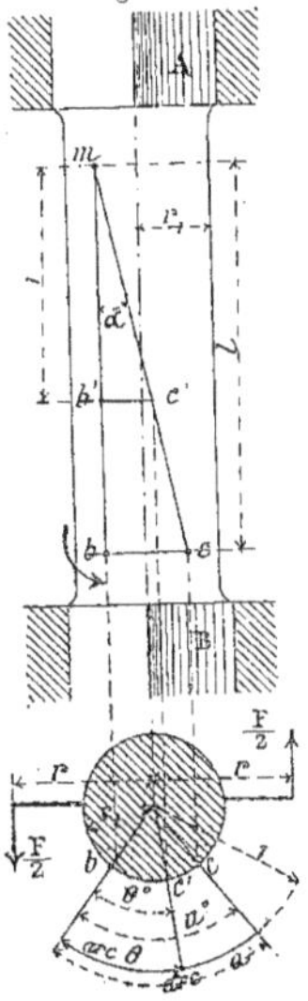

Ces deux relations s'accordent si on fait $\frac{l}{bc} = \frac{G}{R}$.

Si on mesure l'arc a à l'unité de rayon, on a :

$$bc = \text{arc } a \times r_1$$

et pour l'angle de torsion totale a°, donné ou mesuré, on a :

$$\text{arc } a : 2\pi :: a^\circ : 360^\circ : \quad \text{d'où} \quad \text{arc } a = a^\circ \frac{2\pi}{360} = 0{,}01745\, a^\circ.$$

Telles sont les relations relatives à la torsion, elles sont analogues à celles relatives à la flexion, mais ne sont exactes que pour la section circulaire.

Pour appliquer ces relations il nous reste à connaître le moment d'inertie polaire et le coefficient de résistance par unité de section R.

Moments d'inertie polaires (fig. 28). — Dans les sections circulaires $r = d : 2$. Pour la section annulaire $m = d' : d$ est le rapport des diamètres. Pour la section carrée, les fibres extérieures étant inégalement éloignées de l'axe, fatiguent inégalement et la théorie précédente ne s'applique qu'approximativement à cette section.

Fig. 28.

Section circulaire pleine. $\frac{I_1}{r_1} = \frac{\pi}{16} d^3 = 0{,}2\, d^3$. $\Big\}$ $r_1 = d : 2$.

Section annulaire . . . $\frac{I_1}{r_1} = 0{,}2\, d^3 (1 - m^4)$.

Section carrée . . . . $\frac{I_1}{r_1} = 0{,}236\, a^3$.

Coefficients de résistance R. — On admet pour la résistance des métaux à la torsion, les mêmes coefficients que pour la traction, la théorie précédente considérant que le coefficient R s'applique aux fibres extérieures qui sont les plus fatiguées.

Formules pratiques. Calcul des arbres. — Soit Fr le couple de torsion que supporte un arbre.

On a : $$R\frac{I_1}{v_1} = Fr = R \times 0{,}2\, d^3 \quad \text{d'où} \quad d^3 = \frac{5}{R} Fr.$$

On calcule habituellement les arbres des machines en fonction du nombre N de chevaux de 75 kilogrammètres, transmis à la vitesse de n tours par minute. A la circonférence de rayon r, la vitesse est : $v = \frac{2\pi r n}{60} = \frac{\pi r n}{30}$.

D'où l'effort tangentiel $F = \frac{75\,N}{v} = \frac{75 \times 30\,N}{\pi r n}$; d'où $Fr = 716\frac{N}{n}$.

Si R est rapporté au millimètre carré, il faut exprimer r en millimètres, c'est-à-dire multiplier cette valeur par 1000, d'où :

$$Fr = 716000\frac{N}{n}$$

remplaçons dans la valeur de d il vient :

$$d = \sqrt[3]{\frac{3650000}{R}}\sqrt[3]{\frac{N}{n}} = K\sqrt[3]{\frac{N}{n}} \qquad (a)$$

en désignant par K le premier terme numérique, que l'on peut calculer pour une valeur de R donnée.

Pour R =	1	2	3	4	5	6k
On trouve K =	151	122	10 7	97	90	85

Les constructeurs prennent pour les arbres de transmission. K = 110 à 120.
Pour les arbres en acier à 50 *kg* on peut prendre . . . . K = 90 à 100.
Pour des arbres en fonte on prendra . . . . K = 150.

Arbres creux. — Le diamètre intérieur étant exprimé par md, en fonction du diamètre extérieur d. On calculera ce diamètre d par la relation :

$$d^3 = \frac{5\,Fr}{R(1 - m^4)};$$

Pour m =	0,80	0,85	0,90	0,95
$(1 - m^4)$ =	0.59	0,478	0,344	0,185

La fonction de N : n et si on fait $R = 4\,k$, on a :

$$d = 100\sqrt[3]{\frac{N}{n(1 - m^4)}}. \qquad (b)$$

Calcul des arbres au point de vue de l'angle de torsion. — Reprenons la relation (c) (page 17) en replaçant $I_1 : r_1$ par sa valeur, on a :

$$d^4 = \frac{Fr}{0{,}2\,G} \times \frac{l}{bc}.$$

Si on se donne l'angle de torsion $\theta°$ pour $l = 1$ soit $\theta° = 0°,25$ et si l est exprimé comme r en millimètres, l'angle total de torsion sera :

$$\alpha° = 0{,}25\frac{l}{1000} = 0{,}00025\,l,$$

d'où : $$b\,c\,\frac{\text{arc}\ a}{1} \times r_1 = 0{,}01745 \times 0{,}00025\, l\, \frac{d}{2} = 0{,}000002175\, l\, d.$$

En substituant dans la valeur de d^3, puis multipliant les deux termes par d et prenant pour le fer, $G = 8000$, on a en millimètres, puisque $F\,r = 716000\,\frac{N}{n}$:

$$d^4 = 286{,}7\, F\,r = 20\,527\,700\,\frac{N}{n}, \qquad d = 4{,}12\,\sqrt[4]{F\,r} = 120\,\sqrt[4]{\frac{N}{n}}. \qquad (c)$$

DIAMÈTRE DES ARBRES D'APRÈS L'ANGLE DE TORSION

N : n =	0,039	0,0072	0,0123	0,0198	0,0301	0,0441	0,0625	0,0861	0,1158	0,1526
d =	30	35	40	45	50	55	60	65	70	75
N : n =	0,1975	0,2517	0,3164	0,3928	0,4822	0,5862	0,7061	0,8435	1,00	1.1774
d =	80	85	90	95	100	105	110	115	120	125
N : n =	1,3774	1,8526	2,4414	3,160	4,0278	5,0625	6,2847	7,716	11,297	16
d =	130	140	150	160	170	180	190	200	220	240

Pour $K = 120$ dans (a), ces deux relations (a) et (c) donnent le même diamètre pour $N : n = 1$; mais pour $N : n < 1$ la relation (c) donne des diamètres plus grands que (a), tandis que pour $N : n > 1$ elle donne des diamètres plus petits que (a).

Flexion et torsion (fig. 29). — Ces actions se produisent simultanément sur les arbres de machines portant des roues dentées, des poulies ou des manivelles. Soit P un effort agissant avec un rayon r sur le barreau encastré en $a\,b$ et de longueur l.

Fig. 29.

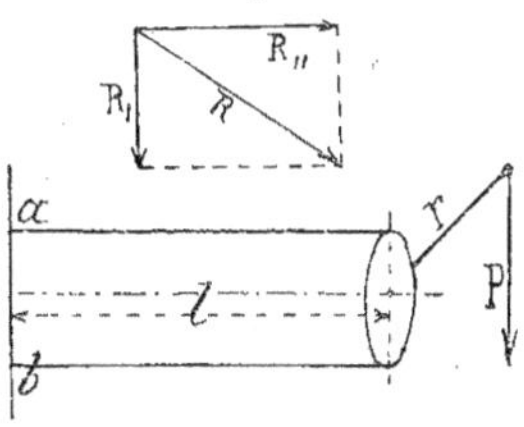

Soit : R_1 — la tension du métal en $a\,b$ due au moment de flexion $M_f = P\,l$;

R_{11} — la tension du métal en ab due au moment de torsion $Fr = M_t = P_r$.

Il suffit, d'après Bélanger (1) que la résultante de ces tensions, s'exerçant à angle droit l'une par rapport à l'autre, ne dépasse pas la limite R que l'on s'impose. On a donc pour un arbre de section circulaire :

$$\text{A la flexion : } R_1 = 10\,\frac{M_f}{d^3}\,; \qquad \text{à la torsion } R_{11} = 5\,\frac{M_t}{d^3}.$$

$$\text{La résultante } R = \sqrt{\overline{R_1}^2 + \overline{R_{11}}^2} = \frac{5}{d^3}\sqrt{4 M_f + M_t}.$$

$$\text{D'où} \qquad d^3 = \frac{5}{R}\sqrt{4\,\overline{M_f}^2 + \overline{M_t}^2}. \qquad (d)$$

Représentation de R : i = E. — Limite d'élasticité (fig. 30). — Si on note

(1) Cours professé à l'École Centrale de Paris. — Cette théorie conduit aux mêmes résultats que les formules plus compliquées que rapportent Reuleaux et les auteurs allemands.

les charges successives R auxquelles une barre est soumise, et les allongements i, ou flèches ou arcs de torsion correspondants et si on porte les allongements i (pour la traction) en abscisses et les charges en ordonnées on aura la courbe $oacr$.

Fig. 30.

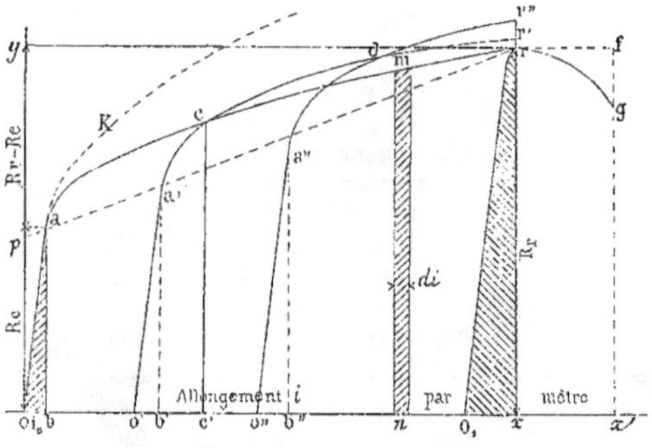

La ligne oa est droite tant que $R : i$ est constant, c'est la *période élastique* et la charge $oa = R_e$ est la *limite d'élasticité.*

Du point a au point r on est dans la période de déformation.

Si en un point quelconque c on supprime la charge, la tige se raccourcit de $c' o' = i' =$ allongement élastique et conserve l'allongement de déformation oo'.

Remarque. — La courbe acr serait modifiée si on tenait compte de ce que à mesure que le barreau s'allonge sa section diminue et la charge par unité de section R S croît ; la courbe passerait en aK. Mais on se contente de rapporter les charges à la section primitive.

Charges successives. — Si après avoir supprimé la charge en c on charge de nouveau, on obtient une nouvelle ligne $o'a'cdr'$; la nouvelle limite d'élasticité est $a' b'$. De même si on décharge et recharge en d la limite d'élasticité est devenue $a''b''$. Ainsi par des charges successives le métal se modifie les déformations se superposent en approchant de la rupture.

Tant qu'on ne dépasse pas la limite d'élasticité les déformations permanentes ne sont pas à craindre. Pour les fers et aciers, cette limite d'élasticité est sensiblement égale à la moitié de la charge de rupture.

Résistance vive. — Si une charge P agit à une vitesse v, il y a choc et l'équilibre n'existe que si le travail moléculaire résistant a absorbé le travail extérieur de la force P ou $Pv^2 : 2g$.

Pour un allongement élémentaire di le travail d'une tige de longueur l, de section s, est :

$$R\,s \times l\,di = s\,l \times \text{surface } mn.$$

Le travail moléculaire résistant, total, depuis $i = o$ a $i = on$ est $Rsli$.

La résistance vive élastique correspondant à $i_e = ob$, est

$$T_e = s\,l \times \text{surface } oab.$$

La résistance vive de rupture pour $i_r = ox$ cette résistance est : $T_r = sl \times$ surface $oarx$. Si les ordonnées représentent les efforts totaux $P = Rs$ et les abscisses les allongements li, les résistances vives sont représentées par les surfaces mêmes de la figure.

En résumé dans les constructions soumises aux vibrations le travail résistant des pièces ne doit pas atteindre la résistance vive élastique.

Les métaux à grand allongement offrent donc plus de garanties.

Conséquences de ce qui précède. — 1° Comparons, comme l'a fait M. Lebasteur, les deux fers ci-dessous, de même allongement total, en traçant (fig. 31) leurs courbes respectives *o a r* et *o a' r'*.

	Fer au bois.	Fer phosphoreux.
Charge limite d'élasticité par millimètre carré .	10k,7	30k
— de rupture par millimètre carré . . .	37 ,2	40
Allongement de rupture pour cent	21 ,6	22

La résistance vive de rupture du fer phosphoreux, représentée par la surface *o a r x*, est bien la plus grande ; mais supposons que, par suite d'un défaut, d'une réduction de section, la résistance des deux fers soit réduite à une même valeur *a b* = *a' b'* : la résistance vive du fer phosphoreux sera *o a b* ; celle du fer au bois sera *o a' b'*. Ce dernier fer résistera donc mieux au choc que le premier.

Fig. 31.

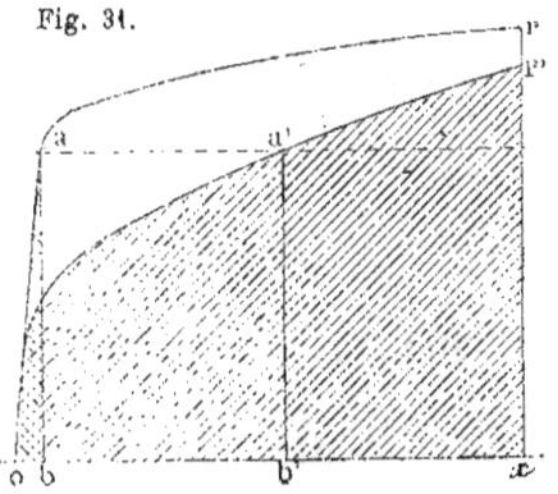

Fig. 32.

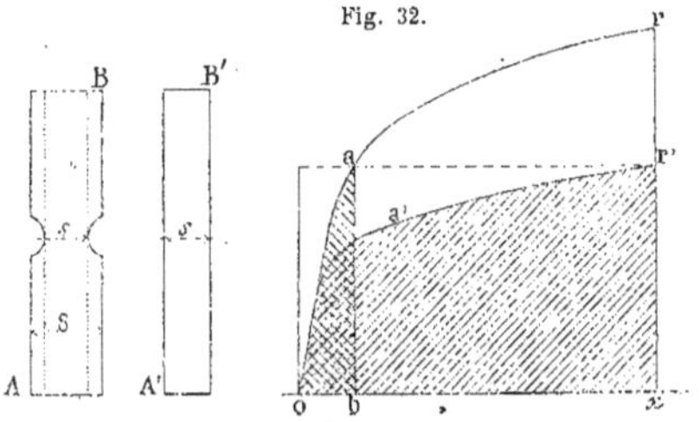

2° Sur un barreau A B (fig. 32), de section S, dont la courbe *o a r* est obtenue en prenant les charges totales P et les allongements totaux, faisons, sur une faible longueur, deux entailles, et soit *s* la section restante.

Prenons un second barreau A' B', de même matière et de même section *s*. Sa courbe *o a' r'* s'obtiendra en prenant des ordonnées proportionnelles au rapport des sections *s* : S. Si l'on admet que pour ces deux barreaux de même section la rupture ait lieu sous la même charge (cette hypothèse n'est pas très exacte). On voit que, tandis que la résistance vive du premier est *o a b*, celle du second est *o a' r' x*.

Il y aurait donc intérêt à raboter le premier barreau pour le ramener à la section *s*, afin de lui permettre de s'allonger sous la charge comme le second.

Ces deux exemples font ressortir la supériorité des métaux à grand allongement et l'inconvénient des entailles.

Résistance aux vibrations. — Coefficient de sécurité R. — Quand une charge agit sans vitesse acquise, mais instantanément, la théorie et les expériences déjà anciennes de H. James, dont parle M. Love (1), ont établi que l'allongement est double de ce qu'il serait sous la même charge appliquée doucement. Il se produit alors une série d'oscillations, puis, au repos on a la même déformation que sous la charge statique. On doit donc considérer les cas suivants :

1° *La charge agit doucement.* R ne devra pas dépasser R_e;

2° *La charge est instantanée.* R ne doit pas dépasser 0,5 R_e;

3° *La charge est intermittente.* C'est le cas d'un essieu fixe.

Si entre chaque action les molécules ont le temps de reprendre leur position primitive, on retombe dans le cas précédent. Mais si les actions sont rapides les déformations élémentaires s'accumulent et accélèrent la rupture. Si cependant on ne dépasse pas la limite d'élasticité on fera encore ici $R = 0,50\ R_e$.

4° *La charge agit alternativement dans deux sens opposés.* C'est le cas des essieux tournants. Après un tour la déformation totale dans une section est double que précédemment, il est donc logique de ne compter que sur $R = 0,25\ R_e$.

Le maximum de R est donc :	Charge statique . .	$R = R_e$	nomb. proportionnel	4
	— instantanée .	$R = 0,5\ R_e$	—	2
	— alternative .	$R = 0,25\ R_e$	—	1

L'effet des charges est atténué par l'inertie ou poids mort Q des pièces. Cet effet dépend donc du rapport de la charge totale P + Q à Q. Le coefficient R dépendra du rapport inverse Q : P + Q. On a donc la relation empirique :

$$\text{Pour charge intermittente } R = 0,5\ R_e \left(1 + \frac{Q}{P+Q}\right).$$

Pour $P = 0$, ou une charge Q statique, on aura $R = R_e$; tandis que pour $Q = 0$, ou P absolue, on aurait $R = 0,5\ R_e$.

Dans le cas d'un effort alternatif P dans un sens P′ dans l'autre, $P' - Q$ est l'effort minimum dans un sens ; $P + Q$ l'effort maximum dans l'autre sens ; la relation empirique devient :

$$\text{Charge alternative : } R = 0,5\ R_e \left(1 - \frac{1}{2}\frac{P'-Q}{P+Q}\right).$$

Pour $P' - Q = 0$, ou une charge P intermittente dans un seul sens on retrouve $R = 0,5\ R_e$ et pour $P' - Q = P + Q$ ou un effort alternatif égal, on retrouve $R = 0,25\ R_e$.

Les charges pratiques seront inférieures aux valeurs maximum, de R.

Ce que nous venons de dire, de la résistance aux chocs et aux vibrations, s'applique également à la flexion, à la compression et à la torsion.

(1) Mémoire sur la résistance des matériaux (*Bulletin de la Société des Ingénieurs civils de France*, 1851).

CHAPITRE II

§ 1. — Coefficients de résistance.

Tôles et fers puddlés. — La résistance du fer croît avec le nombre des corroyages, de 30 à 40 k environ; mais en même temps que la qualité du fer est améliorée les allongements croissent dans une bien plus grande proportion; de 6 à 25 °/₀. Ces fers à grand allongement doivent être employés pour les pièces transmettant des efforts dynamiques. Les fers et tôles sont classés par numéros et les conditions de résistance varient peu d'une forge à l'autre. Voici d'abord la classification du Creusot.

FERS ET TÔLES DU CREUSOT

Numéros.	1	2	3	4	5	6	7
Fers.							
Charge de rupture	31	37	38	38,5	38,6	38,9	39
Allongements 0/0.	10	15	18	21	25	29	34
Coefficient de qualité à chaud (1)	40	50	60	70	80	90	100

Tôles	pour bacs	Commune	Catégories de la marine			
			comm. amélior.	ordin.	supér.	fines
Charges de rupture . . .	33	33,7	34,74	34,8	35,6	36,7
	65	10	14,6	18	28	26

Les coefficients de qualité à chaud sont déterminés comme suit : on fait des crochets successifs, à droite et à gauche, de 0,10 de long et d'équerre sur des fers ronds de 20 $^m/_m$, avec un congé de 5 $^m/_m$, de rayon. Le nombre de crochets faits en une seule chaude, avant que le bout tombe étant multiplié par 5 donne le *coefficient de qualité à chaud.*

Les administrations n'emploient que les fers nᵒˢ 4 à 7. Classés comme suit :
Fers ordinaires, employés à froid, bandages de roues, tôles et profilés.
Fers forts, fers à cheval, serrurerie, rivets de ponts, —
Fers supérieurs, s'emploient à chaud et à froid ; chaînes, rivets, —
Fers fins, arbres, tôles de foyers. Ne se laminent pas en profilés.

Classification par échantillons. — Les fers du commerce forment six classes :

1° Les ronds, carrés, méplats ; — 2° Les tôles et plats de toutes dimensions ;
3° Les tôles ou fer creux ; 4° Les fils pour câbles ;
5° Les profilés ; 6° Les petits fers à moulures.

Le tableau suivant résume les conditions minimum de résistance : charge de rupture R_r et allongement des fers et des tôles en long (l) ou en travers (t). Sens du laminage, ainsi que les angles de pliage exigibles, suivant l'épaisseur.

CONDITIONS MINIMUM DE RÉSISTANCE DES FERS ET TÔLES

	Classes	2		3		4		5		6		7	
Fers	Rupture	32		34		35		36		37		38	
Fers	Allongement °/₀	6		10		12		15		18		20	
Tôles	sens du laminage	l	t	l	t	l	t	l	t	l	t	l	t
Tôles	épaisse R_r	32	27	33	28	34	29	35	30	36	32	37	34
Tôles	épaisse allong.	5	25	7	4	10	8	13	10	16	12	20	12
Tôles	mince R_r	32	27	32	28	33	29	34	30	35	31	35	33
Tôles	mince allong.	4	2	6	3	8	5	10	7	13	10	16	12
Tôles	Angle de pliage suivant épaisseur, milli. 5	80°	50	90	62	100	74	115	91	130	108	140	120°
Tôles	10	40	20	60	41	80	62	100	83	120	104	130	115
Tôles	15	20	10	40	30	60	50	80	70	100	90	120	110

Aciers de forge. — L'acier pour construction obtenu par fusion, au creuset, au convertisseur ou au réverbère contient 0,10 à 0,8 °/₀ de carbone. Les aciers contenant plus de 0,8 °/₀ de carbone ne s'emploient que pour outils.

CLASSIFICATION GÉNÉRALE DES ACIERS.

Désignation	Carbone °/₀		Rupture		Allongᵗ °/₀		Emplois
Fer homogène	0,05 à	0,10	35 à	40	30 à	25	Qualité fer de Suède, se soude.
Extra-doux	0,1	0,15	40	45	25	22	Pièces de forges et étampées, clous.
Très doux	0,15	0,20	45	50	22	21	Constructions métalliques, bêches.
Doux	0,20	0,25	50	55	21	19	Tôles et cornières, soude mal.
Demi doux	0,25	0,30	55	60	19	17	Ressorts petite forge.
Demi dur	0,30	0,35	60	65	17	15	Rails essieux.
Dur	0,35	0,45	65	70	15	13	Fils, taillanderie.
Dur-dur	0,45	0,55	70	75	13	11	Fourches, limes, outils.
Très dur	0,55	0,65	75	80	11	9	Ressort et pièces.
Extra-dur	0,65	0,80	80	100	9	4	Petits ressorts, outils.

Les aciers résistant de 30 à 60 k. sont les plus intéressants pour les constructions, parce que seuls ils se laminent en profilés. L'acier le moins carburé dit *fer homogène* ou *fer fondu* est un fer supérieur au fer puddlé en ce qu'il ne contient pas de scorie, il se soude bien; mais au delà de 0,20 de carbone l'acier ne se soude plus. La trempe est d'autant plus intense (dureté) que l'acier est plus carburé.

Essais indiquant la teneur en carbone des aciers (Cie des Forges de Suède). — L'échantillon, martelé à petites dimensions, est trempé, puis plié au marteau.

Teneur en carbone	0,1 %	Supporte plusieurs pliages sans criques.
	0,15	Le pliage produit de petites criques ou fentes.
	0,20	Se casse par le pliage à 145°.
	0,25	— — 90°.
	0,30	— — 45°.

Aciers Martin-Siemens naturels et trempés à l'huile. — Le tableau suivant résume les conditions de résistance des aciers Martin-Siemens, de Terre-Noire, prises sur éprouvettes de 20 m/m et 200 de longueur. R_e est la charge limite d'élasticité, R la charge de rupture par millim. carré de la section.

ACIERS MARTIN-SIEMENS DE TERRE-NOIRE

Carbone	Acier non trempé			Trempé à l'huile			Trempé à l'eau		
%	R_e	R	Allongt	R_e	R	Allongt	R_e	R	Allongt
0,15	18k	36k	33 %	31	47	24 %	33	50	18 %
0,50	23	48	25	46	71	12	49	78	7
0,71	31	68	10	68	97	1,25			
0,87	33	73	8,4	78	105	0,8		rompu	
1,05	39	86	5,2	93	130	1,0		—	

La trempe à l'huile consiste à plonger le barreau d'acier, préalablement chauffé au rouge cerise, dans un bain d'huile de lin où on le laisse refroidir. Pour de grosses pièces le bain d'huile est entouré d'un bain d'eau courante; enfin si l'huile s'enflamme on couvre le bain.

La trempe à l'huile élève la résistance de rupture R et plus encore la limite d'élasticité R_e, mais elle diminue l'allongement, cependant elle conserve à l'acier un plus grand allongement que la trempe à l'eau. C'est ce qui fait que les aciers durs de 0,7 à 1 % de carbone ne se sont pas rompus dans l'huile comme ils se sont rompus dans l'eau.

Cette trempe à l'huile est surtout employée pour les pièces de machines en acier doux, et pour les ressorts en acier dur de 0,8 à 1 % de carbone.

Acier au nickel naturel et trempé. — Le tableau suivant donne les conditions de résistance des aciers au nickel et au carbone, trempés à l'huile ou recuits, que garantissent les aciéries de Bethléhem (E. U. A.), relevées sur des éprouvettes dont les dimensions sont : diamètre 12,7 m/m; longueur 50,8 = 4 diam.

CONDITIONS DE RÉSISTANCE DES ACIERS AU NICKEL ET AU CARBONE

ÉTAT DE L'ACIER	LIMITE D'ÉLASTICITÉ	RUPTURE	ALL^t 0/0	DIMENSIONS DES PIÈCES PLEINES ÉPAISSEUR DES PIÈCES CREUSES
Au nickel trempé à l'huile	45,70	66,80	21	1 Diamètre ou épaisseur ne dépassant pas 76 m/m.
	42,19	63,30	22	2 Sections rect. ou tubes d'épaisseur maxim. = 152
	38,67	59,76	24	3 — — — 254
au nickel recuit	35,15	56,25	25	4 Diamètres pleins ou épaisseur ne dépassant pas 254
	31,64	56,25	25	5 — — < 508 ou — 380
	31,64	56,25	24	6 Forgeage pleins d'épaisseur > 508
au carbone trempé à l'huile	38,67	63,28	20	Mêmes dimensions qu'au n° 1
	35,15	59,76	22	— — — 2
	31,64	56,25	23	— — — 3
au carbone recuit	28,12	56,25	22	— — — 4
	26,37	52,73	23	— — — 5
	24,61	49,22	24	— — — 6

Aciers coulés ou moulés. — L'allongement de ces aciers est beaucoup moindre que pour les aciers forgés ou laminés, il croît à mesure que la résistance à la rupture par traction diminue.

Résistance à la traction R_r = .	60	55	48	44	40 R.
Allongements sur 100 m/m . . .	10	12	14	16	18
— sur 200 m/m . . .	6	8	10	12	14

Les aciers les plus résistants $R_r = 60$, sont les plus carburés et sont aussi plus fluides, ils sont employés pour les pièces les plus minces.

Fonte. — Les fontes mécaniques de 2e fusion présentent des résistances variables. Tous les métaux fondus, non martelés, offrent peu d'élasticité et de grandes variations de résistance car chaque coulée ne présente pas des conditions identiques de composition et de température ou retrait etc., avec la précédente.

La résistance de la fonte dépend de sa cohésion : les parties inférieures d'un moule sont toujours plus saines et plus résistantes que les parties supérieures. De là la supériorité des pièces unies à section constante coulées debout avec masselotte, comme les tuyaux etc., sur les pièces coulées horizontalement.

Il résulte de ce qui précède que la fonte en raison de son peu d'élasticité ne convient pas pour résister a des efforts de traction avec chocs, dans tous les cas les charges pratiques seront, par rapport aux charges de rupture, plus faibles que pour les métaux martelés ou laminés : tandis que pour ce dernier on adopte 1/4 a 1/6 de la rupture, pour les fontes on prendra 1/6 à 1/8 seulement.

Voici d'abord les charges de rupture par millim. carré des fontes de 1re fusion pour moulages, de la Société de Terre-Noire.

Fontes numéros	1	2	3	4	5
Rupture par millim. carré.	6,5	9	10	15	17,5

Le tableau suivant, qui nous a été communiqué par les forges de Reschitza (Autriche), présente un intérêt général en ce qu'il permet de comparer les résistances : à la traction, à la compression et à la flexion.

Barreaux ronds, $d = 70$; $l = 1000$ — rect., 50×80 ; —	TRACTION		COMPRESSION		FLEXION	
	E	R_r	E	R_r	E	R_r
Fonte au coke { carré . .	indéterminé	21	11100	80	11470	31
Fonte au coke { rond . .		21	11300	76	13100	34
Fonte au bois { carré . .		25	11290	86	11200	34
Fonte au bois { rond . .		21	11540	84	13800	40
Mélange 80 fonte, 20 acier.	14000	27	12500	95	14300	45 moy.

Le coefficient E à la traction n'a pu être déterminé à cause de la faiblesse des allongements. Ces chiffres font ressortir la supériorité de la fonte au bois sur celle au coke.

Voici quelques autres chiffres d'après Hodgkinson.

Tableau A.	Traction	Compression	Flexion	Torsion
Limite d'élasticité R_e.	6	14		
Coefficient d'élasticité E. . .	9100	8800	12000	$G = 2000$
Charge de rupture par $^m/_m$ c.	18	75-90	30	18

Traction. — La valeur de R_e n'est guère plus du tiers de la valeur de R_e pour le fer. La période de déformation commence donc bien plutôt pour la fonte que pour le fer.

La rupture R_r est moitié de celle du fer et les allongements correspondants sont à peine 0,10 de ceux du fer. La résistance vive de la fonte est donc bien inférieure à celle du fer.

Compression comparée — fer-fonte. — La fonte résiste mieux que le fer à la rupture par compression, mais par contre, les déformations qu'elle subit sont doubles.

Voici d'après Hodgkinson les compressions en millimètres du fer et de la fonte :

Charges par centim. carré.		340	640	940	1240	1530	2140	E
Compression en millimètre	Fer	0,7	1,32	1,85	2,44	3	4,4	16300
	Fonte	1,37	2,6	3,8	4,4	6,3	9	8300

M. Guettier cite les chiffres suivants obtenus sur des cubes de 1 centim.

Fonte grise très-douce R_r = 9800^k, plutôt aplatie que broyée.

— grains serrés presque truitée = 10600, écrasée en se fendillant.

— fortement truitée, presque blanche = 6800, écrasée avec détonation.

Ces chiffres font ressortir l'importance des mélanges en 2me fusion.

Flexion. — La résistance est sensiblement plus grande qu'à la traction, mais moindre qu'à la compression.

En résumé on peut adopter les chiffres de rupture du tableau A et prendre le 1/6 ou le 1/8 pour charges de sécurité.

CHARGES DE RUPTURE DE DIVERS MÉTAUX

		Rupture	Allongement
Fonte malléable		26 à 35 k.	10 à 15 %
Cuivre rouge laminé recuit		22	44
Bronze 90 cu, 10 étain fondu		23	12
Laiton 67 cu, 33 zn fondu		21	33
Bronze manganèse fondu		45	20
Métal Delta	fondu	33	
	forgé	50	15 à 18

Variation de résistance à haute température des fers et acier. — Voici d'après M. Kollmann le résultat des essais faits aux forges d'Oberhausen.

Température	0-100	200°	300°	500	700	900	1000°
Fer fibreux	100	95	90	38	16	6	4
— à grain fin	»	100	97	44	23	12	7
Acier Bessemer	»	»	94	34	18	9	7

Le chiffre 34 pour l'acier paraît résulter d'une erreur. C'est de 300 à 500° que se produit la plus grande diminution de résistance.

Coefficients de résistance des bois. — La résistance des bois varie beaucoup suivant leur provenance, leur âge, leur état hygrométrique et surtout leur état physique au moment de leur emploi. On ne peut donc fournir sur cette résistance que des chiffres approximatifs et les charges de sécurité sont prises au 1/8 ou même 1/10 de la rupture. Les chiffres suivants sont des moyennes et les charges de sécurité R sont comptées au 1/8 de la rupture R_r.

CHARGES DES BOIS PAR CENTIMÈTRE CARRÉ.

	Traction		Compression		Flexion	
	R_r	R	R_r	R	R_r	R
Chêne-Hêtre	800	100	600	75	700	85
Frêne-Orme	1000	120	650	80	800	100
Pin-Sapin	500	60	500	60	500	60

PIERRES ET MAÇONNERIES

La résistance des pierres, variable pour chaque espèce, varie pour une même espèce d'une carrière à l'autre; dans une même carrière elle varie d'un banc à l'autre; enfin dans un même banc elle varie du toit au mur.

Les pierres contenant leur eau de carrière sont moins résistantes que lorsqu'elles sont sèches. Les pierres poreuses résistent moins étant humides que sèches.

Aussi l'indication d'un nom de carrière ne suffit pas pour fixer sur la résistance d'une pierre; pour des constructions importantes on devra déterminer directement la résistance des pierres et matériaux dont on dispose.

C'est pour ces raisons que, dans le tableau suivant, nous avons résumé les essais faits au Conservatoire des Arts et Métiers et au laboratoire des Ponts et Chaussées, faisant ressortir le rapport des résistances aux densités, plutôt que d'indiquer une longue liste de carrières et un chiffre absolu.

Les granits sont formés de grains de quartz et de mica, plus ou moins gros, réunis par une pâte de feldspath blanc, gris ou rose. Le granit rose se trouve notamment à Baveno (Lac Majeur).

Les roches stratifiées, telles que les calcaires, etc., résistent mieux quand elles sont posées suivant leur lit de carrière que sur champ.

Les roches compactes sans stratification : Basaltes, Granites, etc., sans trace de stratification, résistent à peu près également en tous sens.

La résistance des grès et des calcaires croît avec leur densité; mais cette loi n'est pas rigoureuse.

Charge de sécurité. — Elle doit varier : 1° suivant l'exécution plus ou moins soignée de l'ouvrage; 2° suivant qu'il s'agit d'un pilier isolé ou d'un mur, et, dans ces deux cas, suivant le rapport de la hauteur de l'ouvrage à sa largeur.

CONDITIONS DE RÉSISTANCE DES MATÉRIAUX DE CONSTRUCTION

Nature des matériaux.	Poids de 1 m. cube.		Charge de rupture par centim. carré.	
Basalte d'Auvergne et *Porphyre*	2800k à 2900k		2000k à 2400k	
Granit non altéré à grain fin	....		1000	1500
— — à grain gros	....		700	1000
— altéré à grain fin	....		900	900
— — à grain gros	....		400	600
Calcaires très durs pouvant se polir, marbres noirs	2600	2700	600	900
— durs, roche de Bagneux, Château-Landon	2400	2600	400	700
— — liais de Bagneux, Vanderesse, Laversine, Saint-Nom et marbres blancs	2200	2400	300	500
— — Bagneux plaine, Châtillon, Givry	2000	2300	150	300
— mi-durs se débitant à la scie à grès	1800	2000	100	150
— tendres — — dents	1600	1800	70	120
— — lambourde et vergelé, craie	1500	1700	40	40
Meulière. Pierre très poreuse, très élastique	1500		15	75
Brique dure, bien cuite, de Bourgogne ou de Provence	2400	2600	100	150
— rouge, plus ordinaire	2000	2300	60	90
— rouge pâle, très ordinaire	1500	2000	30	90
Maçonnerie de moellon et *béton* suivant qualité du mortier. Mortier de ciment	....		100	150
— — chaux hydraulique	2300	2400	40	80
— — grasse	....		20	40
Béton Coignet pilonné à la main	....		280	300
— — comprimé à la presse	....		310	360
Plâtre gâché plus ou moins dur	....		40	70

Grès. — Leur résistance croît avec la densité à peu près comme suit :

Poids de 1 m. c.	1870k	1950	2050	2100	2200	2300	2570
Charge de rupture par cm. c.	150	200	300	400	600	700	900

Ciment Portland. — M. G. de Perrodil a constaté que la résistance du Portland gâché pur croît comme suit, avec le temps et par l'immersion dans l'eau :

Nombre de jours.		1	3	7	13	60	180
Charge de rupture par centimètre c.	à l'air.	34k	84	104	122	144	170
	dans l'eau.	44	119	140	160	290	330

Pour des dés à peu près cubiques, sous colonnes métalliques, on admet que la charge sur la base de la colonne ne doit pas dépasser 1/10 à 1/7 au plus de l'écrasement. On compte aussi sur le 1/10 de l'écrasement pour les massifs de béton, maçonneries et pierres de taille en fondation.

Pour des piliers monolithes dont la hauteur est de 6 à 10 fois le diamètre, la charge sur la plus petite section sera 1/15 à 1/20 de l'écrasement.

Pour des piliers ou des murs à plusieurs assises et joints verticaux dont la hauteur ne dépasse pas 10 à 12 fois l'épaisseur, la charge sera 1/20 à 1/30.

Pour les voûtes dont la courbe des pressions passe au 1/3 du joint de la clef à partir de l'extrados ou au 1/3 du joint des naissances à partir de l'intrados, et à cause de l'incertitude de la répartition des efforts au décintrement, la charge maximum dans ces joints sera 1/50 à 1/30 de celle d'écrasement, le premier chiffre se rapportant aux voûtes en petits matériaux et le dernier à celles en pierres de taille. On admet que cette charge maximum pour l'extrados à la clef et pour l'intrados aux naissances devient nulle à l'autre extrémité de chaque joint. Par conséquent la charge moyenne sur la surface totale d'un joint sera la moitié du maximum précédent soit 1/100 de l'écrasement pour voûtes en petits matériaux et 1/60 pour voûtes en pierre de taille.

Les meulières présentent de grands écarts de résistance, 15 à 75 k., de plus ces pierres sont très poreuses et élastiques ; elles se déforment beaucoup avant la rupture. Pour éviter les tassements irréguliers et les dévers il sera prudent de ne compter que sur la charge minimum d'écrasement, 15 k.

Les maçonneries de moellons et les bétons présentent de grandes variations suivant la qualité du mortier. Les chaux et ciments présentent tous les degrés de dureté, depuis la chaux grasse, un peu inférieure au plâtre, jusqu'au ciment de Portland à prise lente dont la dureté égale celle des calcaires demi-durs. La résistance des mortiers augmente avec le temps. L'influence de la résistance propre du mortier dans les maçonneries diminue à mesure que l'on substitue aux moellons informes des moellons équarris puis des pierres appareillées, enfin des pierres de taille, et que les dimensions de ces pierres sont plus grandes, par suite le nombre des joints verticaux moindre. Le tableau suivant résume les charges de sécurité par décimètre carré. Pour les voûtes, nous indiquons la charge moyenne comptée sur toute la surface d'un joint.

CHARGES DE SÉCURITÉ DES MAÇONNERIES PAR DÉCIMÈTRE CARRÉ.

Nature des maçonneries.	Massifs.	Murs-piliers.	Voûtes. (moyenne)	Poids de 1 *m. c.*
De moellons et béton en mortier ordinaire.	500k—700k	250k à 350k	50k à 70	2300 à 2400
De briques ordinaires — —	600 — 800	300 — 400	60 — 80	1700 — 1800
Briques dures, moellons équarris, calcaire tendre appareillé, en mortier ordinaire.	800 — 1000	400 — 500	80 — 100	2200 — 2300
Béton de ciment, calcaires mi-durs appareillés, en mortier ordinaire	1000 — 1400	500 — 740	150 — 200	2300 — 2400
Calcaires plus durs, pierre de taille en mortier ordinaire.	1500 — 2500	750 — 1250	250 — 400	2350 — 2600
Calcaires durs, — — —	3000 — 4000	1500 — 2000	450 — 600	2400 — 2700

Résistance du sol. — Les rocs durs ou tendres en masse profonde peuvent supporter des charges toujours supérieures à celles des massifs de maçonnerie.

Les sables et grèves de formation ancienne et de grande épaisseur, peuvent être chargés à 4 k. par centimètre carré.

Les argiles sèches, sablonneuses compactes, et les marnes de 2 à 3 mètres d'épaisseur, peuvent être chargées également à 4 k. par centimètre carré.

Tout sol de formation ancienne non susceptible d'être décomposé, peut être chargé de 2 à 3 k. par centimètre carré.

La terre végétale, les terrains marécageux, les remblais même anciens n'offrent aucune garantie pour des fondations. On doit alors recourir aux procédés particuliers de consolidation, tels que : larges massifs d'enrochement ou de béton ; pilotis; cuvelages et fondation par caisson à l'air comprimé.

Dans tous les cas, un sondage préalable et l'observation d'une charge directe et prolongée, sont tout indiqués.

Pilotis. — Un pieu (hêtre ou aulne) enfoncé à refus peut supporter 30 à 40 kg. par centim. carré de la section.

Diamètr. mill.	180	200	225	250	275	300
Charge à 30 k.	7600	9400	12000	15000	18000	20000

§ 2. — Conditions de réception des fers et aciers.

Il nous paraît intéressant de rapporter ici les essais de réception exigés par nos grandes administrations :

ESSAIS A FROID — TRACTION DES FERS EN BARRES

Chemins de l'État et P. L. M.	Qualité	Charge par m/m carré			Allongement		La charge initiale est maintenue 5 minutes puis augmentée de $0^k,25$ par millimètre carré et par minute. Les moyennes se déduisent de 6 essais.
		initiale	minim.	moyen.	minim.	moyen.	
Barreau $d=20$ $l=200$	Ordinaire	26	30	33	10	12	
	Forts	28	32	35	15	18	
	Forts supér.	30	32	37	20	23	
	Fins	31	34	38	22	25	

Essais de soudabilité. — Les bouts soudés, ramenés aux dimensions ci-dessus du barreau, ne doivent pas donner une charge de rupture inférieure de plus de 5 % aux charges précédentes.

Essais de pliage à froid (fig. 33). — On étire dans le feu à essayer un barreau 200-30-30 et on le plie sur une portée de 160 $^{m}/_{m}$ en frappant sur un dégorgeoir aux angles suivants :

Fers	ordinaires	forts	f. sup. et fins
Angle $\alpha =$	160° à 170°	150° à 160°	149° à 150°

Fig. 33.

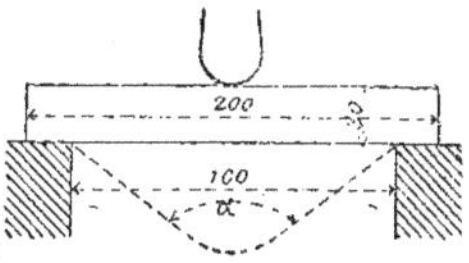

Le barreau est ensuite redressé, puis plié en sens inverse, au même angle, et redressé une seconde; il ne doit présenter ni criques ni gerçures.

Les petits fers sont pliés plusieurs fois sur l'étau, au marteau.

Épreuve des crochets (fig. 34). — Le fer étant chauffé au blanc, on forme au bout de la barre un crochet d'équerre de 100 $^{m}/_{m}$ puis on le rabat de l'autre côté et ainsi alternativement jusqu'à ce que le bout tombe. Aux Chemins de l'État le bout de la barre est d'abord forgé au diamètre de 22 $^{m}/_{m}$ sur 200 $^{m}/_{m}$ de long. La rupture ne doit pas avoir lieu avant le nombre de redressement ci-dessous.

	Ch. État.	Artillerie.
fers ordinaires	4e redressement	1er redressement
— forts	6e —	2e —
forts supérieurs	8e —	3e —
fins —	10e —	

Fig. 34.

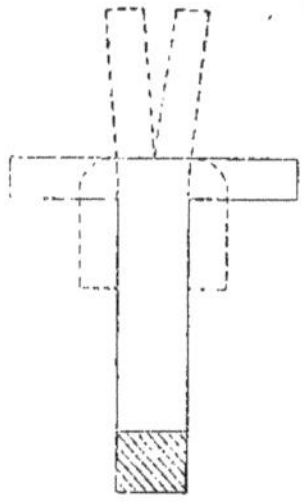

Fig. 35.

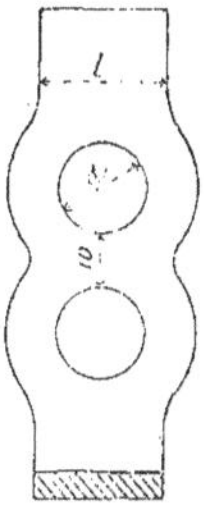

Ces essais permettent de vérifier si le fer est rouverain.

Pour les fers carrés et plats, on fend le bout de la barre sur 100 $^{m}/_{m}$ de long, on rabat les 2 moitiés d'équerre. La fente ne doit pas se prolonger. *Ch. État.* Même essai, mais pour les fers forts, fers supérieurs et fins, chaque moitié est de plus rabattue contre la barre.

Épreuve des trous (fig. 35). — Pour les fers plats on perce 2 trous consécutifs à 10 $^{m}/_{m}$ d'espacement, en une seule chaude, du blanc au rouge sombre, avec un poinçon conique.

Pour les fers communs le diamètre $d = 0,5\ l$, l largeur du fer.

Pour les fers forts et fins $d = 0,75\ l$ (artillerie).

Les fers ronds sont d'abord aplatis au tiers de leur diamètre. Dans tous ces essais à chaud, il ne doit se produire ni fentes ni gerçures sensibles.

Essais exigés par la Marine.

Tôles de fer. — Les charges minim. initiales sont maintenues 5 minutes et les charges additionnelles $0^k,25$ par millim. carré de section, sont ajoutés à 1 minute d'intervalle. Les moyennes résultent de 5 épreuves.

(fig. 36) barreau $l = 200$ largeur 30 m/m pour $e > 5$ — 20 — $e < 5$	Rupture		Allong^t %		Rupture moy.		Allong^t moy.	
	min.	moy.	min.	moy.	long.	trav.	long.	trav.
Tôles communes	25	28	2,5	3,5	32	26	6	2,5
— ordinaires	28	31	4	5	34	28	9	13
— supérieures	29	32	5,5	7				
— fines	30	35	7,5	10	Tôles de plus de 5 m. de long. et moins de 0,5 de large.			

Pour tôles fines on tolère 3^k de déficit s'il est compensé par 1,5 % d'allongement en plus.

Épreuves à chaud des tôles fer (fig. 37 à 39). — Les pièces obtenues selon ces dimensions, pour chaque catégorie, ne doivent présenter ni fentes ni gerçures. Ces essais ne sont faits que sur une tôle pour chaque livraison et pour chaque épaisseur.

Fig. 39. Fig. 38. Fig. 37. Fig. 36.

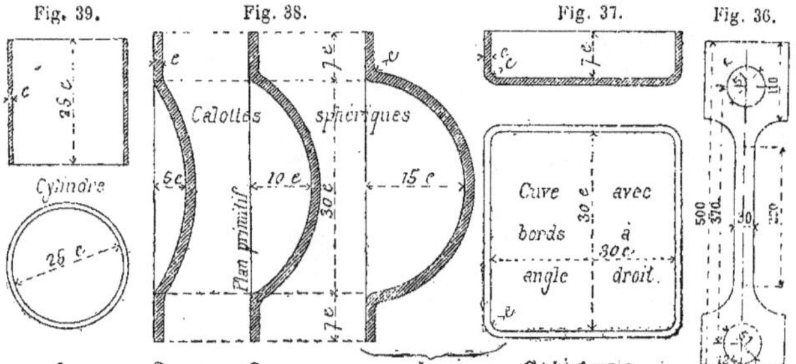

1 2 3 4 Catégorie

Fers profilés. — Mêmes barreaux et même mode de chargement que pour les tôles, les moyennes résultent de 6 épreuves.

Fers T I	Rupture		Allongement %		Cornières
	min.	moy.	min.	moy.	
Qualité commune p^r édifices.	28	32	3,5	6	Ne se font pas en cette qualité.
— ordinaire p^r barrots.	30	34	5	9	Ordinaires, pour coques, etc.
Ne se font pas en qualité sup.	32	35	9	12	Supérieures pour chaudières.

Ces fers doivent se plier aux formes et dimensions de la fig. 40-41, sans criques ni gerçures. On s'assure en outre qu'ils se soudent bien.

Épreuves à chaud.

Fig. 40.

Fig. 41.

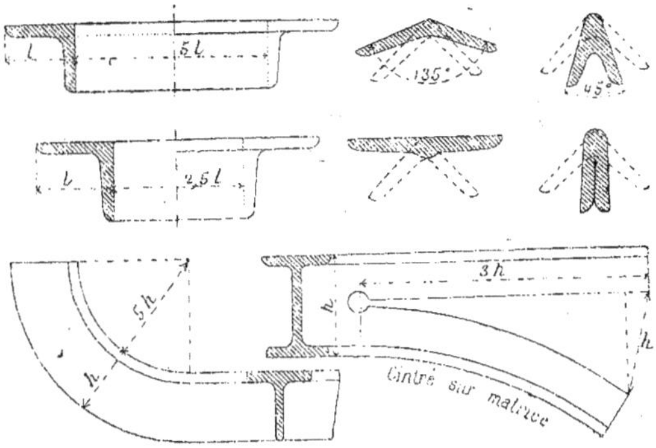

Tôles d'acier. — La charge initiale est les 0,8 de celle de rupture, la charge additionnelle est $0^k,5$ par millim. carré et par 15 secondes. La tolérance est de 2^k, à la condition que le produit : $R_r \times$ allongement, reste constant.

Barreau fig. 36, longueur = 200, largeur = { 20 m/m pour épaisseur < 4 m/m. ; 30 — — 4 à 20. ; épaisseur de la tôle pour e = 20. }

VALEURS MOYENNES MINIMA

Epaisseurs			1 5-2	2-3	3-4	4-6	6-8	8-20	20-30
Pour construction	rupture		47	46	45	45	43	42	42
	allongement %		10	13	16	18	21	22	24
Chaudières	rupture		»	»	»	45	42	42	40
	allongement %		20	20	20	22	24	25	26
Bandes ou couvre-joints	Rupture	en long	47			46	44	43	43
		travers	45			44	42	41	41
	Allongement %	en long	13			19	22	23	25
		travers	12			17	20	21	23

Essais à chaud. — La calotte sphérique A (fig. 42) pour toutes les épaisseurs ne doit présenter ni fente ni gerçure.

La cuve B (fig. 43) n'est pas obligatoire, elle est faite sur l'appréciation de l'ingénieur. En tous cas elle n'est exigée que pour les épaisseurs > 5 m/m.

Fig. 42.

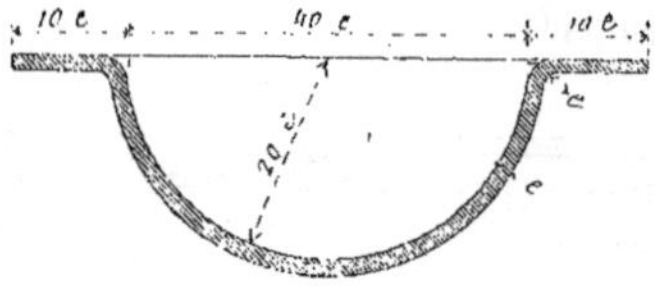

Fig. 43.

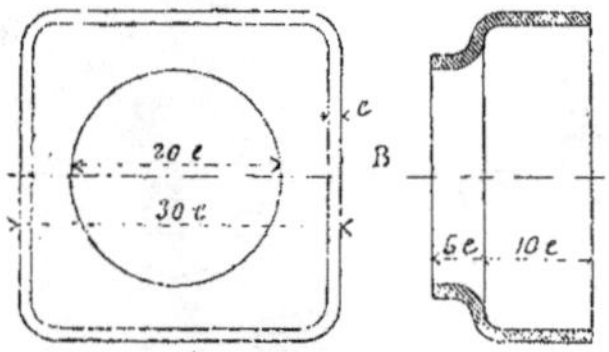

Fig. 44.

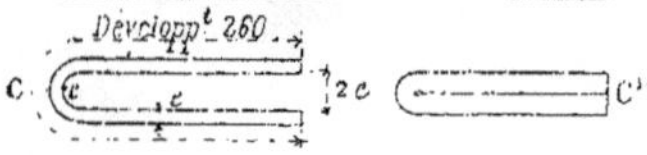

Essais à la trempe (fig. 44). — On découpe des bandes de 260 × 40 m/m dans les deux sens du laminage (en long seulement pour les couvre-joints) ; on trempe au rouge cerise dans l'eau à 28°. Elles doivent se plier à la forme C pour les tôles de construction; à la forme C' pour les tôles de chaudières.

Profilés en acier. — Les barreaux sont les mêmes que précédemment.

	L T		I [ ]		Cornières pour chaudières		
	R_r	All. %	R_r	All. %	R_r	All. %	
Épaisseur 2-4	46	18	46	16	»	»	Mêmes conditions d'essai que pour tôles d'acier. Ces chiffres sont de valeurs moyennes minima.
— 4-6	44	22	44	20	46	22	
— 6-8	44	22	44	20	44	26	
— 8 et plus	42	24	44	22	42	26	

Essais à chaud. — Les pièces D, F, G (fig. 45). Ne doivent présenter ni fente ni gercure. Les barres [ ] seront fendues pour en tirer des cornières égales qui seront pliées comme l'indiquent les figures E. Les cornières seront ouvertes et fermées de même.

Fig. 45.

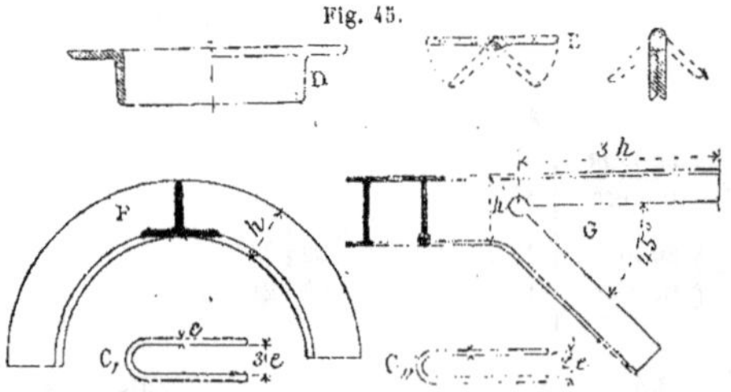

Le manchon cylindrique D, que l'on doit faire avec les cornières, aura pour diamètre 3,5 × hauteur de la cornière.

Le demi manchon F, pour fers à T, aura pour diamètre 4 *h*.

Essais à la trempe. — Des bandes de 250 × 40 m/m trempées comme ci-dessus, devront se plier à la forme $C_,$ pour tous profils (intervalle entre les faces = 3 *e*) ; et à la forme $C_{,,}$ (intervalle = 2 *e*) pour cornières de chaudières).

CHAPITRE III

MACHINES D'ESSAI

La détermination des coefficients de résistance des métaux, en vue de leur réception, est une opération courante dans toutes les usines et il nous paraît utile de faire connaître les machines que l'on emploie à cet effet.

En principe, il convient d'employer des machines dont la puissance soit en rapport avec la résistance des pièces à essayer.

Machine verticale à romaine de E. Chauvin (A.-M.). Pl. XXXVI. — Les dessins des machines que nous décrivons nous ont été gracieusement communiqués par notre camarade E. Chauvin.

Le barreau d'essai B (fig. 1-2) est pris entre les pièces d'attache M M, l'une appartenant au piston P sur lequel on exerce une pression hydraulique au moyen du compresseur à vis A fig. 3.

La tension que subit le barreau se transmet fig. 1 par les leviers C et D, à la romaine E. En déplacant le curseur F de manière à assurer constamment l'équilibre, en maintenant les indicateurs *a* vis-à-vis l'un de l'autre, on peut lire sur la romaine la tension, exercée sur le barreau. Il importe que le curseur F soit déplacé doucement et sans influer sur la romaine ; à cet effet E. Chauvin a créé le dispositif suivant. Le curseur est déplacé par une vis G conduite par deux petites roues H et le volant à main V ; les roues H sont situées sur la verticale du couteau d'oscillation de la romaine de façon à ne pas influencer cette romaine.

Un taquet de débrayage permet de rendre le curseur F indépendant de la vis G, pour le ramener à la main au 0 de la romaine.

Le rapport des leviers C, D, E, étant 1 : 10 soit pour les trois un rapport de 1 : 1000, le curseur de 25 k mesure au maximum une tension de 25.000 k.

Enfin le bâti de la machine est entièrement constitué par 4 montants en fer à ⊏ entretoisés, haut et bas, par d'autres fers de même profil.

Appareil à diagramme (fig. 4-5). — Les allongements du barreau B se mesurent sur la longueur *l* (fig. 2) entre deux coups de pointeau. Quand on veut obtenir une courbe dont les ordonnées soient proportionnelles aux allongements on applique aux coups de pointeau inférieurs les deux vis *a a* du levier L oscillant sur l'axe *b b*, et portant à son extrémité deux crayons *c c*. Ces crayons en se déplaçant dans le rapport des longueurs *a b* : *b c*, tracent sur le papier qui entoure le tambour la courbe voulue.

Ce tambour T est mû par le curseur F au moyen d'une ficelle tendue par un poids *q*. Ainsi les abscisses de la courbe sont proportionnelles aux efforts et les ordonnées aux allongements.

Machine horizontale de E. Chauvin. Pl. XXXVII. — La disposition horizontale présente l'avantage de permettre l'essai de pièces de toute longueur de 1 à 30 m. par exemple, pour l'essai de câbles et chaînes M M sont les mâchoires d'accrochage. Les organes de la machine sont les mêmes que dans la machine verticale, mais le rapport des leviers étant 1 : 100 il faut un curseur de 250 k pour mesurer une tension de 25 tonnes.

Avant une opération on doit s'assurer que la romaine est bien en équilibre le curseur étant au 0 de l'échelle. Le contrepoids Q mobile sur le prolongement de la romaine sert à rétablir cet équilibre.

Le pas de la vis du curseur est de 6 $^m/_m$ et chaque tour déplace le curseur d'une quantité qui correspond à 200 k.

Le curseur est entraîné par la vis au moyen d'un petit levier *a* articulé et muni d'une denture au pas de la vis, ce petit levier est maintenu engagé sur la vis au moyen d'une cheville *b*, en la retirant on peut soulever le petit levier et rendre le curseur libre pour le ramener au 0, pour une nouvelle opération.

Le piston annulaire P de la presse a une surface = 163 centim. carrés, à la pression de 300 k par centim. carré, soit 33.900 brut pour obtenir 2.500 effectifs.

La même pression d'eau peut agir sur les deux petits pistons P′ pour ramener le piston principal à fond de course.

Le curseur porte 3 lames de ressort qui viennent porter sur le bâti quand la rupture du barreau se produit.

Machine verticale à pression atmosphérique de E. Chauvin (fig. 46-47). — Dans cette machine, la pression hydraulique s'exerce toujours sur la surface annulaire d'un piston P, la pièce soumise à l'essai (dans la figure le barreau A tracé en éléments, est soumis à la flexion), transmet la tension qu'elle subit aux leviers B-C et celui-ci la transmet au disque D. Ce disque est recouvert d'une membrane en caoutchouc dont le pourtour est pincé entre le bâti et le disque supérieur fixe. Le vide existant entre ces deux disques est rempli d'eau et cette eau communique avec l'eau des branches d'un baromètre à mercure E. La traction exercée sur le disque D tendant à produire un vide au dessus, le niveau du mercure baisse dans la colonne libre et donne la mesure de la pression en centimètres de mercure, 1 centimètre de mercure correspond à 136^k par m. carré et 76^{cm} correspondent à la pression atmosphérique = 10330^k par m. carré. Connaissant la surface du disque D, en la multipliant par 136, on aura la pression totale exercée sur le disque D pour chaque centim. d'abaissement du mercure; enfin cette pression multipliée par le rapport des bras du levier C donnera la tension exercée sur la pièce soumise à l'essai.

On peut vérifier l'échelle du baromètre en suspendant directement des poids au disque D.

Suivant le poids des pièces soumises à l'essai il faut avant chaque opération tarer

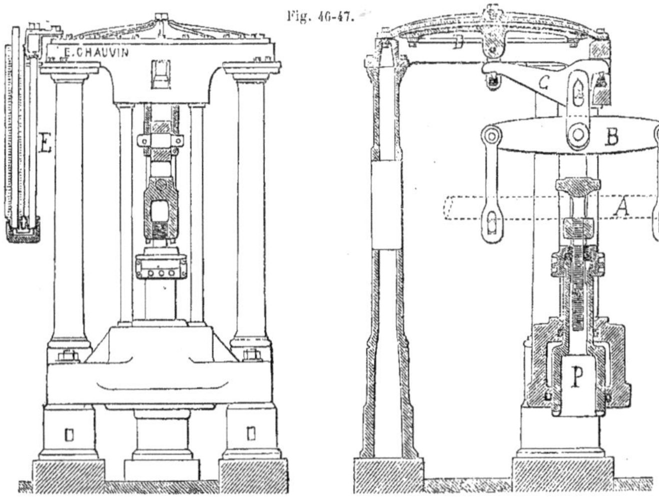

Fig. 46-47.

l'appareil c'est-à-dire noter l'abaissement au dessous du 0 du niveau du mercure, qui fait équilibre à ce poids. En changeant la tête du piston hydraulique la machine peut servir aux essais de traction ou de compression.

Cette machine peut être munie comme la précédente d'un appareil à diagramme donnant la courbe des allongements ou les flèches.

Machines d'essai à manomètre Systᵉ Desgoffe (A. M.), fig. 48. — La

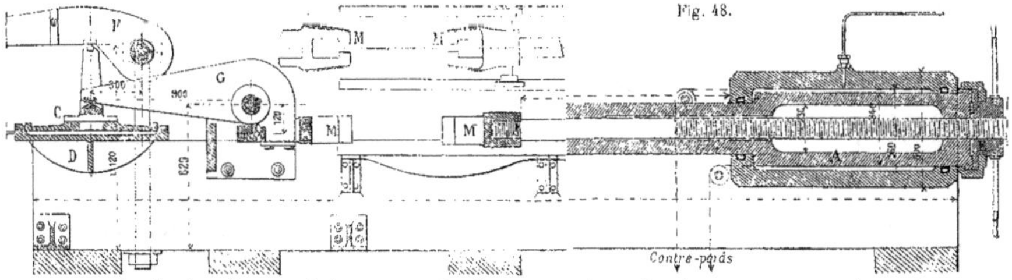

Fig. 48.

pression hydraulique qui s'exerce sur le piston A, agit sur la pièce à essayer prise entre les griffes M M. Cette tension est transmise au levier G et au plateau mobile C, lequel repose sur une membrane en caoutchouc pincée au pourtour de la cuvette D. Cette cuvette est pleine de mercure et communique avec une colonne de mercure dont la hauteur mesure la tension d'essai. Un levier F à l'extrémité duquel est un plateau permet de vérifier les indications du manomètre. Dans cette machine, comme dans la précédente, l'équilibre s'établit automatiquement. Le piston hydraulique A est traversé par une tige filetée qui permet de régler la distance des griffes M, M, suivant la longueur des pièces à essayer.

Machine dite sterhydraulique de Desgoffe (fig. 49). — Cette machine

Fig. 49.

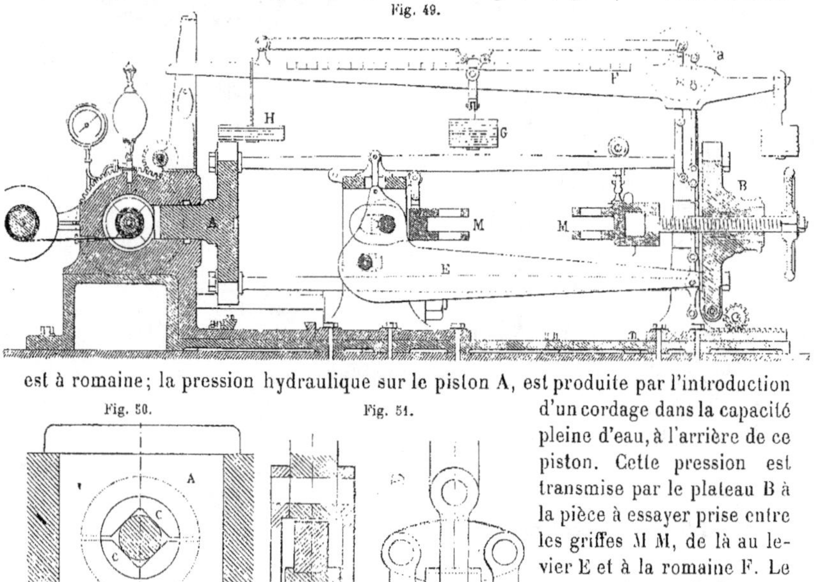

est à romaine; la pression hydraulique sur le piston A, est produite par l'introduction d'un cordage dans la capacité pleine d'eau, à l'arrière de ce piston. Cette pression est transmise par le plateau B à la pièce à essayer prise entre les griffes M M, de là au levier E et à la romaine F. Le curseur G est déplacé au moyen d'un cordage, de deux petites roues dentées et du volant à main *a*.

Fig. 50.

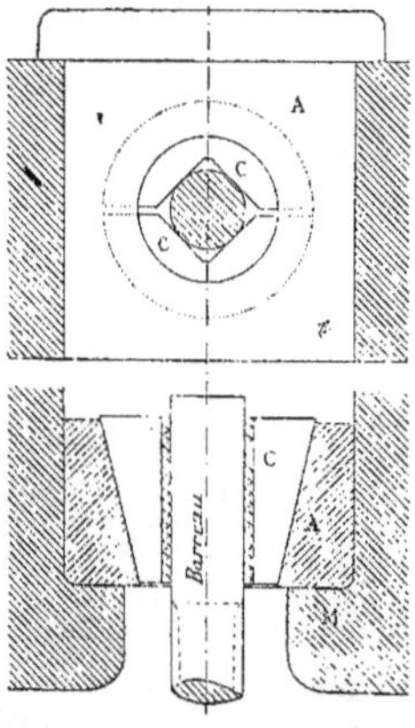

Fig. 51.

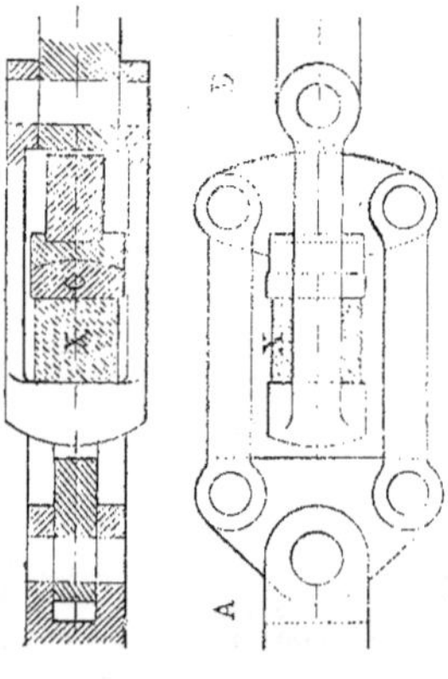

Un poids additionnel H permet de mesurer des efforts supérieurs à ceux qu'indique la romaine.

Attache des barreaux. — Le bloc A (fig. 50) est ajusté sur les griffes M, il porte un trou conique correspondant à l'axe de la machine, dans lequel sont ajustés deux coins dont les faces intérieures sont taillées et trempées. On peut ainsi essayer des barres rondes ou carrées telles que les livre le commerce. En faisant des coins qui se touchent on pourra essayer des tiges ayant une tête.

Les fig. 51 indiquent la disposition qui sur une machine à traction, entre A et B, permet de comprimer la pièce X, pierre ou bloc de ciment, etc.

Appareil de mesure des allongements (fig. 52). — On a marqué sur le

Fig. 52.

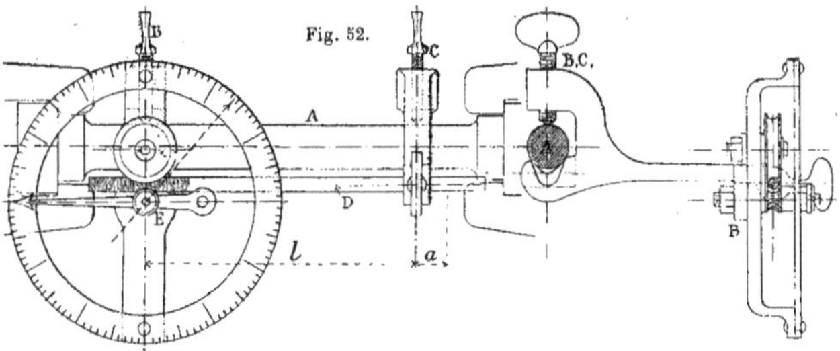

barreau deux coups de pointeau (repères) à la distance l. Si on ne veut mesurer que les allongements sensibles ou l'allongement de rupture, le compas ou le pied à coulisse suffisent. Mais pour mesurer les allongements élastiques on doit employer un appareil amplificateur fig. 52. Les deux pinces B, C sont fixées à la distance l, la pince C porte une tige D filetée et engrenant avec un petit pignon E que porte la pince B, l'aiguille que porte ce pignon indique sur un cadran les allongements amplifiés dans le rapport des rayons du pignon et du cadran.

Fig. 53.

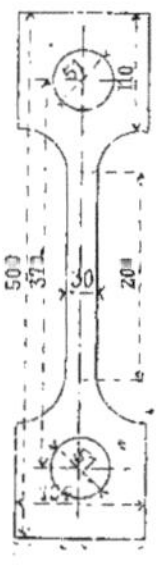

Fig. 54.

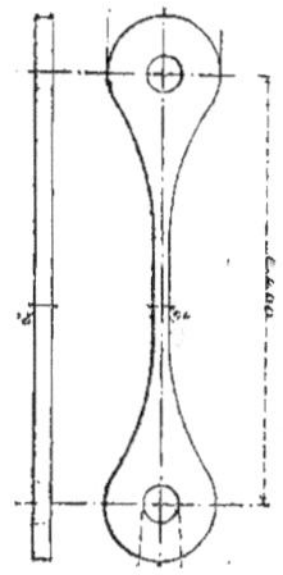

Barreaux. — Les barreaux d'essai des tôles ont la forme fig. 53; ceux pour la fonte et tous métaux fondus sont à têtes ou à œils fig. 54. Les dimensions de la section ont une certaine influence sur les résultats, mais c'est surtout la longueur l qui a de l'influence sur l'allongement pour cent. Plus le barreau est long plus l'allongement par unité de longueur ou % est grand, et plus la charge de rupture est faible. Aussi les résultats d'essai ne sont comparables qu'autant qu'ils ont été faits sur des barreaux identiques.

Cependant l'expérience a fait voir que les barreaux dont les dimensions homologues sont proportionnelles donnent à la traction des résultats sensiblement égaux.

Mesure directe des efforts dans les barres des poutres de

ponts. — Si on applique l'appareil précédent ou tout autre analogue, sur une barre de treillis d'un pont, on pourra mesurer au moment du passage d'un train l'allongement i que subit cette barre et par suite on aura le coefficient R de travail du métal ou tension par millimètre carré par la relation : $R = E\,i$.

Cette mesure directe a fait voir que par suite de la solidarité entre les diverses pièces d'un pont les tensions R ainsi mesurées étaient inférieures, souvent de 25 %, aux valeurs de R calculées.

Appareil d'essai au choc (fig. 55). — Cet appareil, surtout employé pour

Fig. 55.

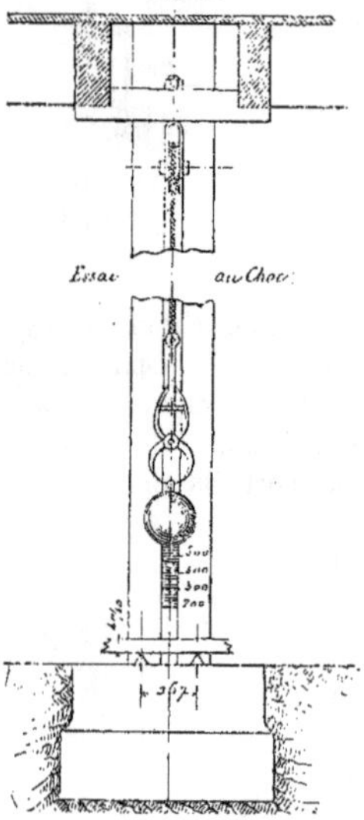

Fig. 56-57.

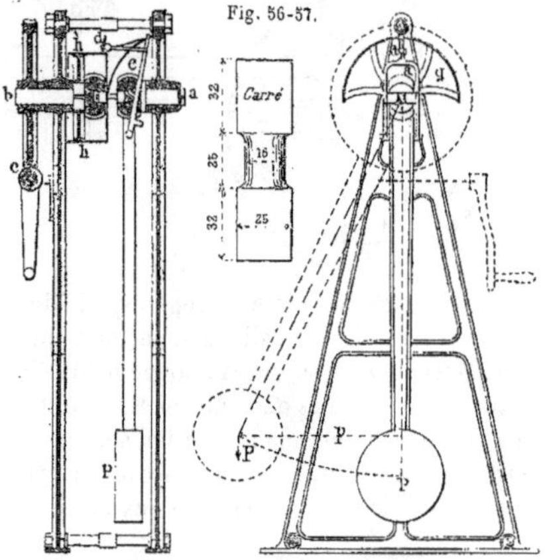

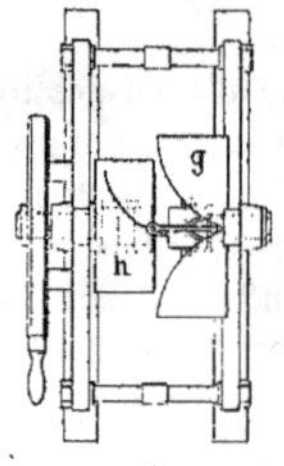

Fig. 58.

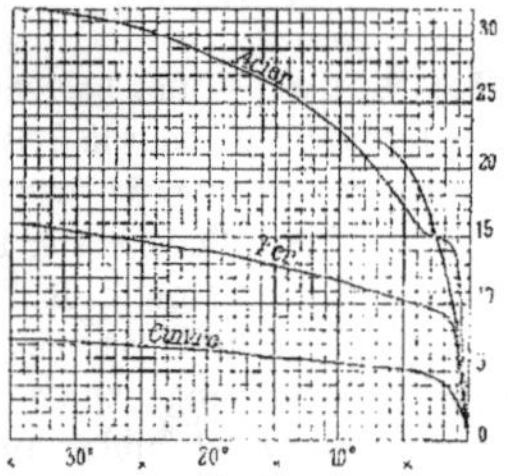

Fig. 59.

la fonte, comporte un boulet qu'on laisse tomber de hauteurs plus ou moins grandes jusqu'à rupture du barreau. La hauteur de chute et le nombre de coups permettent de comparer la résistance de 2 barreaux.

Sur l'enclume sont venus de fonte deux couteaux espacés de 160 m/m sur lesquels on place le barreau a essayer, les dimensions du barreau type sont de 40 m/m de côté.

Cette enclume pèse 300 k et le boulet 12 k. Plus l'enclume est lourde par rapport au boulet, plus le choc est effectif et moins grande est la hauteur de chute qui produit la rupture.

Machine de torsion du Professeur Thurston (fig. 56-58). — Le barreau d'essai, dont les dimensions sont données sur la figure, se termine par deux parties carrées, que l'on engage dans les têtes des arbres *a* et *b*, où il se trouve centré par deux pointeaux intérieurs à ressort.

L'axe *a* porte le pendule P, tandis que l'axe *b* porte une roue à vis sans fin *e*. Si l'on fait tourner cette roue *b* jusqu'à ce que le moment P*p*, qui correspond à l'équilibre de la résistance du barreau, soit dépassé, il y a torsion du barreau et l'appareil trace une courbe de relation entre l'effort tangentiel et l'angle de torsion.

A cet effet le levier à fourchette *e* lié au poids P et muni du crayon *d*, porte une queue qui s'appuie sur l'une des courbes découpées sur le cylindre fixe *g* (vue en plan); suivant le sens du mouvement. Le crayon trace donc sur le papier qui recouvre le cylindre *h* mobile avec l'axe *b*, une courbe dont les abscisses sont proportionnelles à l'angle de torsion et les ordonnées proportionnelles au moment de torsion P*p*. On détermine une fois pour toutes quel est le moment P*p* ou l'effort tangentiel qui correspond a une ordonnée de la courbe égale à 1 $^{m}/_{m}$.

La figure 59 fait voir ces courbes pour barreau de cuivre, de fer et d'acier.

MARCHE A SUIVRE DANS UN ESSAI

Nous avons dit (page 20) quel est l'effet des charges successives, il faut donc dans un essai que l'effort soit continu jusqu'à la rupture.

Fig. 60.

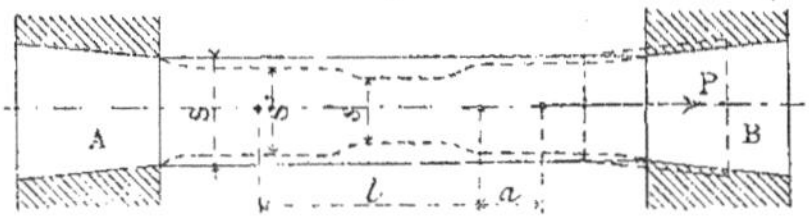

Dans un barreau (fig. 60) soumis à la traction, à mesure qu'il s'allonge sa section diminue et passe de S à S′ (tracé en pointillé). Un peu avant la rupture il se produit vers le milieu du barreau une striction très marquée et la section se réduit à *s*, puis la rupture se produit rapidement, le rapport de striction *s* : S peut être pris comme coefficient d'élasticité du métal.

Quoique la section primitive S diminue pendant l'allongement, on se contente de rapporter les charges à cette section primitive. Si donc on porte fig. 30 en ordonnées les charges R par unité de section et en abscisses les allongements correspondants *i* on obtient la ligne *oa* qui est droite tant que le rapport R : *i* est constant, puis devient *acr*.

Si on tenait compte de la diminution de la section S pendant l'allongement on aurait des charges R plus élevées et la courbe passait en *ak*.

La courbe *acr* correspond à la 2ᵉ période dite de déformation. Pendant la troisième période qui correspond à la striction, la section diminue rapidement et si on opère avec une machine automatique la courbe devient *rg*, tandis qu'avec une machine à romaine on aurait un poids constant et la ligne *rf*. Si la déformation est rapide, elle engendre dans la striction un échauffement sensible.

Coefficient d'élasticité $E = \frac{R}{i}$. — Ce coefficient se déduit des valeurs de R et i précédentes, mais il est plus facile d'opérer par la flexion d'un barreau que par l'observation des allongements par traction.

A cet effet, on mesure sur un barreau du métal voulu et soumis à la flexion sur 2 appuis; la flèche f qu'il prend sous la charge P; soit l la distance des appuis; I le moment d'inertie de la section du barreau. On a :

$$f = \frac{P\,l^3}{38\,E\,I}, \quad \text{d'où} \quad E = \frac{P\,l^3}{48\,I\,f}.$$

et pour une section rectangulaire de largeur a et hauteur b, $I = \frac{a\,b^3}{12}$

$$\text{d'où} \quad E = \frac{P\,l^3}{4\,a\,b^3\,f}.$$

Il y a intérêt pour obtenir facilement et exactement la valeur de E d'opérer sur un barreau mince, c'est-à-dire de faible hauteur b, les flèches sont plus grandes et plus faciles à mesurer.

Le travail du métal par millim. carré R se calcule par la relation :

$$R = \frac{v}{I}\,\frac{P\,l}{4}; \quad \text{pour section rectangulaire } R = 1,5\,\frac{P\,l}{a\,b^2}.$$

La valeur maximum de R, celle au delà de laquelle la flèche, la déformation, devient permanente est la charge limite d'élasticité désignée par R_e.

CHAPITRE IV

MOMENTS — EFFORTS TRANCHANTS — FLÈCHES

Pour des pièces simples, posées sur deux appuis, la statique suffit à déterminer les moments et efforts tranchants. Mais pour des pièces encastrées et continues, il faut faire intervenir la théorie de l'élasticité. C'est aussi de cette théorie que l'on déduit l'expression des flèches de courbure.

Nous nous bornons à rapporter les résultats de cette théorie et en les représentant graphiquement nous simplifierons les calculs.

Les relations qui suivent supposent que le plan de flexion reste constamment le même que celui des charges, c'est-à-dire que les pièces ne subissent aucune déformation transversale ; elles supposent aussi que le moment d'inertie I est constant sur toute la longueur de la pièce; pour les pièces composées de tôles et cornières et dont la section et par suite I est proportionné au moment de flexion, on prend la valeur moyenne de I.

P est une charge concentrée; p une charge par mètre courant;

F, F_0, F_1, F_2, les efforts tranchants, en un point quelconque ou sur appuis;

μ, μ_0, μ_1, μ_2, les moments, en un point quelconque ou sur les appuis;

μ_m................le moment maximum correspondant à $F = o$.

PIÈCE POSÉE SUR DEUX APPUIS

1° Une charge P aux distances l_{11} et l_1 des appuis (fig. 61). — *Efforts tranchants.* — Sur les appuis ils sont égaux aux réactions; on a :

$$\left.\begin{aligned} F_0 &= P\frac{l_{11}}{l} \quad \text{constant et positif de A en C'} \\ F_1 &= P - F_0 = -P\frac{l_1}{l} \quad \text{constant et négatif de } A_1 \text{ en C} \end{aligned}\right\} \quad (a)$$

Pour ne pas surcharger la figure, portons les longueurs qui représentent F_0 et F_1 d'un même côté au-dessus de AA_1. Les hachures limitent la surface des efforts tranchants.

Moments. — En un point M, à la distance x de l'appui A, on a : $\mu = F_0 x$.

C'est l'équation d'une droite. Donc, $\mu_0 = \mu_1 = 0$.

En C', point d'application de la charge, on a :

$$\mu = F_0 l_1 = F_1 l_{11} = P \frac{l_1 l_{11}}{l}. \qquad (b)$$

Si donc C'D représente μ à une échelle quelconque, le moment, en chaque point, sera représenté à la même échelle par les ordonnées du triangle A D'A$_1$.

Fig. 61.

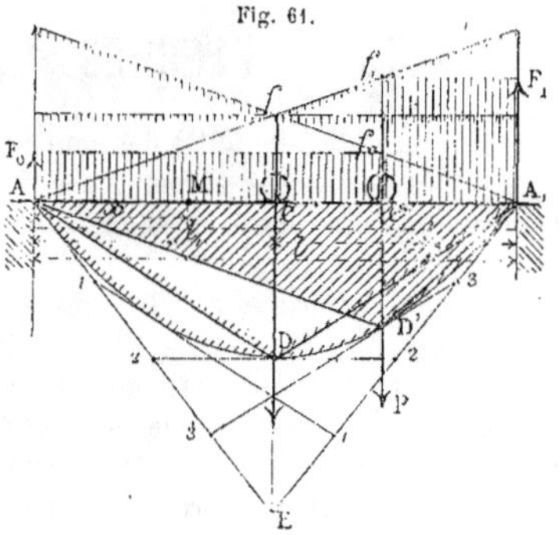

La flèche en C' est :

$$f = \frac{P l_{11}^3}{6 E I}. \qquad (c)$$

2° **P est au milieu.** On a $l_1 = l_{11} = \frac{2}{l}$, les relations (*a*) précédentes donnent :

$$F_0 = F_1 = \frac{1}{2} P = C f. \qquad (a)$$

Au milieu C, où $F = F_0 - F_1 = 0$, le moment est maximum. On a :

$$\mu_m = CD = F_0 \frac{l}{2} = P \frac{l}{4}. \qquad (b)$$

En substituant à l_{11} dans (*c*) sa valeur $^1/_2\, l$, la flèche en C devient :

$$f = \frac{P l^3}{48 E I}. \qquad (c)$$

3° **La charge P est mobile.** *Efforts tranchants.* — Quand P passe d'un appui à l'autre, F_0 et F_1 varient alternativement de 0 à P. Le lieu des points f_0 et f_1 est donc sur deux droites qui se coupent en f.

Moments. — En posant $l_{11} = l - l_1$, la relation (1°-*b*) devient :

$$\mu = \frac{P}{l}(l l_1 - l_1^2).$$

μ varie donc comme l'ordonnée d'une parabole passant en A et A$_1$ et dont le paramètre est : $\frac{l}{P}$. Le maximum, correspondant à $l_1 = {}^1/_2\, l$, est, comme précédemment :

$$\mu = CD = P \frac{l}{4}.$$

4° **Une charge uniforme** p **par mètre courant** (fig. 62). *Efforts tranchants.* — Sur les appuis, on a : $F_0 = F_1 = {}^1/_2\, p\, l$.

En un point quelconque M, à la distance x de l'appui A, on a :

$$F = F_0 - p x = p\left(\frac{l}{2} - x\right). \qquad (a)$$

Ces efforts sont donc limités par la droite $f_0 f'$ ou par les lignes $f_0 C f_1$, en ne tenant compte que de leur valeur absolue.

Moments. — En un point quelconque M, on a :

$$\mu = F_0 x - px\frac{x}{2} = \frac{p}{2}(lx - x^2).$$

Fig. 62.

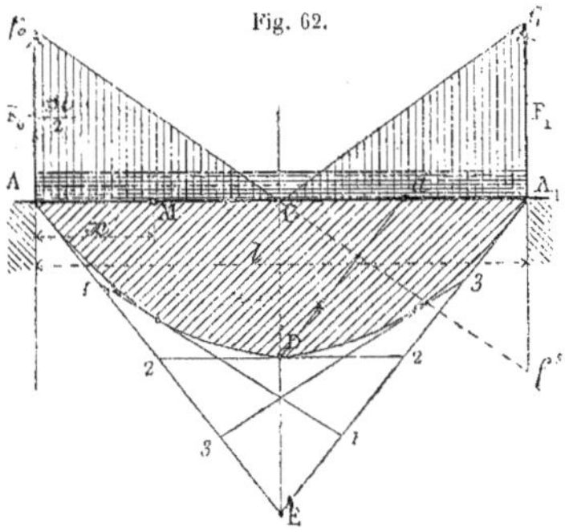

C'est l'ordonnée d'une parabole dont le paramètre $= \frac{2}{p}$, qui passe en A et A_1 où $\mu_0 = \mu_1 = o$. Le maximum correspond à $x = {}^1/_2 l$ où $F = o$; il est :

$$\mu_m = CD = p\frac{l^2}{8}. \qquad (b)$$

La flèche est : $$f = \frac{5\,p\,l}{384\,EI}. \qquad (c)$$

5° Équivalence des charges P et p. — En général on aura la charge uniforme p équivalente à une ou plusieurs charges isolées P, donnant un moment maximum μ_m, en posant :

$$\frac{p\,l^2}{8} = \mu_m, \qquad \text{d'où } p = 8\frac{\mu_m}{l^2}.$$

Dans les cas précédents, en égalant les valeurs de μ_m, on a :

$$\frac{p\,l^2}{8} = P\frac{l}{4}; \qquad pl = 2\,P; \qquad p = \frac{2\,P}{l} = \frac{2\,F_0}{l}.$$

La charge totale uniformément répartie pl est double de la charge P placée au milieu, et inversement. L'équivalence de ces charges n'est constante que pour P mobile ; alors les deux paraboles des μ se superposent.

Quand P est fixe, l'égalité des moments ne subsiste plus pour les sections voisines du milieu, puisque pour P la surface des μ est un triangle, tandis que pour p cette surface des μ est un segment parabolique.

6° Plusieurs charges mobiles; charge uniforme équivalente (1).

Soit (fig. 63) P_1, P_2, P_3... les charges données quelconques,

a_1, a_2, a_3... leurs distances à l'appui B,

G le poids total au centre de gravité des charges,

a, sa distance à l'appui B.

(1) La solution de cette question dérive de l'équivalence d'une charge uniforme et une charge isolée (5°). Elle est aussi vieille que la résistance des matériaux et est enseignée dans tous les cours.

Elle a été traitée, au point de vue de la position la plus désavantageuse des charges, par Winkler, dans son *Traité de construction des ponts*, traduction par Ch. d'Espine, chez Lacroix (page 33). C'est donc une erreur d'attribuer la formule (a) à M. Collignon, comme le fait M. Gascougnolle (de la Cie P.-L.-M.), dans le Bulletin Sté A.-M., septembre 1894.

On calcule la réaction F_0 sur l'appui A,

$$F_0 l = G a = \Sigma (P_1 a_1 + P_2 a_2 + P_3 a_3 + \ldots);$$

puis on calcule le moment en chaque point d'application des charges.

Fig. 63.

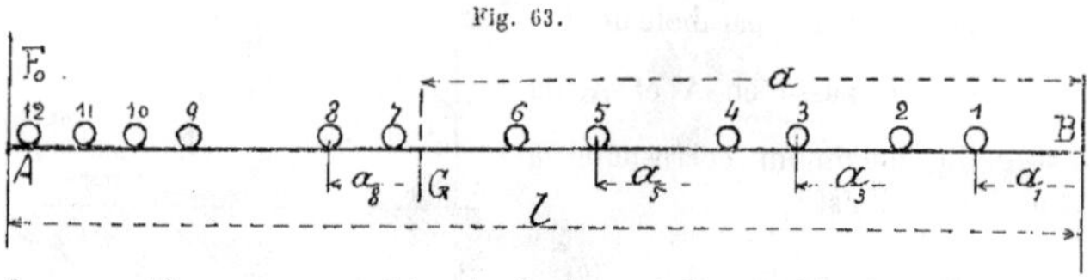

La charge uniforme p par mètre équivalente à l'ensemble des charges doit produire la même réaction F_0. On a :

$$F_0 = p \frac{l}{2}.$$

en égalant ces deux valeurs de F_0 on a :

$$F_0 = p\frac{l}{2} = \frac{Ga}{l} = \frac{\Sigma (P_1 a_1 + P_2 a_2 + \ldots)}{l}$$

(a) d'où $p = \frac{2 G a}{l^2} = \frac{2 F_0}{l}$. (comme précédemment).

Parabole enveloppe. — Le moment d'une charge mobile dans une position quelconque est l'ordonnée d'une parabole, la somme des ordonnées des paraboles de chaque charge donne la parabole enveloppe. Mais, pour une position donnée des charges, la surface de leurs moments, représentée par un polygone, est moindre que celle de la parabole enveloppe; le moment au milieu est moindre que celui de la parabole.

7° **Une charge sur une longueur** $= 2b$ (fig. 64).

Efforts tranchants. — On a $F_0 l = 2pb \times l_{,,}$ et $F_, l = 2pb \times l_,$.

Fig. 64.

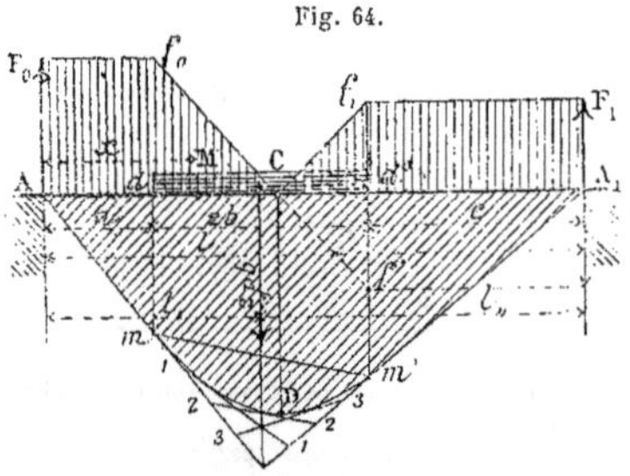

Ces efforts F_0 et $F_,$ sont constants sur les longueurs respectives a, c.

En un point M de $(2b)$, on a :

$$F = F_0 - p(x - a).$$

La ligne $f_0 f'$ ou $f_0 C f'$ limite donc les F.

Moments. — Pour les parties a et c on a :

à gauche, $\mu = dm = F_0 a$;

à droite, $\mu = d'm' = F_, c$.

En un point M de $(2b)$, on a :

$$\mu = F_0 x - \frac{1}{2} p (x - a)^2.$$

Les moments sont limités sur les longueurs a et c par deux droites et sur la longueur $(2b)$ par une parabole tangente à ces droites. Le maximum CD, correspond à $F = o$.

Si la charge $2pb$ est mobile, le parabole des μ passe par l'un des appuis pour $a = o$ ou $c = o$. On tracerait facilement les lignes mixtes des μ pour des positions successives de la charge et la courbe enveloppante donnerait les maxima des μ.

La plus grande valeur de μ a lieu pour $a = c$.

Tracé de la parabole (fig. 62). — Connaissant deux points A, A_1 de la courbe et sa flèche CD sur le milieu de AA_1, on prendra $CE = 2CD$; les lignes AE et A_1E sont les tangentes extrêmes. Si maintenant on divise ces lignes en un même nombre de parties égales et qu'on joigne les points 1-1, 2-2, 3-3,... ces lignes sont des tangentes à la parabole, et les points de tangence sont les milieux des côtés du polygone ainsi formé. Cette construction s'applique aussi à deux tangentes quelconques. Il résulte de ce tracé que le point 2 étant le milieu de AC, 2 D est parallèle à A_1E. On peut ainsi tracer les tangentes extrêmes quand les dimensions de l'épure ne permettent pas de tracer le point E. Et puisque le point 1 est le milieu de A — 2, la ligne 1 — 1 coupe aussi la ligne 2 — D en son milieu. On pourra mener ainsi autant de tangentes qu'on voudra.

Cette construction reste la même quand (fig. 64) les points donnés, m-m', de la parabole ne sont pas de niveau. On peut donc considérer la parabole comme engendrée par une droite 2-2 s'appuyant constamment sur les tangentes extrêmes et dont la projection horizontale reste égale à $1/2\, l$. Il s'ensuit que la tangente au sommet, $2\text{-}2 = 1/2\, l$ est parallèle à m-m'. On peut donc la tracer à priori pour déterminer le sommet D, en menant du milieu de m-m', une parallèle à AE qui détermine le point 2, puis 2-2 parallèle à m-m'.

Superposition des charges; surcharge et poids mort. — Dans le cas de plusieurs charges agissant simultanément, *les effets de ces charges s'ajoutent*.

Fig. 65.

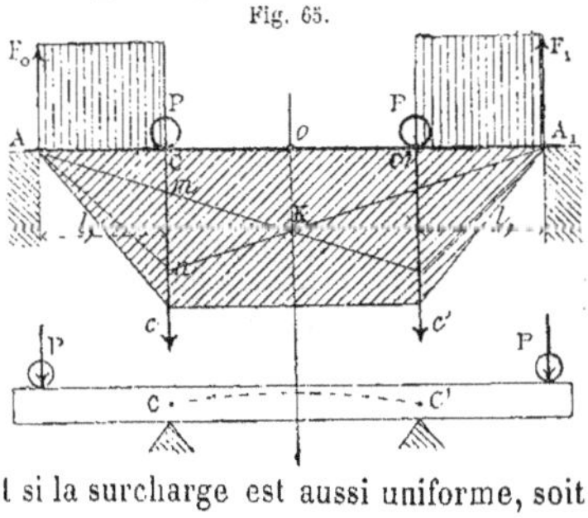

Si donc on trace le funiculaire de la surcharge et celui du poids mort, divisé en un certain nombre de poids répartis sur la longueur de la poutre, il suffit d'ajouter les ordonnées de ces funiculaires pour avoir le funiculaire des moments totaux.

Généralement, pour simplifier, on considère le poids mort des charpentes et ponts comme uniformément réparti, soit q par mètre, son funiculaire est alors une parabole et si la surcharge est aussi uniforme, soit p par mètre, la parabole des moments totaux sera :

$$CD = \frac{1}{8}(p + q)\, l^2$$

8° **Deux charges P égales et symétriques** (fig. 65). — Dans le cas actuel on a : $F_0 = F_1 = P$ entre C et C′, $F = F_0 - P = 0$.

Le moment en C et C′ est : $\mu = P\,l_{,}$.

Ce moment représenté par $Cc = C'c' = Cm + Cn = 2KO$, est constant de C en C′.

Si donc la section de la pièce est aussi constante, le rayon de courbure, qui est :

$$\rho = \frac{EI}{\mu}.$$

sera constant ; la courbe entre C et C′ sera un arc de cercle.

Cas particulier. — Les valeurs des F et des μ ainsi que la courbure sont les mêmes que précédemment si les appuis sont transportés en C et C′ et les charges en A et $A_{,}$.

9° **Une charge P au milieu et une charge** p (fig. 66). C'est la réunion des (3° et 4°). Sur les appuis on a :

Fig. 66.

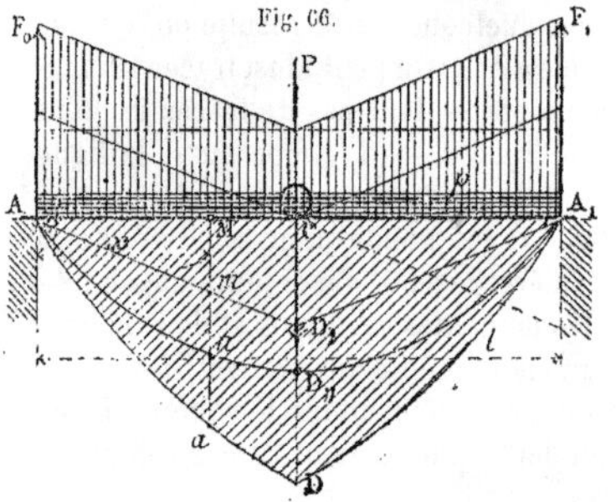

$$F_0 = F_1 = \frac{P}{2} + \frac{pl}{2}.$$

Le moment en un point M, représenté par $Ma = Mm + Mn$, est :

$$\mu = F_0 x - p\,\frac{x^2}{2}.$$

Le moment maximum en C, représenté par $CD = CD_{,} + CD_{,,}$, est : $F_0\,\frac{l}{2}$ ou

$$\mu_m = \frac{Pl}{4} + \frac{pl^2}{8} = \frac{l}{4}\left(P + \frac{pl}{2}\right).$$

La courbe des μ est formée de deux arcs de parabole. La flèche est :

$$f = \frac{l^3}{48\,EI}\left(P + \frac{5}{8}pl\right).$$

Ainsi, comme nous le savons déjà, au point de vue du moment μ_m, la charge uniforme équivaut à une charge $= {}^1/_2\,pl$ placée au milieu ; mais au point de vue de la flexion, la charge uniforme équivaut à une charge $= 5/8\,pl$ placée au milieu.

Fig. 67.

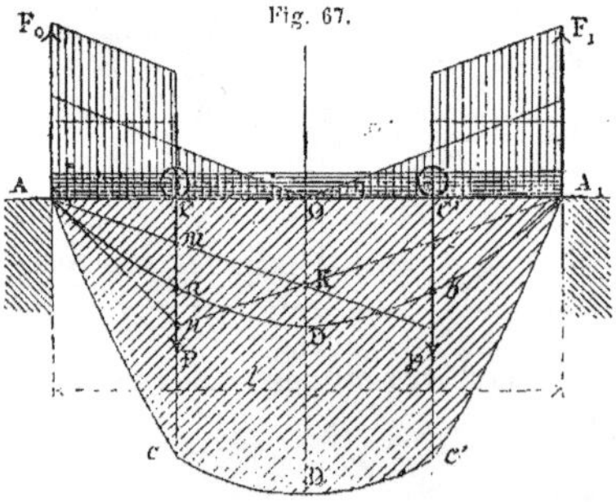

10° **Deux charges P symétriques et une charge** p (fig. 67). — C'est la réunion des n°s 8° et 4°.

$$F_0 = F_1 = P + \frac{pl}{2}.$$

Le moment en C et C′ est : $F_0 l_1 - p\,\frac{l_1^2}{2}$

$$\mu = P l_1 + \frac{p}{2}\,(l l_1 - l_1^2).$$

Le moment maximum en O est :

$$\mu_m = P l_1 + p \frac{l^2}{8}.$$

La courbe des μ est formée de 3 arcs de parabole. L'arc cDc' n'est autre que l'arc $aD_{,}b$ abaissé de $D_{,}D = 2 \times OK$.

11° **Une charge continue progressive** (Aiguille de barrage) (fig. 68). — Les données se lisent sur la figure. a est la largeur de l'aiguille, que l'on se donne, et b est la dimension à déterminer. Le poids de 1 mc d'eau $= 1000^k$.

Fig. 68.

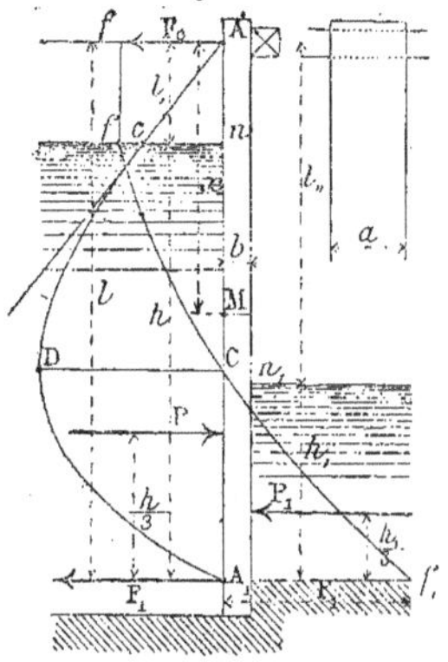

La poussée d'amont $P = \frac{1000\, a h^2}{2} = 500\, a h^2$.

— d'aval $P_1 = 500\, a h_1^2$.

Leurs points d'application sont en $\frac{h}{3}$ et $\frac{h_1}{3}$.

Les réactions des appuis sont donc :

En A, $F_0 l = P \frac{h}{3} - P_1 \frac{h_1}{3}$; d'où $F_0 = 166 \frac{a}{l} (h^3 - h_1^3)$.

En A_1, $F_1 + F_0 = P - P_1$; d'où

$F_1 = 500\, a\, (h^2 - h_1^2) - F_0$.

On aura maintenant, en tout point M à la distance x de A :

Efforts tranchants
- de A au niveau n : $F = F_0$.
- de n en n_1 : $F = F_0 - 500\, a\, (x - l_1)^2$.
- de n_1 en A_1 : $F = F_0 - 500\, a\, [(x - l_1)^2 - (x - l_{11})^2]$.

Pour $x = l$, cette dernière relation donne $- F_1$ ci-dessus. Les F sont donc représentés par les ordonnées comprises entre AA_1 et la ligne $ffC f_{,}$, composée d'une ligne droite et de deux arcs de parabole.

Moments
- de A en n : $\mu = F_0 x$. En n, $\mu = F_0 l_1 = nc$.
- de n en n_1 : $\mu = F_0 x - 166\, a\, (x - l_1)^3$.
- de n_1 en A_1 : $\mu = F_0 x - 166\, a\, [(x - l_1)^3 - (x - l_{11})^3]$.

Le maximum de μ, représenté par CD, correspond à : $x = AC$ ou $F = 0$.

Les μ sont donc représentés par les ordonnées comprises entre A, A_1 et la ligne $AcDA_1$, composée d'une partie droite et deux arcs de parabole.

PIÈCE ENCASTRÉE PAR UN BOUT ET LIBRE DE L'AUTRE

Le bout encastré (fig. 69) est soumis à réaction Q ou à une réaction uniformément répartie dont la résultante est Q. Dans tous les cas, l'encastrement est parfait quand on a $Qq = \mu$, le moment des forces extérieures en A. La charge en A est Q + l'effort tranchant en A. L'encastrement parfait devient plus difficile à réaliser, à mesure que q diminue.

12° Une charge à l'extrémité de la pièce (fig. 69). — Ce cas se déduit du (1°) en considérant la pièce posée sur 2 appuis comme encastrée en son milieu ; il suffit de remplacer.

Fig. 69.

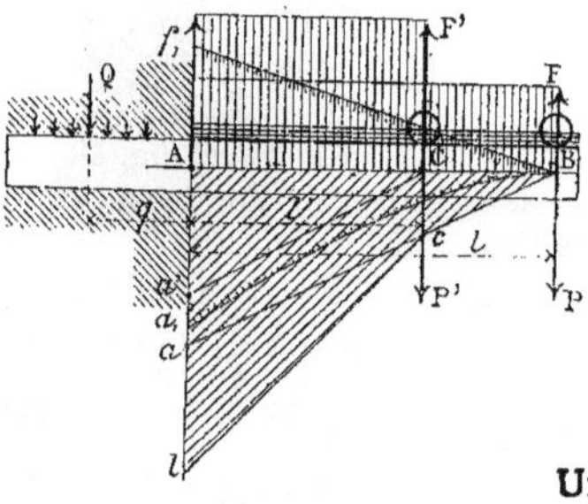

$$\frac{l}{2} \text{ par } l \quad \text{et } \frac{P}{2} \text{ par } P \text{ ; on a :}$$

$$F = P, \qquad \mu_m = Pl, \qquad f = \frac{Pl^3}{3EI}.$$

La ligne des F est parallèle à AB, celle des μ est Ba.

Une charge p par mètre courant (fig. 69).

En un point à la distance x de B, on a : $F = px, \qquad \mu = p\frac{x^2}{2}.$

A l'encastrement en A, $x = l, \qquad F = pl, \qquad \mu_m = p\frac{l^2}{2}.$

La flèche du point B est: $f = \frac{pl^4}{8EI}.$

La ligne des F est B$f_{,}$, celle des μ est la parabole B$a_{,}$.

Charges multiples. — Il suffit, d'ajouter les effets de chaque charge prise séparément.

13° Pièce encastrée d'un bout, sur appui et porte à faux de l'autre.

Charge uniforme p (fig. 70). — Cette charge comprend le poids propre et la surcharge. Les cas de charges isolées peuvent généralement se ramener à celui d'une charge uniforme.

Soit Q la réaction inconnue de l'appui en d. Cette réaction est telle qu'elle produisait à ce point d, une flexion égale et opposée à celle qu'y produiraient les charges.

La flèche que produirait une charge uniforme, à l'extrémité b de la pièce encastrée en a est : comme ci-dessus :

$$f = p\frac{l^4}{8EI}, \text{ que l'on porte à une échelle quelconque.}$$

La courbe de l'élastique est une parabole; on en déduit la flèche f_1 au point d que doit produire la force Q.

On a comme plus haut :

$$f_1 = Q\frac{l_1^3}{3EI}, \qquad Q = f_1\frac{3EI}{l_1^3}.$$

La réaction Q ou charge que supporte le pilier est ainsi déterminée.

Actuellement traçons les surfaces des moments. La charge uniforme, seule, produirait à l'encastrement un moment $\mu_m = {}^1/_8\, pl^2$, représenté par *a-c*, à une échelle quelconque, la surface des moments est limitée par la parabole *b-c*.

Fig. 70.

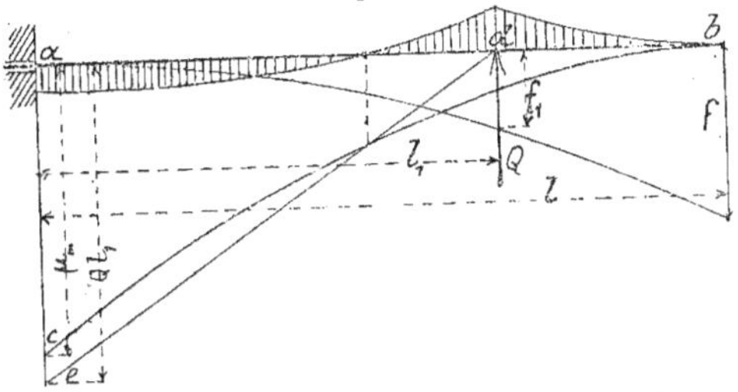

La réaction Q, seule, produirait à l'encastrement un moment $\mu = Q\, l_1 =$ *a-e*, à la même échelle que *a-c*; la ligne droite *d-e* limite la surface des moments qui sont de sens contraire à ceux produits par la charge uniforme.

Les moments réels sont donc représentés, à l'échelle adoptée, par les différences de ces deux surfaces; ces différences portées au dessus et au dessous de *a-b* donnent la surface hachurée.

PIÈCE ENCASTRÉE PAR UN BOUT, SUR APPUI DE L'AUTRE

14° **Une charge** P (fig. 71). — La théorie de l'élasticité donne pour les *efforts tranchants* :

$$\left.\begin{aligned} &\text{en A,} \quad F_0 = \frac{P l_{11}^2 (3l - l_{11})}{2 l^3}; \\ &\text{en } A_1, \quad F_1 = F_0 - P. \end{aligned}\right\} (a)$$

Fig. 71.

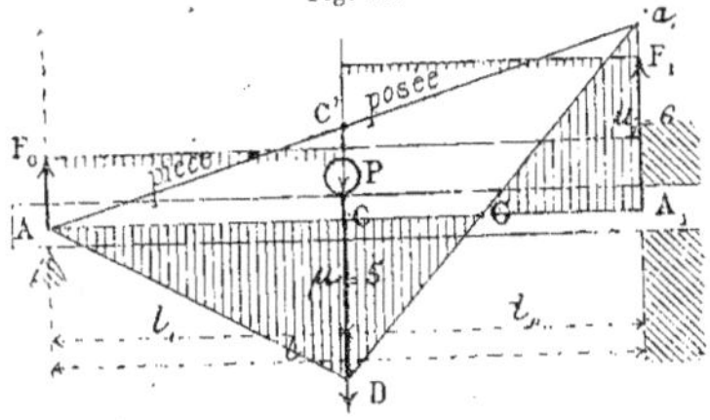

Pour les moments on a :

$$\left.\begin{aligned} &\text{en A,} \quad \mu_0 = o; \\ &\text{en C,} \quad \mu = F_0 l_1; \\ &\text{en } A_1, \quad \mu_1 = P\, l_{11} - F_0 l. \end{aligned}\right\} (b)$$

Si donc CD représente μ et $A_1 a_1$ représente μ_1, les moments sont donnés, en chaque point, par les ordonnées limitées aux lignes AD et Da_1.

Si nous menons Aa_1, nous aurons :

$$C'D = C'C + \mu = \mu_1 \frac{l_1}{l} + \mu = P \frac{l_{11} l_1}{l}.$$

C'est le moment de la pièce posée sur 2 appuis (1°).

15° P **est au milieu**, $l_1 = l_{11} = {}^1/_2\, l$. — Substituant dans (*a*), on a :

$$F_0 = \frac{5}{16} P \quad \text{et} \quad F_1 \frac{11}{16} P.$$

En C, $\mu = \frac{5}{32} Pl$; en A_1, $\mu_1 = \frac{6}{32} Pl$ et $C'D = \frac{1}{4} Pl$.

Donc $A_1 G : GC :: \mu_1 : \mu :: 6 : 5$; d'où $A_1 G = \frac{3}{11} l$.

16° **Une charge p par mètre** (fig. 72). — La théorie donne :

Efforts tranchants. — $F_0 = \frac{3}{8} pl = 0{,}375\, pl$ (positif).

$$F_1 = pl - F_0 = \frac{5}{8} pl = 0{,}625\, pl \qquad \text{(négatif).}$$

En un point à la distance x de A, on a : $F = F_0 - px$.

Ces efforts sont donc représentés par l'oblique $F_0 f_1$ ou par $F_0 C F_1$.

Moments. — En un point quelconque, à la distance x de A, on a :

$$\mu = F_0 x - p\frac{x^2}{2} = \frac{px}{2}\left(\frac{3}{4} l - x\right). \qquad (a)$$

Fig. 72.

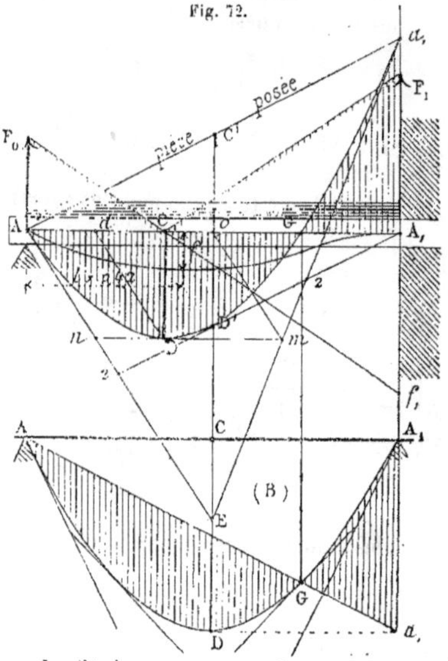

La courbe des μ est donc une parabole. En A, pour $x = 0$, et en G pour $x = {}^3/_4\, l$, on a $\mu = 0$. G est donc le point d'inflexion de l'élastique.

Le sommet de la courbe ou maximum positif de μ est sur la verticale du point C pour lequel $F = 0$ et $x = AC = {}^3/_8\, l$. Cette valeur de x, mise dans (a), donne :

$$\mu = CD = \frac{9}{128} pl^2 = 0{,}07036\, pl^2.$$

Le moment est maximum en A_1 pour $x = l$; on a alors :

$$\mu_m = A_1 a_1 = \frac{pl^2}{8}.$$

Ce moment est précisément égal à celui de la poutre posée sur 2 appuis $= C'D'$. Si donc on prend $C'E = {}^1/_4\, pl^2$, on aura les tangentes extrêmes, et la ligne 2 — 2, tangente en D', passera en A_1 et sera parallèle à $A a_1$.

La flèche maximum a lieu pour $x = 0{,}4215\, l$; elle est :

$$f = \frac{pl^4}{384\, EI},$$

soit cinq fois moindre que pour la pièce posée sur 2 appuis.

Il suit de ce qui précède que, pour passer de la pièce posée, dont la parabole des μ est ADA_1 (B), à la pièce encastrée, il suffit de prendre $A_1 a_1 = CD$ et de mener $A_1 a_1$. Les μ sont alors donnés par les surfaces hachurées.

PIÈCE ENCASTRÉE A CHAQUE BOUT

17° **Une charge unique P en un point quelconque** (fig. 73).

Efforts tranchants : $F_1 = P \frac{l_{\prime\prime}^2 (3 l - 2 l_{\prime\prime})}{l^3}$, $F_2 = P - F_1$ (*a*)

Moments : $\mu_1 = P \left(\frac{l_1 l_{\prime\prime}}{l^2}\right) l_{\prime\prime} = A_1 a_1$ $\mu_2 = P \frac{(l_1 l_{\prime\prime})}{l^2} l_1 = A_2 a_2$ (*b*)

— en C, on a : $\mu = 2 \mu_1 \frac{l_1}{l} = CD'$. (*b'*)

Menons $a_1 D' a_2$, et les moments sont représentés par les surfaces hachurées.

On tire de (*b*) : 1° $\mu_1 + \mu_2 = \frac{P l_{\prime} l_{\prime\prime}}{l} = CD$, moment de la pièce posée :

2° $\mu_1 : \mu_2 :: l_{\prime\prime} : l_{\prime}$.

De ces relations résulte le tracé suivant pour passer de la pièce simplement posée à la pièce encastrée.

Portons $A_1 d = CD = P \frac{l_{\prime} l_{\prime\prime}}{l}$, moment de la pièce posée ; menons par C la ligne mn parallèle à dA_2. Les triangles semblables $A_1 d A_2$, $A_1 m C$, $A_2 n C$ donnent :

Fig. 73.

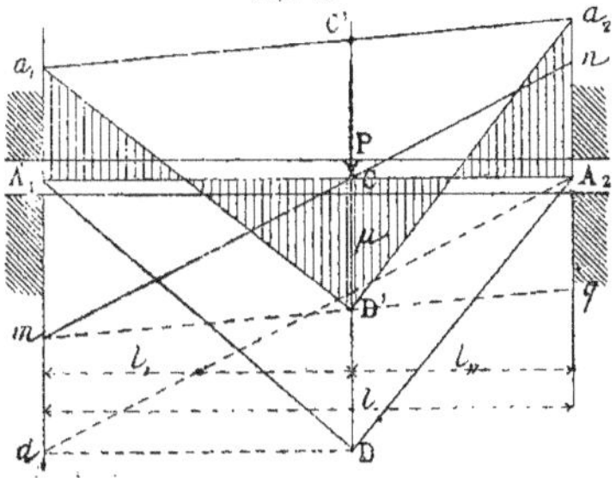

$A_1 m = CD \frac{l_1}{l} = \mu_2$, que l'on porte en $A_2 a_2$; $A_2 n = CD \frac{l_{11}}{l} = \mu_1$, que l'on porte en $A_1 a_1$.

Si nous portons $A_2 q = \mu_1$, mq est parallèle à $a_1 a_2$ et détermine D'. On a, en effet : $CD' = nq \frac{l_1}{l} = 2 \mu_1 \frac{l_1}{l}$ et $C'D' = \mu_1 + \mu_2 = CD$, moment de la poutre simple.

18° **P est au milieu** (fig. 74). — $l_{\prime} = l_{\prime\prime} = \frac{1}{2} l$. — On tire de (*a*) et (*b*) : $F_1 = F_2 = \frac{1}{2} P$

et $\mu_1 = \mu_2 = \mu = \frac{1}{8} P l = A_1 a_1 = A_2 a_2 = CD$.

Les points d'inflexion sont évidemment à 0,25 l des appuis.

Pour la pièce posée on aurait :

$\mu = 1/4\, P l = \mu_1 + \mu = C'D$.

Donc C'C = CD. L'encastrement double la résistance de la pièce.

La flèche pour la pièce encastrée est 4 fois moindre que pour la pièce posée.

$f = \frac{P}{24\, EI} \left(\frac{l}{2}\right)^3$.

Fig. 74.

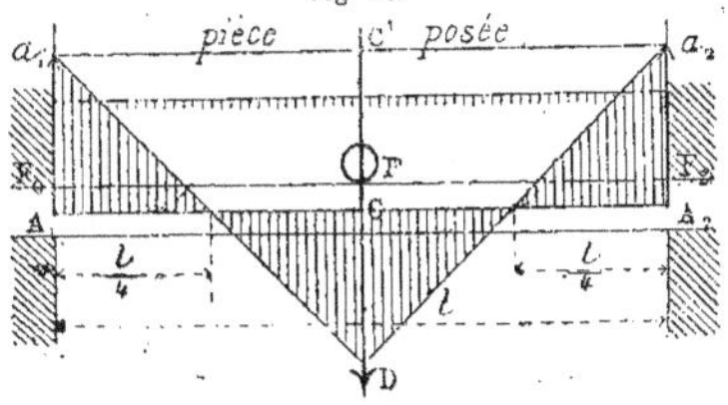

19° **Une charge p par mètre** (fig. 75). — On a : $F_1 = F_2 = {}^1/_2 pl$.

Moments : $\mu_1 = \mu_2 = \frac{pl^2}{12} = A_1 a_1 = A_2 a_2$; en C, $\mu = \frac{\mu_1}{2} = \frac{pl^2}{24} = CD$.

La courbe des μ est une parabole, les points d'inflexion où sont à 0,211 l des appuis.

Fig. 75.

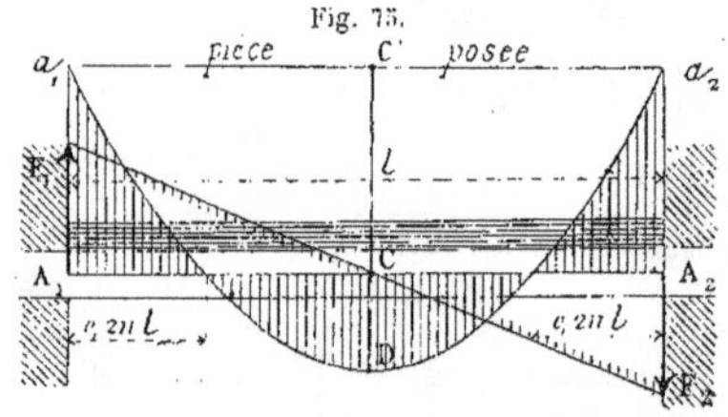

Pour la pièce posée on avait : $\mu = \frac{pl^2}{8}$, moment égal à $\mu_1 + \mu = C'D$.

Donc, la parabole des μ est la même dans les deux cas, et il suffit, pour passer de la pièce posée à la pièce encastrée, de mener A_1A_2 parallèle à a_1a_2 en prenant $C'C = \frac{2}{3}\ C'D = 2\ CD$.

La résistance de la pièce posée est à celle de la pièce encastrée comme 1 : 1,5.

Équivalence des charges $p\,l$ *et* P *au milieu.* — On a :

$$\frac{1}{12} p\,l^2 = \frac{1}{8} P\,l; \quad \text{d'où} \quad p\,l = 1{,}5\ P.$$

POUTRES CONTINUES

Chaque travée d'une poutre continue est une poutre encastrée obliquement. D'après ce qui précède, il suffit de connaître les moments sur appuis pour déterminer les moments en tout point de la poutre. Ces moments se calculent par les formules déduites de la théorie des 3 moments ; elles supposent que la section de la poutre est constante et que les appuis sont de niveau.

Dans le calcul des poutres, on a à considérer : 1° le poids propre ou poids mort, que l'on considère généralement comme uniformément réparti ; 2° la surcharge qui, le plus généralement, est une charge uniforme.

Gabarit des paraboles. — En joignant la surcharge et le poids mort, on calcule alors la poutre pour la charge uniforme totale p par mètre courant ; la courbe des moments est une parabole dont le paramètre est 2 : p et l'ordonnée y suivant l'axe de la parabole, pour la portée l, est : $y = {}^1/_8\,p\,l^2$.

Or pour toutes les travées portant la même charge p, la parabole est la même, il suffit d'en tracer un gabarit, puis de tracer cette courbe dans chaque travée, en tenant son axe vertical et en la faisant passer par l'extrémité des ordonnées, sur les appuis.

Poutres à 2 travées ; charges uniformes (fig. 76). — Soit p la charge dans la travée l ; p_1 la charge dans la travée l_1.

Moments. — Sur les appuis extrêmes, $\mu_0 = \mu_2 = o$; le moment μ_1 sur l'appui intermédiaire A est donné par la relation :

$$\mu_1 = \frac{pl^2 + p_1 l_1^2}{8(l + l_1)}, \quad (a)$$

représenté par A_1-a_1 ;

Fig. 76.

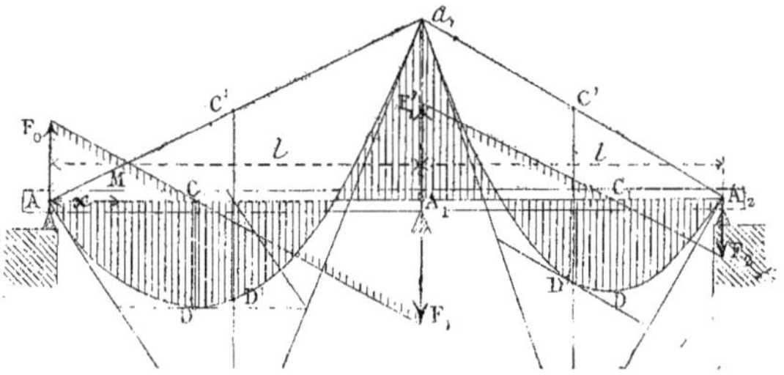

on mène les lignes A-a_1 et a_1-A_2 ; on porte :
1re travée $C'D' = {}^1/_8\, p\, l^2$;
2e — $C'D' = {}^1/_8\, p_1\, l_1^2$.

Et enfin on trace les paraboles par la méthode des tangentes, les tangentes extrêmes concourant en un point, situé sur la verticale du milieu de chaque travée, à une distance de C' égale à 2C'D'; la tangente au point D' est parallèle à A-a_1 ou à a_1-A_2.

Efforts tranchants. — Ces efforts représentés par une ligne oblique, sont donnés par les relations suivantes :

$$\left.\begin{array}{l} 1^{re} \text{ travée, en } A_1,\ -F_0 = {}^1/_2 pl - \frac{\mu_1}{l};\ \text{à gauche de } A_1 - F_1 = F_0 - p\,l. \\ 2^e \text{ travée, à droite de } A_1 - F_1 = {}^1/_2\, p_1\, l_1 + \frac{\mu_1}{l_1},\ \text{ en } A_2 - F_2 = F_1' - p_1\, l_1. \end{array}\right\} (b)$$

Aux points C et C_1 l'effort tranchant nul correspond au moment fléchissant maximum : CD dans la 1re travée ; C_1 D dans la seconde.

Cas particulier. — Si $p_1 = p$ et si $l_1 = l$, la poutre est encastrée sur l'appui intermédiaire A_1 et on retombe sur le cas (15°).

On a alors sur cet appui : $\mu_1 = {}^1/_8 pl^2$.

$F_0 = F_2 = 0{,}375\, p\, l$; $F_1 = P_1' = 0{,}625\, p\, l$; $F_1 + F_1' = 1{,}25\, p\, l$.

Autre cas particulier. — Les charges seules sont égales $p_1 = p$. On a en A_1,

$$\mu_1 = \frac{p\,(l^2 + l_1^2)}{8\,(l + l_1)}.$$

Pour généraliser, posons $l = n l_1$, d'où $\mu_1 = p l_1^2 \left(0{,}125\, \frac{n^2 + 1}{n + 1}\right) = p l_1^2 \times K$.

Les relations (*b*) précédentes donneraient de même les efforts tranchants en fonction de $p\, l_1$. C'est ainsi que nous avons calculé le tableau suivant :

POUTRE A 2 TRAVÉES

$l : l_1 = n =$	1	1,25	1,50	1,75	2	2,25	2,386
$\mu_1 = p l_1^2 \times$	0,125	0,164	0,218	0,289	0,375	0,476	0,50
$F_0 = p l_1 \times$	0,375	0,494	0,605	0,712	0,812	0,914	1
$F_1 = p l_1 \times$	0,625	0,756	0,895	1,038	1,088	1,336	1,386
$F_1' = p l_1 \times$	0,625	0,664	0,718	0,789	0,875	0 976	1
$F_2 = p l_1 \times$	0.375	0,330	0,281	0,211	0,125	0,024	0
Charge totale $= p l_1 \times$	2	2,25	2,50	2,75	3	3,25	3,386

Poutre sur appuis avec porte à faux. — Ainsi, dans le cas précédent, pour $l = 2{,}586\, l_1$, l'effort tranchant sur l'appui A_2 est nul. On peut donc supprimer cet appui, ce qui constitue une poutre sur deux appuis avec porte à faux. Le point extrême ne subira aucun déplacement.

Poutre à 2 travées. Charges concentrées P — P_1 (fig. 77).

Moments. — Le moment μ_1 sur l'appui intermédiaire A_1 est :

$$\mu_1 = P l' \frac{(l^2 - l'^2)}{2(l + l_1)\, l} + P_1\, l_1' \frac{(l_1^2 - l_1'^2)}{2(l + l_1)\, l_1} = A_1 a_1 \, .$$

Les moments en C et C_1, points d'application des charges P et P_1, sont :

$$\text{en } CD = \mu = F_0 l' : \qquad C_1 D_1 = \mu = F_2\, l_1'.$$

Les moments en un point quelconque sont les ordonnées les surfaces hachurées.

Si on mène $A a_1$ et $a_1 A_2$, les ordonnées C'D et C'D_1 représentent le moment que chaque charge produirait dans sa travée prise seule.

Fig. 77.

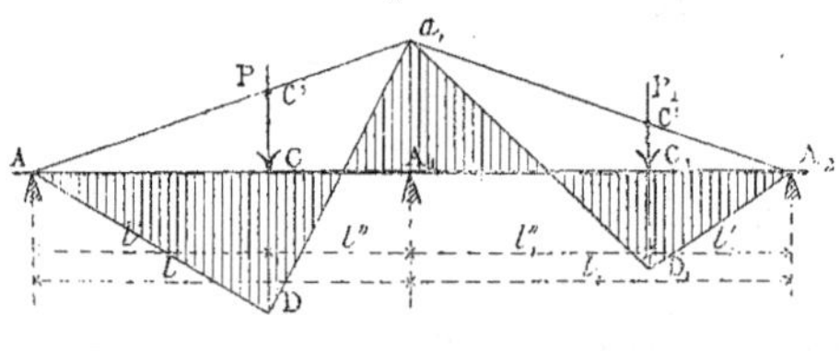

1re travée, $C'D = P \frac{l' l''}{l}$;

2e travée, $C'D_1 = P_1 \frac{l_1' l_1''}{l_1}$.

Cas particulier. — Si tout est symétrique, $P = P_1$, $l = l_1$ et $l'' = l_1''$; la poutre est encastrée en A, on retombe sur le cas (14°).

Efforts tranchants. — Connaissant μ_1 on calcule ces efforts comme suit :

$$1^{\text{re}} \text{ travée en } A - F_0 = \frac{P l'' - \mu_1}{l} ; \quad \text{à gauche de } A_1, \ F_1 = F_0 - P.$$

$$2^{\text{e}} \text{ travée, à droite de } A_1 - F_1' = \frac{P_1\, l_1' + \mu_1}{l_1} ; \quad \text{en } A_2 \ldots F_2 = F_1' - P_1 .$$

Poutre à trois travées. Charges uniformes (fig. 78). — 1° Supposons les travées extrêmes $l_1 = l_3$; les charges dans chaque travée étant : $p_1 - p_2$ et p_3 on calcule μ_1 en A_1 et μ_2 en A_2 comme suit :

Fig. 78.

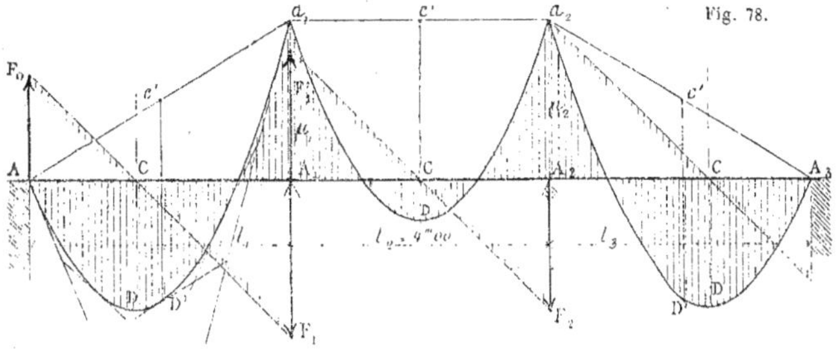

$$\mu_1 = \frac{2 p_1 (l_2 l_1^3 + l_1^4) + p_2 (l_2^4 + 2 l_1 l_2^3) - p_3 l_2 l_1^3}{4 (4 l_1^2 + 8 l_1 l_2 + 3 l_2^2)};$$

$$\mu_2 = \frac{2 p_3 (l_2 l_1^3 + l_1^4) + p_2 (l_2^4 + 2 l_1 l_2^3) - p_1 l_2 l_1^3}{4 (4 l_1^2 + 8 l_1 l_2 + 3 l_2^2)}.$$

2° Les trois travées sont égales à l

$$\begin{cases} \mu_1 = (4 p_1 + 3 p_2 + p_3) \dfrac{l^2}{60} \\ \mu_2 = (4 p_3 + 3 p_2 + p_1) \dfrac{l^2}{60} \cdot \end{cases}$$

3° Les 3 travées sont égales à l, et les charges égales à p,

On a : $\mu_1 = \mu_2 = 0{,}10\, p\, l^2$.

On trace les cordes A-a_1 ; a_1-a_2 ; a_2-A_2, puis on porte

Au milieu de la		1re	travée	$C' D' = \frac{1}{8} p_1 l_1^2$
—	—	2e	—	$C' D' = \frac{1}{8} p_2 l_2^2$
—	—	3e	—	$C' D' = \frac{1}{8} p_3 l_3^2$.

Efforts tranchants. — On les calcule dans tous les cas par les relations suivantes : dans chaque travée on a F_0 à gauche, F_1 à droite.

1re travée, à gauche		$F_0 = \frac{p_1 l_1}{2} - \frac{\mu_1}{l_1}$;	à droite,	$F_1 = F_0 - p_1 l_1$
2e	—	—	$F_0 = \frac{p_2 l_2}{2} - \frac{\mu_1 - \mu_2}{l_2}$	—	$F_1 = F_1' - p_2 l_2$
3e	—	—	$F_0 = \frac{p_3 l_3}{2} + \frac{\mu_2}{l_2}$;	—	$F_1 = F_2' - p_3 l_3$.

Dans le cas où les charges p sont égales dans chaque travée, les lignes limitant les efforts tranchants sont parallèles.

Condition d'égalité des moments. — Dans les poutres à travées égales, les moments sur piles sont supérieurs aux moments entre piles, ces moments sont plus grands dans les travées extrêmes. On corrige en grande partie cette inégalité en donnant aux travées extrêmes une portée réduite aux 0,85 des travées intermédiaires.

Poutre à quatre travées (fig. 79). — 1° Les travées extrêmes sont égales,

Fig. 79.

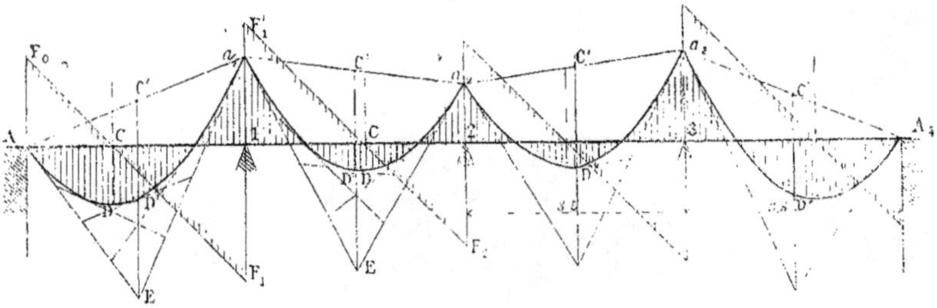

$l_1 = l_4$; les travées intermédiaires sont aussi égales entre elles, $l_2 = l_3$, on a alors pour les moments sur appui les valeurs suivantes :

$$\mu_1 = \frac{p_1 (8 l_1^4 + 7 l_1^3 l_2) + p_2 (5 l_2^4 + 6 l_1 l_2^3) + p_4 l_1^3 l_2 - p_3 (2 l_1 l_2^3 + l_2^4)}{4 (16 l_1^2 + 12 l_2^2 + 28 l_1 l_2},$$

$$\mu_2 = \frac{p_2 (2 l_1 l_2^3 + l_2^3) + p_3 (2 l_1 l_2^2 + l_2^3) - (p_1 + p_4) l_1^3}{2 (16 l_1 + 12 l_2)},$$

$$\mu_3 = \frac{p_1 l_1^3 l_2 + p_3 (5 l_2^4 + 6 l_1 l_2^3) + p_4 (8 l_1^4 + 7 l_1^3 l_2) - p_2 (2 l_1 l_2^3 + l_2^4)}{}.$$

2° Les travées sont égales et les charges sont : p_1, p_2, p_3, p_4.

On a :

$$\mu_1 = (15 p + 11 p_1 + p_3 - 3 p_2) \frac{l^2}{224},$$

$$\mu_2 = 2 (p_1 + p_2) - (p + p_3) \frac{l^2}{56},$$

$$\mu_3 = (15 p_3 + 11 p_2 + p - 3 p_1) \frac{l^2}{224}.$$

2e *cas*. — Si de plus les charges sont toutes égales à p.

On a :

$$\mu_1 = \mu_3 = 0{,}107\, p l^2$$

$$\mu_2 = 0{,}0714\, p l^2.$$

Efforts tranchants	1re travée	$F_0 = \frac{p l}{2} - \frac{\mu_1}{l}$;	$F_1 = F_0 - p l$.
	2e —	$F_0 = \frac{p_1 l}{2} - \frac{\mu_1 - \mu_2}{l}$;	$F_1 = F_0 - p_1 l$.
	3e —	$F_0 = \frac{p_2 l}{2} - \frac{\mu_2 - \mu_3}{l}$;	$F_1 = F_0 - p_2 l$.
	4e —	$F_0 = \frac{p_3 l}{2} + \frac{\mu_3}{l}$;	$F_1 = F_0 - p_1 l$.

CHAPITRE V

PIÈCES CHARGÉES PAR BOUT

On emploie en France la règle de Rondelet pour les bois.

Pour la fonte et le fer on emploie les formules de Love (E. C. P.), déduites des essais de Hodgkinson.

Les Allemands emploient la formule théorique d'Euler ; les Anglais celle de Rankine ; les Américains celle de Gordon ; cette dernière, moins exacte, est abandonnée.

Nous voulons comparer ces formules entre elles et avec les essais.

Formules théoriques. — La théorie de l'élasticité donne, pour la charge de rupture P par centimètre carré, les relations suivantes, pour tige (fig. 80) :

1° encastrée en A, libre en B . . . . $P = 2{,}5 \frac{EI}{l^2}$

2° Bielle, A et B sur la verticale $P = 10 \frac{EI}{l^2}$

3° encastrée en A, B étant sur la verticale $P = 20 \frac{EI}{l^2}$

4° encastrée en A et en B. . . . . $P = 40 \frac{EI}{l^2}$

Fig. 80.

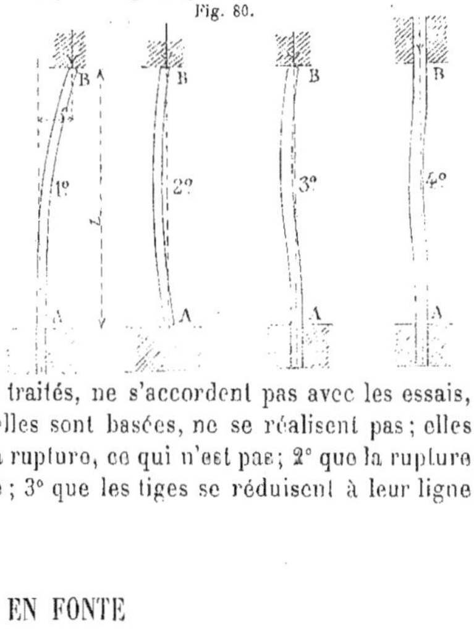

Les dimensions de la section et la longueur sont exprimées en centimètres; le coefficient d'élasticité E est rapporté au centimètre carré.

Ces relations, données dans tous les traités, ne s'accordent pas avec les essais, parce que les hypothèses sur lesquelles elles sont basées, ne se réalisent pas ; elles supposent : 1° que E est constant jusqu'à la rupture, ce qui n'est pas ; 2° que la rupture a lieu par flexion, ce qui n'est pas prouvé ; 3° que les tiges se réduisent à leur ligne d'axe, ce qui n'est pas exact.

COLONNES EN FONTE

Essais de Hodgkinson (1830-1844). — C'est Love qui le premier a fait connaître ces essais en France (1) et en a déduit des formules pratiques. Voici les déductions les plus importantes tirées de ces essais.

(1) Mémoire n° 27, *Bulletin de la Société des Ingénieurs civils de France*, 1851.

La résistance d'un pilier long, à 2 bouts plats (A, fig. 81) étant 3 ;
Celle d'un pilier à 1 bout plat, et 1 bout articulé (B) est 2 ;
Celle d'une bielle à 2 bouts articulés ou arrondis (C) est 1 ;
Celle d'un pilier à bouts plats, portant sur angle (D) est 1.

Fig. 81.

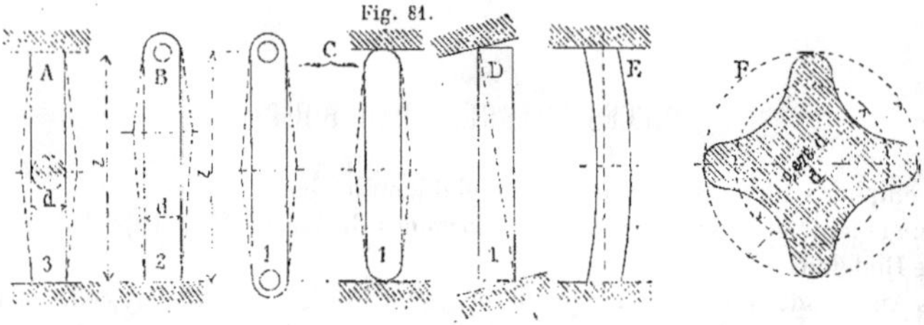

2° Les piliers (B) se rompent au 1/3 de l à partir du bout articulé.

3° Le renflement de la section milieu augmente de 1/7 à 1/8 la résistance des piliers pleins A et C, mais non celles des piliers creux.

4° La résistance d'une pièce à section en trèfle (F) est à celle de section annulaire de même surface comme 18 : 40 ou comme 0,45 : 1.

M. Love a constaté que, dans aucun des piliers rompus par Hodgkinson, la flèche n'avait atteint, sous la charge maximum, la moitié du diamètre (E). Il n'y a donc pas extension des fibres d'extrados, comme le suppose la théorie.

ESSAIS DE HODGKINSON (FONTE)

Numéros	Dimensions en centimètres		$\frac{l}{d}$	Rupture par centimètre carré
	l	d		
1	2,54	1,3	1,9	8130
2	5,08	1,3	3,8	7600
3	9,60	1,27	7,5	6200
4	18,20	1,97	9,2	4760
4	25,60	1,95	13,1	3900
6	18,20	1,27	14,3	4050
7	38,40	2,54	15,1	3600
8	30,7	2,00	15,4	3600
9	38,4	2,00	19,6	3200
10	51.2	2,6	19,7	2730
11	25,6	1,27	20,1	3200
12	30,7	1,27	24,2	2590
13	51,2	2,00	26	2316
14	38,4	1,3	29,6	2358
15	76,8	2,6	30	1780
16	153,7	4,0	38,8	1024
17	76,8	2,0	39,3	1335
18	51,2	1,3	40,3	1335

Le tableau suivant résume les essais faits par Hodgkinson, sur des tiges rondes à bouts plats en fonte de Low-Moor, n° 3, à grain gris assez serré.

On remarque que, pour un même rapport $l : d$, les charges diminuent quand la section ou d augmente. Portons (pl. IV) les rapports $l : d$ en abscisses et les charges correspondantes en ordonnées ; nous aurons les points n° 1 à 18.

Il paraît logique d'admettre la loi qui résulte des charges minima. Si donc, nous traçons une courbe A B enveloppant ces points, nous aurons la *loi expérimentale*.

Le calcul des colonnes rondes pleines est dès à présent résolu, il nous reste à comparer à cette loi les formules données par divers auteurs.

Formule théorique. — En considérant la colonne à 2 bases plates comme offrant un demi-encastrement, on prend la relation

$$P = 20\,\frac{EI}{l^2}\left\{\begin{array}{lll}\text{Pour la section circulaire,} & I = \dfrac{\pi d^4}{64} & \text{et}\quad S = \dfrac{\pi}{4}d^2 = 0{,}785\,d^2.\\ \text{Pour la section carrée,} & I = \dfrac{d^4}{12}, & S = d^2.\end{array}\right.$$

Les dimensions d et l étant en centimètres, $E = 1.000.000$ par centim. carré.

Pour la fonte, on a les charges de rupture par centimètre carré suivantes :

Pour $l : d =$	10	20	30	40
section circulaire, $\frac{P}{S} = 1250000 \left(\frac{d}{l}\right)^2 =$	12500	3125	1390	781
section carrée, $\frac{P}{S} = 1666666 \left(\frac{d}{l}\right)^2 =$	16666	4140	1890	1040

Les chiffres relatifs à la section circulaire donnent (Pl. IV) la courbe *théorique*, elle est inadmissible, surtout pour les faibles rapports de $l : d$.

Formules de Hodgkinson. — Pour colonnes *rondes ou carrées*, à bases plates, Hodgkinson, partant des relations théoriques précédentes, déduit de ses essais les relations suivantes :

$$\text{Colonne pleine,}\quad P = 44^t{,}16\,\frac{d^{3,6}}{l^{1,7}}\,;\qquad \text{creuse,}\quad P = 43^t{,}3\,\frac{d^{3,6} - d'^{3,6}}{l^{1,7}}.$$

P, est la charge de rupture en tonnes anglaises de 1015 kg. ;
d, d', diamètres ou côtés du carré extérieur et intérieur, en pouces de 2,54 centim. ;
l, longueur de la colonne, en pieds anglais de 30,5 centimètres.

La faible différence des termes numériques indique que la charge d'une colonne creuse est sensiblement $P - P'$, P' étant la charge d'une colonne pleine de diamètre d'. Si nous adoptons le coefficient moyen $43^t{,}73$ et si nous exprimons P en kilogrammes, d et l en centimètres, on aura (1) :

$$P = 521\,900\,\frac{d^{3,6}}{l^{1,7}}.$$

Pour la section ronde, $S = 0{,}785\,d^2$; pour la section carrée, $S = d^2$.

---

(1) $$P = 43{,}73 \times 1015\,\frac{\left(\dfrac{d}{2{,}54}\right)^{3,6}}{\left(\dfrac{l}{30{,}5}\right)^{1,7}} = 44385\,\frac{\overline{30{,}5}^{1,7}}{\overline{2{,}54}^{3,6}}\,\frac{d^{3,6}}{l^{1,7}} = 44386\,\frac{341}{29}\,\frac{d^{3,6}}{l^{1,7}}\,521900\,\frac{d^{3,6}}{l^{1,7}}.$$

Si l'on exprime l en décimètres, on a : $P = \dfrac{521900}{10^{1,7}} \times \dfrac{d^{3,6}}{l^{1,7}} = 10440\,\dfrac{d^{3,6}}{l^{1,7}}$.

Belanger a donné 10400 et Morin 10676. C'est pour justifier notre chiffre 10440, que nous avons indiqué le calcul de traduction.

En faisant $d = 1$ et $l =$	10	20	30	40
On a : section ronde, $\frac{P}{S} = 664800 \frac{d^{1,6}}{l^{1,7}} =$	13300	4100	2050	1250
On a : section carrée, $\frac{P}{S} = 521900 \frac{d^{1,6}}{l^{1,7}} =$	10440	3188	1607	980

La section circulaire serait plus avantageuse que la section carrée, tandis que d'après la loi théorique ci-dessus et celles de Rankine ci-après, c'est l'inverse qui a lieu.

Nous n'avons tracé (pl. IV) que la courbe relative à la section circulaire, celle pour laquelle ont été faits les essais qui déterminent la loi expérimentale. Cette courbe représente la moyenne des essais pour $l : d > 30$. La loi n'est donc pas applicable pour $l : d < 30$, comme quelques auteurs l'ont indiqué. Pour ces derniers rapports, Hodgkinson a donné une autre relation, que nous ne citerons pas, parce que l'on doit préférer à ces relations multiples celles de Love ou de Rankine.

Règle de Rondelet. — Cet architecte a donné pour les bois la règle suivante :

Pour $l : d =$	1	12	24	36	48	60
Charges de rupture	8100	6750	4050	2700	1350	850

Cette loi, tracée pl. IV, est entièrement inadmissible pour la fonte.

Formule de Love. — Dans son mémoire déjà cité, M. Love a représenté les résultats des essais de Hodgkinson, pour $l : d > 10$, par la formule unique suivante :

$$\text{Colonne pleine,} \quad \frac{P}{S} = \frac{R}{1{,}45 + 0{,}00337\left(\frac{l}{d}\right)^2}. \quad (a)$$

P est la charge de rupture ou de sécurité, suivant que R est le coefficient de rupture ou de sécurité.

Pour colonnes creuses, la charge est $P - P'$, P étant la charge d'une colonne pleine ayant pour diamètre d' diamètre du creux.

En prenant, d'après M. Love, $R = 7500$ k., les formules (a) et (b) donnent les chiffres du tableau suivant. Les premiers (a) s'accordent avec la loi expérimentale A B (pl. IV) ; les seconds (b) donnent la courbe correspondant à la section annulaire.

Ces relations ne s'appliquent qu'à la section circulaire.

Formule de Rankine. — Elle est de même forme que celle de Love, mais on a substitué à d le rayon de giration r de la section, et modifié le coefficient de $l : r$, suivant la disposition des extrémités. On a :

$$\frac{P}{S} = \frac{R}{1 + K\left(\frac{l}{r}\right)^2}, \quad \text{et puisque } r^2 = \frac{I}{S}, \quad \frac{P}{S} = \frac{R}{1 + K\frac{S}{I}l^2}.$$

Pour colonnes à (1) { 2 bouts plats .... $K = 0{,}000156$.
1 bout plat, 1 articulé.................. $K = 0{,}000312$.
2 bouts ronds ou articulés (bielles)........ $K = 0{,}000624$.

En nous reportant aux valeurs de I (chap. I), nous avons calculé $r^2 = I : S$ pour les sections (fig. 82) et pour la plus petite valeur de I. Pour la section ⌶ à côtés égaux et dont l'épaisseur $= 1/10\ d$, on trouve pour r^2 sensiblement la même valeur que pour la section circulaire, en prenant I par rapport à l'axe $x\,x$. En mettant ces valeurs de r^2 et celles de K dans la relation ci-dessus, on obtient les suivantes :

Fig. 82.

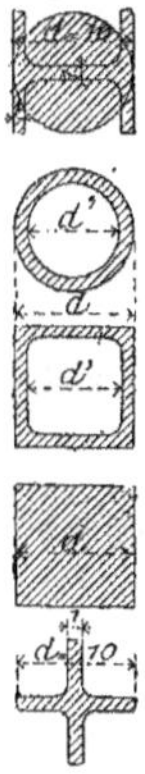

	Colonnes plates.	Bielles
x . . $r^2 = \frac{d^2}{16} = 0{,}0625\ d^2$	$\frac{P}{S} = \frac{R}{1 + 0{,}0025 \left(\frac{l}{d}\right)^2}$	$\frac{P}{S} = \frac{R}{1 + 0{,}01 \left(\frac{l}{d}\right)^2}$
$(d' = 0{,}7$ à $0{,}8\ d)$. $r^2 = 0{,}1\ d^2$	$\frac{P}{S} = \frac{R}{1 + 0{,}00156 \left(\frac{l}{d}\right)^2}$	$\frac{P}{S} = \frac{R}{1 + 0{,}00625 \left(\frac{l}{d}\right)^2}$
. . . $r^2 = \frac{a^2}{12} = 0{,}0833\ d^2$	$\frac{P}{S} = \frac{R}{1 + 0{,}00187 \left(\frac{l}{d}\right)^2}$	$\frac{P}{S} = \frac{R}{1 + 0{,}00748 \left(\frac{l}{d}\right)^2}$
$(d' = 0{,}7$ à $0{,}8\ d)$ $r^2 = 0{,}13\ d^2$	$\frac{P}{S} = \frac{R}{1 + 0{,}0012 \left(\frac{l}{d}\right)^2}$	$\frac{P}{S} = \frac{R}{1 + 0{,}0048 \left(\frac{l}{d}\right)^2}$
. . . . $r^2 = 0{,}042\ d^2$	$\frac{P}{S} = \frac{R}{1 + 0{,}0037 \left(\frac{l}{d}\right)^2}$	$\frac{P}{S} = \frac{R}{1 + 0{,}0148 \left(\frac{l}{d}\right)^2}$

En effectuant les calculs avec $R = 5600$, d'après Rankine, on a les charges de rupture par centimètre carré, suivantes (fig. 83) :

Ces charges donnent les courbes de la pl. IV. Pour colonnes à une base plate et l'autre articulée, on prendra des charges moyennes entre les précédentes.

Les lois Love et Rankine s'accordent avec la loi expérimentale ; elles s'accordent aussi pour la section annulaire, quoique leurs coefficients R soient différents. Si donc on voulait appliquer ces relations à une fonte rompant à $R = 6500$ k. au lieu de 7500 k., il faudrait, pour que la formule de Rankine donnât encore les mêmes résultats que celle de Love, déterminer son numérateur R' en posant :

$$7500 : 5600 :: 6500 : R', \quad \text{d'où} \quad R' = 4850.$$

(1) Voici comment on déduit K de deux essais : on peut écrire $\frac{P}{S} = p = \frac{R}{1 + K\left(\frac{l}{r}\right)^2} = \frac{R}{1 + KA}$, d'où $R = p(1 + KA)$. Pour un 2e essai, on aurait, $R = p'(1 + KB)$, d'où, en éliminant R, $K = \frac{p' - p}{pA - p'B}$.

fig. 83.	Rapport $\frac{l}{d} =$	Colonne à 2 bouts plats.				2 articulations. Bielles.			
		10	**20**	**30**	**40**	**10**	**20**	**30**	**40**
	Loi expérimentale .	4400ᵏ	2700ᵏ	1650ᵏ	1050ᵏ				
	Love (a)	4420	2670	1674	1096				
	Rankine	4480	2800	1720	1120	2800	1120	560	330
	Love	4875	3547	2347	1580				
	Rankine	4840	3450	2330	1600	3450	1600	840	510
	id.	5000	3780	2700	1900	3780	1900	1060	615
	id.	4700	3200	2090	1400	3200	1400	724	430
	id.	4086	2260	1300	810	2260	810	400	233

En résumé, les formules Rankine, doivent être seules employées pour des sections autres que la section circulaire et pour les bielles de toutes sections.

Charges de sécurité. — Les charges de rupture précédentes s'appliquent à une fonte s'écrasant à 8000 k. pour $l : d = 1$ à 2. Pour une autre fonte, ces charges seront proportionnelles au coefficient d'écrasement. Les charges pratiques seront 1/6, 1/8 ou 1/10 de celles de rupture, suivant le degré de sécurité désiré et suivant l'exécution plus ou moins soignée. En raison des défauts que présentent les pièces fondues, nous avons adopté, pour la charge 1/8, pour la fonte à 8000 kg. de sécurité, soit 1000 k. par centimètre carré et pour $l : d = 1$.

CHARGES DE SÉCURITÉ DES COLONNES EN FONTE, AU $^1/_8$ DE LA RUPTURE A 8000ᵏ.

$l : d$	Colonnes à bases plates.							Bielles.						
	10	15	20	25	30	35	40	10	15	20	25	30	35	40
☐	625	547	470	400	340	280	240	470	340	240	175	130	100	80
◯	600	510	430	350	290	230	200	430	290	200	140	110	80	60
▨	580	480	400	320	260	210	175	400	270	175	120	90	70	56
▬	550	430	330	270	200	160	130	350	220	140	95	70	50	40
✛	500	380	280	210	160	120	100	280	170	100	70	50	37	28

Applications. — En pratique, les dimensions minimum de la section sont souvent données. On connaît alors le rapport $l : d$ et, par suite, la charge maximum par centimètre carré, d'où on déduit la section.

On a souvent cherché à calculer directement la section d'une colonne, connaissant la charge totale à supporter et la hauteur ; mais, dans ce cas, si l'on part de la relation Hodgkinson, on a des charges plus élevées que la loi expérimentale et on peut être conduit à un diamètre d tel que $l : d < 30$; alors la formule de Hodgkinson n'étant plus applicable, le résultat est inadmissible.

S'il s'agit de colonnes creuses, le calcul direct conduit souvent à des épaisseurs inadmissibles en fonderie.

En fonderie, il est presque impossible d'obtenir des épaisseurs régulières, surtout pour des colonnes coulées horizontalement. Aussi doit-on au moins compter sur 15 à 20 m/m et faire croître cette épaisseur avec la longueur et le diamètre comme suit :

en millim. $e = 5 + \frac{l}{40} + \frac{d}{2}$ l et d en centimètres.

On a :

Diamètre extérieur d =		10	15	20	25	30	40 cent.
		Épaisseur e en millim.					
Hauteurs l en centimètres.	200	15 m/m	17,5	20 m/m	»	»	»
	400	20	22,5	25	27,5	30	35
	600	»	27,5	30	32,5	35	40
	800	»	»	35	37,5	40	45

Tableaux graphiques (pl. V à VIII). — D'après le tableau des charges de sécurité, nous avons calculé les charges des colonnes pour les rapports $l : d$ indiqués en tête de chaque tableau. En portant les longueurs l en abscisses et les charges en ordonnées, à l'échelle tracée à gauche, nous obtenons 3 ou 4 points pour chaque diamètre. La courbe continue, passant par ces points, donne les charges pour toutes les longueurs intermédiaires, et réciproquement. Pour des diamètres intermédiaires, on peut admettre que les charges ou ordonnées sont proportionnelles aux différences entre les diamètres, et réciproquement.

Pl. V. Sections . — *Exemple* : Une colonne ronde de 5 m. doit porter 60 tonnes, quel sera son diamètre? L'ordonnée de 5 m. et l'abscisse de 60 t. se rencontrent en m, ce point correspond à $d = 183$ millim.

La colonne précédente est creuse au diamètre intérieur $d' = 130$, quelle charge peut-elle porter? L'ordonnée de 5 m. rencontre la courbe 130 en m', qui correspond à 18 tonnes, la charge de la colonne 183-130 sera : $60 - 18 = 42$ tonnes.

Section 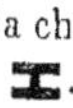. — Pour les proportions adoptées, $e = 0{,}1\ d$, nous avons admis, en tenant compte des congés $S = 3\ d \times 0{,}1\ d = 0{,}3\ d^2$. Or, les charges par centimètre carré étant les mêmes que pour la section circulaire, les charges totales sont proportionnelles aux surfaces. Pour la section circulaire, $S = 0,785\,d^2$. Donc, le rapport des charges ou des échelles est 0,3 : 0,785 = 0,382. C'est en multipliant les charges de la première échelle par 0,382 qu'on a la deuxième échelle relative à cette section.

Pl. VI. Sections ○ □. — Pour simplifier le calcul précédent des colonnes creuses, nous avons dressé un tableau spécial, et pour simplifier encore, nous avons admis, pour la section carrée creuse, les mêmes charges P : S que pour les colonnes rondes. Le rapport des charges ou des échelles relatives à ces deux sections est comme précédemment celui des surfaces, soit 4 : 3,14 = 1,274.

Pl. VII. Section ✚. — Cette section est moins employée que les précédentes ; cependant elle offre l'avantage de coûter moins cher de moulage et de laisser voir les défauts de fonderie.

Pl. VIII. Bielles. — Ce tableau se rapporte surtout aux bielles des fermes Polonceau. Avec les proportions indiquées sur la section, on a, en chiffre rond :

$$S = \overline{0,8\,d}^2 + \overline{0,2\,d}^2 - \overline{0,6\,d}^2 = d^2\,(0,64 + 0,04 - 0,36) = 0,39\,d^2.$$

La construction et l'usage de ces tableaux sont les mêmes que précédemment.

Règle de similitude. — Toutes les colonnes de même section, dont les dimensions homologues sont proportionnelles, c'est-à-dire dont $l : d$ est constant, portent une même charge par centimètre carré, mais la charge totale est proportionnelle à d^2 : elle varie donc comme le carré du rapport de similitude. Ainsi, toutes les dimensions d'une colonne étant doublées, sa charge sera quadruplée. Nos tableaux peuvent donc servir pour des charges quelconques.

Exemple : Une colonne ⌶ de 4 m. doit porter 80 tonnes, quel sera son côté b ?

Cette charge ne se trouvant pas sur le tableau (pl. V), nous en prenons le quart, soit : 20 tonnes et la moitié de la longueur, ou 2 m. L'horizontale de cette charge et la verticale de 2 m. se rencontrent en M correspondant à $d = 126$. Le côté cherché sera donc : $d = 252$ millimètres. Les problèmes inverses se résolvent avec la même facilité.

COLONNES EN FER

Loi Hodgkinson-Love. — Love dans son mémoire déjà cité, a déduit des essais de Hodgkinson, pour colonnes pleines et pour $l : d > 10$, la relation suivante, dans laquelle R = 3800 k. pour la tôle ; R = 4000 k. pour fer en barre :

$$\frac{P}{S} = \frac{R}{1,55 + 0,0005\left(\frac{l}{d}\right)^2}.$$

Pour $l : d =$	10	20	30	40
P : S =	2500	2280	2000	1700

Ces chiffres donnent (pl. IX) la ligne marquée *Love*, qui, rapportée sur la pl. IV, indique que le fer résiste moins que la fonte pour $l : d < 25$, et plus pour $l : d > 25$.

La formule de Love n'a été établie que pour les colonnes rondes ou carrées.

La résistance des colonnes rondes creuses serait, comme pour la fonte, P — P', P' étant la charge d'une colonne pleine du diamètre d' intérieur.

Formule Rankine. — Elle est, en faisant $R = 2540$:

$$\frac{P}{S} = \frac{R}{1 + K\left(\frac{l}{r}\right)^2} = \frac{2540}{1 + K\frac{S}{I}l^2} \quad (a).$$

Pour colonnes à	2 bases plates	$K = 0{,}0000277$.
	1 base plate, 1 articulée	$K = 0{,}000055$.
	2 bases rondes ou articulées (bielles)	$K = 0{,}00011$.

En substituant dans (a) ces valeurs et celles de I déjà données, on a pour les sections (fig. 84) les charges suivantes : qui donnent les courbes pl. IX.

Fig. 84.

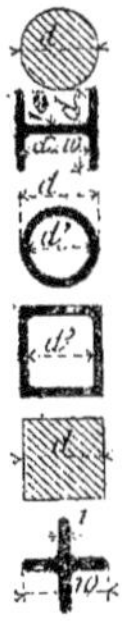

Deux bouts plats					Bielles				
$l : d$	10	20	30	40	$l : d$	10	20	30	40
$\frac{P}{S} = \frac{R}{1 + 0{,}000443\left(\frac{l}{d}\right)^2}$	2430	2150	1810	1490	$\frac{P}{S} = \frac{R}{1 + 0{,}00176\left(\frac{l}{d}\right)^2}$	2157	1490	980	665
$\frac{P}{S} = \frac{R}{1 + 0{,}000277\left(\frac{l}{d}\right)^2}$	2477	2315	2086	1835	$\frac{P}{S} = \frac{R}{1 + 0{,}0011\left(\frac{l}{d}\right)^2}$	2316	1838	1367	1066
$\frac{P}{S} = \frac{R}{1 + 0{,}000213\left(\frac{l}{d}\right)^2}$	2490	2363	2176	1990	$\frac{P}{S} = \frac{R}{1 + 0{,}000846\left(\frac{l}{d}\right)^2}$	2364	1960	1530	1170
$\frac{P}{S} = \frac{R}{1 + 0{,}000332\left(\frac{l}{d}\right)^2}$	2250	2240	1950	1650	$\frac{P}{S} = \frac{R}{1 + 0{,}00132\left(\frac{l}{d}\right)^2}$	2240	1660	1160	815
$\frac{P}{S} = \frac{R}{1 + 0{,}00066\left(\frac{l}{d}\right)^2}$	2680	2007	1587	1234	$\frac{P}{S} = \frac{R}{1 + 0{,}0026\left(\frac{l}{d}\right)^2}$	3013	1243	760	490

Formule théorique et règle de Rondelet. — D'après ce que nous avons dit pour la fonte et en prenant $E = 2.000.000$ par centim. carré, on a :

$$\frac{P}{S} = 2500000\left(\frac{d}{l}\right)^2$$

pour $l : d =$	20	30	40
$P : S =$	6250	2770	1560

Les charges seraient donc doubles de celles relatives à la fonte, ce qui n'est pas.

La règle de Rondelet donne :

pour $l : d =$	1	12	24	36	48
$P : S =$	4000	3330	2000	1333	666

Les courbes qui représentent ces lois montrent qu'elles ne sont pas acceptables.

Remarques. — 1° Les lois *Love* et *Rankine*, pour colonnes carrées pleines, s'accordent quoique les valeurs de R diffèrent. Il faut donc, comme pour la fonte, considérer R = 2540 comme un chiffre proportionnel à la résistance du fer = 4000.

2° Les courbes relatives aux colonnes à bases plates sont convexes par le haut, forme anormale indiquant que ces formules ne conviennent pas pour les faibles rapports de $l : d$.

Essais de M. Bouscaren (E. C. P.) (1), ingénieur de Cincinnati (*Southern Railway*).

La plus petite compression observée a été $0^m,0000127$; pour une longueur de $6^m,10$ soit $i = 0,0000127 : 6,10 = 0,000002082$.

Pour E = 1687200 par centim. c. (moyenne des essais), on trouve $R = Ei = 3^k,50$ charge sous laquelle les compressions deviennent appréciables.

Mode d'opérer. — Les colonnes placées horizontalement étaient équilibrées au milieu de la moitié de leur poids et comprimées à la presse, on appliquait une première charge de 350 à 560 k. par centim. c. puis après un certain temps on l'augmentait de 70 à 140 k.

Résultats. Tableaux I à III. — La compression permanente ne devenait appréciable pour les longues colonnes qu'au delà de 1056 k par c.c. Il se produisait alors une légère flexion, puis la compression permanente augmentait jusqu'à la déformation de la colonne qui alors cédait rapidement.

Remarques. — 1° Le module d'élasticité E est inférieur à celui du métal en barres, car une partie de la compression observée était due à la flexion ; mais cette erreur n'empêche pas la comparaison des résultats.

2° Les essais, n°s 35 et 36, furent faits pour vérifier si une colonne composée de deux fers à ⊏ offrait la même résistance, soit que ces fers fussent réunis par un treillis ou par une tôle pleine.

3° Les n°s 37 et 43 vérifient les essais 35 et 36 et aussi l'influence de l'espacement des barres du treillis et de l'épaisseur des fers à ⊏.

Conclusions. — De ces expériences, quoique incomplètes, M. Bouscaren conclut :

1° Que la formule de Rankine est plus exacte que celle de Gordon.

2° Que le fer le plus résistant ne fait pas les colonnes les plus résistantes. Ainsi, pour les colonnes Phœnix et carrées, non seulement R n'est pas proportionnel à R_e, mais le maximum de R (3470 k.) et le minimum (2890 k.) correspondent au même minimum de R_e (1260 k.). Il faut observer que, quoique les moyennes des charges R_e (Phœnix et carrées) soient presque les mêmes, le fer du Phœnix était fibreux, dur, à texture serrée, tandis que le fer des colonnes carrées était plus mou, d'une texture plus grenue, ce qui explique la différence dans les moyennes de R.

(1) *Transactions Society of civil American Engineers*, 1880.

N° 1. — COLONNES EN FER TYPES (fig. 85-86-87).

TYPE	Numéros	Forme des bouts	Longueur	$\frac{l}{d}$	Dist. des rivets	Section en cent. S	Par centimètre carré Limit. d'élast. R_e	de formation P : S	Form. Rank. R.	Coef. d'élast. E	OBSERVATIONS
Fig. 85. 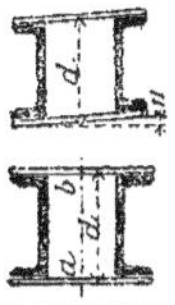	23	Plats	7,3	34	102	88	1050	2337	2800	20030	tordue de 11 m/m avant essai.
	22		7,9	41,6	114	87	1120	2110	2720	19460	
	32		8,2	31	150	168	1050	2126	2700	21000	
	21	artic.	7,8	31	114	87	1260	1795	2660	21700	
Fig. 86. 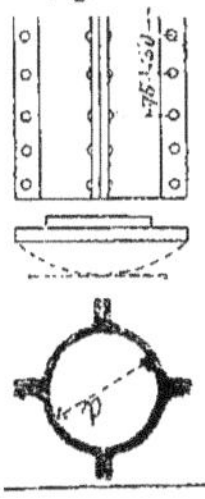	6	Plats dressés	4,6	22	150	91	2450	2640	2920	19180	Seconde compression.
	10		8,2	40	»	88	1260	2180	2890	20300	Patin carré fonte.
	28		8,5	40,7	»	87	1540	2450	3300	17800	
	29		8,5	id.	»	id.	1260	2576	3470	19900	
	11	artic.		40	»	89	1190	1527	2530	19000	Articulé.
Fig. 87. Américain 	18	Plats	6,1	25	200	129	1610	2217	2625	16500	Seconde compression.
	19		8,2	34	»	id.	1680	1957	2372	23000	
	15		9	45	»	96	910	1668	2780	18200	
	16	articulées en *a b*	6,1	30	»	80	1050	1880	2977	20000	
	17		6,1	24	»	137	840	1865	2548	16170	
	13		7,9	29	»	161	840	1685	2190	21280	
	14		7,9	31	»	133	980	1548	2500	18200	

3° Il est essentiel de bien relier entre elles les diverses parties d'une colonne. Ainsi, pour les essais n°s 3 et 8, 25 et 31 sur des colonnes, type Keystone, de même forme et même longueur, la substitution d'un rivetage serré aux extrémités, aux patins en fonte boulonnés a suffi pour accroître la résistance de 22 °/₀ à 17 °/₀.

Les n°s 19 et 41 ont fléchi dans le sens du plus grand rayon de giration, probablement à cause de l'insuffisance du rivetage.

4° L'économie de la matière exige que l'épaisseur du métal, et l'écartement des rivets soient tels, que la colonne fléchisse dans son ensemble, avant aucun gondolement local. Les essais n°s 37 à 42 ont été faits dans ce but, les n°s 37 et 38 ayant manqué par la boursouflure du fer à ⊏ entre deux rivets.

Fig. 88.

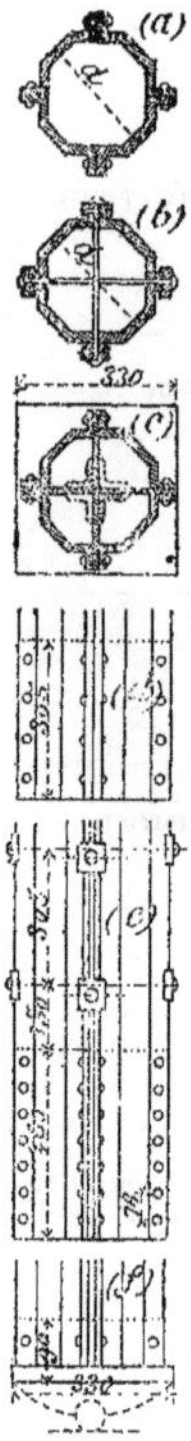

Fig. 89.

N° 2. — COLONNES EN FER TYPES KEYSTONE (fig. 88-89)

Numéros	Formes	Longueur	l : d	Dist. des rivets	Section en centim. S	Par centimètre carré: Limite d'élast. R_e	De Form. P : S	Form. Rank. R	Coeff. d'élast. E	Observations
1	Brides rivées (a)	0,228	1,1	127	91,9	—	3625			Écrasement.
7		4,57	21,7	152	94,3	1225	2112	2316	16600	
9		4,57	20,3	—	152	1330	2250	2513	17309	Bouts entretoisés. (c) (d).
27		8,23	37,6	305	121	1260	1960	2530	16600	Fer mou, mal soudé.
24	Rivure diamétrale (b).	8,23	34,1	—	123	1050	1760	2190	18500	Bouts entret. (c) (d)
26		—	34,6	—	93	1190	1936	2440	19200	Patin fonte (b) (f).
30		—	34,1	—	97	840	2112	2640	13500	Bouts entret. (c) (e)
2	Renflée riv. diamét. (b).	1,52	6,5	380	92	—	2365	2390		Boursouflure entre rivets (c-f).
3		4,57	19,5	—	96	—	2027	2200	24200	Id.
8		—	20	—	95	1050	2600	2820	20700	Id. (c-d).
4		8,23	35,2	—	84	1170	1700	2150	—	Semblable au n° 2.
25		—	33,7	305	121	840	1485	1865	19670	Id. id.
31		—	34,1	—	97	1120	1788	2245	16500	Bouts (c) (e).

Le n° 41, semblable aux n°s 37 et 38, mais plus épais, avec espacement des rivets = 500 millim., a cédé dans son ensemble, en même temps que se produisait la boursouflure du fer à ⊏. Cela prouve que les dimensions étaient bonnes, puisque la colonne présentait une égale résistance entre l'ensemble et chaque élément.

L'essai n° 42 a confirmé le 41, et il a établi que, pour ce rapport de l : d, l'épaisseur du métal ne devait pas être moindre de 1/30 de la distance entre les entretoises.

Ainsi se trouve confirmée la règle de Fairbairn : *Un fer isolé, ayant pour longueur la distance entre les rivets, doit être calculé comme la colonne entière.*

5° Les n°s 13, 14, 16, 17, 21, 36, 43, sur colonnes à deux articulations, confirment aussi la formule de Rankine. Les variations de R sont probablement dues au mode d'ajustage du tourillon, dont le frottement s'oppose à la flexion.

N° 3. COLONNES EN FER A TREILLIS, ETC. (fig. 90-91).

Numéros	Forme des bouts	Rapport $\frac{l}{d}$	Dist. des rivets	Section en cent. S	Par centimètre carré: Limite d'élast. R_r	De form. P : S	Form. Rank. R	Coeff. d'élast. E.	OBSERVATIONS Figures (A) (B) (C) (D) (E)
20	Articulés suivant *ab*	15		62,3	560	1408	1500	15120	(A) Construction défectueuse.
33	Articulés suivant *ab*	34	457	36,6	1477	2230	2956	22680	(B) Déformation des cornières.
34	plats	18	id.	38,7	1120	1240	1280		(C) Construction défectueuse.
35	Articulés suivant *ab*	51	566	48,2	616	1410	id.	N'a pas été déterminé.	(D) Le fer *a* U s'est fendu.
36	Articulés suivant *ab*	id.	id.	id.	1512	1628	3350		N° 35 essayé à nouveau.
43	Articulés suivant *ab*	45,5	504	41,9	840	1267	2467		(E) Flexion perpend° *a* l'axe *ab*.
37	Plats	27,5	610	77,9	id.	2083	2400		(E) Boursouflure des âmes.
38	Plats	23	533	86,9	1610	2273	2508		(E) Semblable au n° 37.
39	Plats	8,6	id.	42,6	id.	2492	2480		Fer à U 305 — 71 — 8.
40	Plats	7	id.	id.	id.	2513	2560		— —
41	Plats	27	508	88,6	1456	2280	2617		(F) Boursouflure des âmes.
42	Plats	83	452	71,3	1470	2270	2720		(E)

Fig. 90.

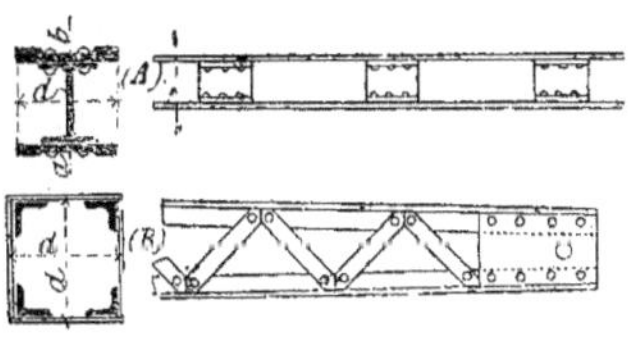

Fig. 91.

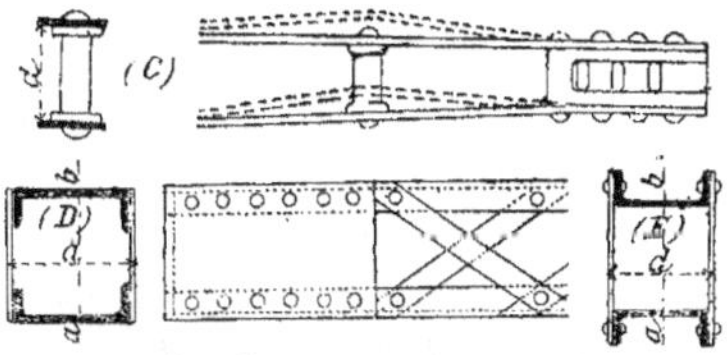

La variation de R, pour les n°s 36 et 42, résulte de ce que le métal ayant une première fois été soumis à une charge supérieure à sa limite d'élasticité, celle-ci s'est élevée dans une seconde épreuve. Il en est de même pour les essais n°s 36, 6-18.

Type Phœnix (fig. 92-B). — Ces essais faits à l'arsenal de Watertown (1), ont donné les chiffres suivants. Pour les n°s 1 à 20, les colonnes à 4 segments avaient environ $d = 200$; les n°s 21 et 22 étaient à 6 segments avec $d = 280$ environ.

(1) *Transactions Society of Civil Engineers*, octobre 1882.

COLONNES TYPE PHŒNIX

$l : d =$	42		37,5		33		28,5		24	25,5
N°	1	2	3	4	5	6	7	8	9-10	21
P : S =	2460	2390	2470	2450	2490	2400	2475	2580	2560	2520
$l : d =$	19,5		15		10,5		6		1	9
N°	11	12	13	14	15	16	17	18	19-20	22
P : S =	2580	2600	2554	2548	2670	3031	3185	3586	4000	2950

Formules Shaler-Smith (1). — Ces formules, qu'il est inutile de rapporter, ont donné pour les profils (fig. 92-94) les courbes A à D et A′ à D′, pl. X. On voit qu'elles

Fig. 92.

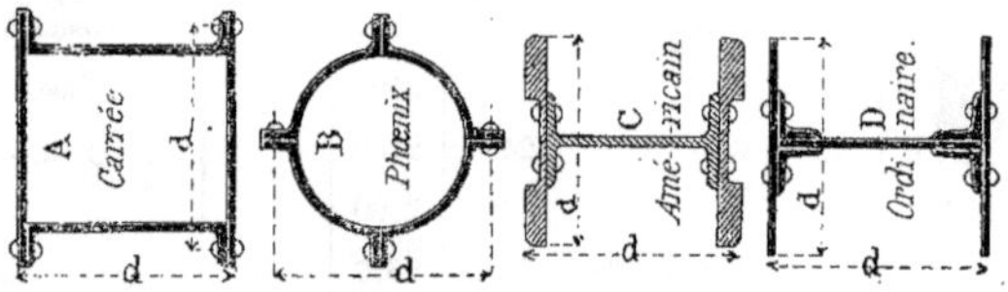

ne s'accordent guère avec les essais Bouscaren, qu'elles sont censées représenter. Elles sont moins satisfaisantes que celle de Rankine.

Comparaison graphique (Pl. X). — Les essais de M. Bouscaren ne présentent pas assez de suite sur un même type pour en tirer une loi certaine.

La courbe B, type Phœnix, paraît justifiée par les n°s 6 et 10 ; mais ces essais ne sont pas comparables. Le n° 6 a été comprimé deux fois, ce qui élève la résistance, et le n° 10 est sur patin en fonte ce qui la diminue. Ces courbes présentent des anomalies. Ainsi, les courbes A et B s'éloignent à mesure que $l : d$ diminue, ce qui est anormal, et pour $l : d = 10$ elles présentent un écart d'environ 400 k. Les courbes C, D, au contraire, s'éloignent à mesure que $l : d$ augmente. La moyenne de ces deux lois est très sensiblement la loi *Love* que nous avons rapportée ici.

Les essais de Watertown présentent plus de suite et une assez grande régularité entre $l : d = 20$ à 40. Dans ces limites, la ligne moyenne, tracée en éléments, est une droite. Ces essais montrent que la loi de variation des charges pour $l : d < 20$ se relève rapidement pour atteindre, à la limite $l : d = 1$, la charge d'écrasement de fer en barres, 4000 k.

(1) *Transactions Society of Civils Engineers*. Octobre 1882.

Les nos 6, 28, 29, des essais Bouscaren, sur ce même type, sont un peu supérieurs à cette courbe. Pour le n° 6, cela résulte de ce qu'il a été comprimé deux fois. Le n° 10 est inférieur à cette courbe, parce qu'il était sur patin en fonte, au lieu d'avoir un rivetage serré aux extrémités, comme on l'a déjà observé pour les nos 3, 8, 25, 31.

En ce qui concerne le type Keystone, tableau II, le n° 30, dont les extrémités sont mieux entretoisées, a présenté une résistance supérieure aux nos 24, 26.

La ligne passant par les nos 7, 24 (Pl. X), représenterait la loi de ce type pour les colonnes fermées ou droites à bouts rivés. Pour les colonnes renflées, dont le mémoire de M. Bouscaren ne nous indique pas la construction, le n° 8, à bouts entretoisés, a présenté une résistance égale aux Phœnix, mais le n° 31 n'a pas confirmé cette proportion, tandis que les bouts garnis de sabots en fonte ont en général donné des résistances faibles, les nos 2 et 25 indiqueraient la loi pour cette disposition.

L'infériorité du type Keystone par rapport au Phœnix, doit tenir, à ce que les rivures des brides étaient plus espacées, et le fer moins résistant ; ainsi pour $l : d = 1$, la rupture est 3168 à 3625 k. tandis qu'elle est de 4000 k. pour le type Phœnix.

Bielles. — Jusqu'au rapport $l : d = 40$, la règle de Hodgkinson, pour colonnes longues « *La charge d'une bielle est le tiers de celle de la colonne à bases plates* » ne s'est pas vérifiée. Les charges des bielles dans les essais précédents sont supérieures aux lois de Rankine. Nous adopterons donc ces lois.

Lois simples que nous déduisons de ce qui précède. — Pour colonnes à bases plates et pour $l : d = 20$ à 40, les lois des charges peuvent être représentées par des lignes droites, qui, prolongées jusqu'à $l : d = 10$, donneront pour ces rapports, des charges inférieures aux charges réelles. Si donc (Pl. IX) nous prolongeons en ligne droite la loi Love et celle Rankine ($a\,b$) entre $l : d = 20$ et 40, ces lignes se rencontrent sur l'ordonnée de l'origine, en un point correspondant à 2850 k.

Ces deux lois pourront être remplacées par la suivante :

$$\frac{P}{S} = 2850 - 30\frac{l}{d}\,.$$

Si nous adoptons pour $l : d = 40$ une variation de 200 k. entre les charges des diverses sections, nous aurons les points a_1, a_2, a_3, a_4 ; en joignant ces points au point 2850 k., sur l'ordonnée de l'origine, nous aurons les lois simples.

Pour le type Phœnix, nous adoptons la même progression, ce qui donne le point a_5, la loi rectiligne passant en ce point a été reportée Pl. X, où l'on voit qu'étant inférieure aux essais, elle est acceptable. En effet, il faut tenir compte de ce que, en pratique, les défauts d'exécution et de montage, peuvent être plus grands que pour les colonnes essayées et de ce que ces défauts doivent augmenter avec la longueur des pièces.

En résumé, nous proposons les relations simples du tableau ci-après :

COLONNES EN FER A BASES PLATES (fig. 93).

Fig. 93.

Rapports $l : d =$	10	20	30	40
Relations	Charges de rupture et de sécurité par centimètre carré			
$\frac{P}{S} = 2850 - 15\frac{l}{d} =$	2700 450	2550 425	2400 400	2250 375
$\frac{P}{S} = 2850 - 20\frac{l}{d} =$	2650 440	2450 410	2250 375	2050 340
$\frac{P}{S} = 2850 - 25\frac{l}{d} =$	2600 433	2350 390	2100 350	1850 310
$\frac{P}{S} - 2850 - 30\frac{l}{d} -$	2550 425	2250 375	1950 325	1650 275
$\frac{P}{S} = 2850 - 35\frac{l}{d} =$	2500 416	2150 350	1800 300	1450 240
$\frac{P}{S} = 2830 - 40\frac{l}{d} =$	2450 410	2050 340	1650 275	1250 210

Application. — En prenant pour charge pratique le 1/6 de la rupture nous avons calculé les charges de sécurité des colonnes rondes à nervures (fig. 94).

COLONNES RONDES A AILES, EN FER

Fig. 94.

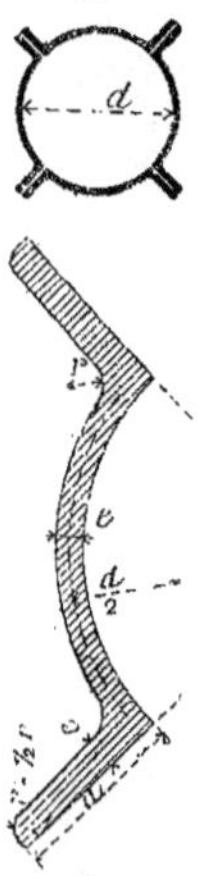

Diam. moy. d	Dimensions en m/m. a	r	e	c	Poids de 1 mèt.	Section en centim.	Charges de sécurité en tonnes. $l : d = 10$ P : S = 450	20 425	30 400	40 375
100	35	6	4 8	6 8	k 23,6 37,5	29,8 48	t 13,4 21,6	t 12,66 20,4	t 11,92 19,2	t 11,17 18
150	40	9	6 10	8 10	42,9 62,8	54,9 80,2	24,7 36	23,3 34	21,95 32	20,50 30
200	45	12	8 12	10 12	68,9 94	88 120	39,6 54	37,4 51	35,2 48	33 45
250	50	15	10 14	12 14	101 131,6	129 168	58 75,6	54,8 71,4	51,6 67,2	48,37 63
300	55	10	12 18	14 17	139,6 194	178 248	80,1 111,6	75,65 105,4	71,2 99,2	66,75 39

Voici les charges de sécurité des colonnes en fer rond plein, calculées par la formule de Love. Au delà du rapport $l : d = 60$ la formule de Love n'est pas justifiée.

Du reste il n'y a aucun avantage à dépasser le rapport $l : d = 40$ (1).

CHARGES DE SÉCURITÉ DE COLONNES EN FER ROND

Hauteur des colonnes / Diam.	50	60	70	80	90	100	110	120	130	140	150	160
1	6730	10000	—	—	—	—	—	—	—	—	—	—
1,25	6320	9600	13500	18000	—	—	—	—	—	—	—	—
1,50	5900	9100	13000	17470	22600	28340	—	—	—	—	—	—
1,75	5450	8600	12400	16850	22000	27670	34000	—	—	—	—	—
2,00	5010	8000	11800	16200	21240	26900	33400	40200	—	—	—	—
2,50	4200	7000	10550	14800	19720	25300	31500	38400	45900	58000	—	—
3,00	3520	6000	9350	13380	18130	23560	29670	36400	43800	52000	60600	70000
3,50	—	—	8250	12000	16550	21800	27700	34300	41600	49600	58200	67400
4,00	—	—	—	10770	15000	20000	25800	32200	39400	47200	55600	64700
4,50	—	—	—	—	13630	18400	23900	30100	37000	44700	53000	62000
5,00	—	—	—	—	—	—	—	28000	34800	42200	50000	59000
5,50	—	—	—	—	—	—	—	—	—	39800	47700	56350
6,00	—	—	—	—	—	—	—	—	—	—	—	53540

D'après notre tableau, et fig. 92, pour la colonne de 50 m/m section pleine 19,63 c/m et 1 m. de hauteur, rapport $l : d = 20$, la charge peut atteindre 350 k. par centim. c soit $19,63 \times 350 = 6870$; le tableau ci-dessus donne 6730.

Pour la hauteur de 2 m., rapport $l : d = 40$ la charge de 240 k. donne, $19,63 \times 40 = 4711$ k., le tableau ci-dessus donne 5010 k.

Il y a donc accord entre ces deux tableaux.

Observation sur la résistance des bielles articulées. — Toutes choses égales, la résistance d'une bielle est plus faible dans le plan de son oscillation, perpendiculaire à l'axe d'articulation. Cette résistance est plus grande dans le plan passant par l'axe de cette articulation parce que la surface *mn* du tourillon constitue une base plate. Aussi le moment d'inertie de la section de cette bielle doit-il être plus grand par rapport à l'axe *a b* que par rapport à l'axe *c d*.

C'est ce que l'on fait notamment dans les bielles de locomotives, où l'action de l'inertie vient s'ajouter à la considération précédente.

Résistance des pièces encastrées. — Une colonne continue peut être considérée comme encastrée à chaque étage ou elle est liée aux poutres du plancher; de même la membrure d'une pile métallique entre deux plans d'entretoises, etc.

Nous ne connaissons pas d'essais directs à ce sujet.

Au point de vue de la flexion l'encastrement double la résistance, mais il n'en est

(1) Ce tableau a été calculé par la Société des Forges de Franche-Comté, qui nous l'a communiqué.

pas ainsi dans les pièces chargées par bout. La formule d'Euler (v. *Compression*) ne saurait être plus acceptée dans ce cas que dans les cas précédents.

Il est certain que l'encastrement augmente la résistance des pièces chargées par bout ; nous avons aussi admis précédemment que les bases plates constituaient un demi-encastrement.

Les courbes de résistance seraient donc relevées et nous pensons que les relations suivantes, analogues aux précédentes, donnent des charges de rupture par centim. carré admissibles. Les charges de sécurité seront 1/5 ou 1/6 de ces charges.

PIÈCES ENCASTRÉES. — CHARGES DE RUPTURE PAR CENTIMÈTRE CARRÉ.

Fig. 95.	Relations	pour $l : d = 10$		20		30		40	
	$\frac{P}{S} = 3600 - 30 \frac{l}{d} =$	3300	0,90	3000	0,83	2700	0,75	2400	0,60
	$\frac{P}{S} = 3600 - 35 \frac{l}{d} =$	3250	0,89	2900	0,80	2550	0,70	2200	0,56
	$\frac{P}{S} = 3600 - 40 \frac{l}{d} =$	3200	0,88	2800	0,78	2400	0,66	2000	0,52
	$\frac{P}{S} = 3600 - 45 \frac{l}{d} =$	3150	0,87	2700	0,75	2250	0,62	1800	0,48
	$\frac{P}{S} = 3600 - 50 \frac{l}{d} =$	3100	0,86	2600	0,72	2100	0.58	1600	0,44
	$\frac{P}{S} = 3600 - 55 \frac{l}{d} =$	3050	0,85	2500	0,70	1950	0,54	1400	0,40

POTEAUX EN BOIS

Règle de Rondelet. — Cette règle ou loi de résistance donnée par Rondelet pour tous les bois, pour poteaux carrés de côté a, à bouts plats, est indiquée ci-après et nous l'appliquons au chêne et au sapin et bois faible, dont le cube ($l : a = 1$) s'écrase à 600 k. et 500 k. et 400 k.

$l : a$	1	12	24	36	48	60
résistance	1	5/6	1/2	1/3	1/6	1/12
Chêne	600	500	300	200	100	50
Sapin	500	416	250	166	83	42
Bois faible	400	333	200	133	66	33

Si on porte (fig. 96) les rapports $l : a$ en abscisses et en ordonnées les charges relatives au sapin on obtient la courbe B.

Formule théorique et essais de Hodgkinson. — En substituant dans la formule $P = 20\,EI : l^2$, $I = a^4 : 12$, $S = a^2$ et $E = 120000$ par centim. carré, on a la relation et charges de ruptures par centim. carré suivantes.

$l : a$	10	20	30	40	50	60
$P : S = 200000\left(\frac{a}{l}\right)^2$	2000k	500	220	125	80	55

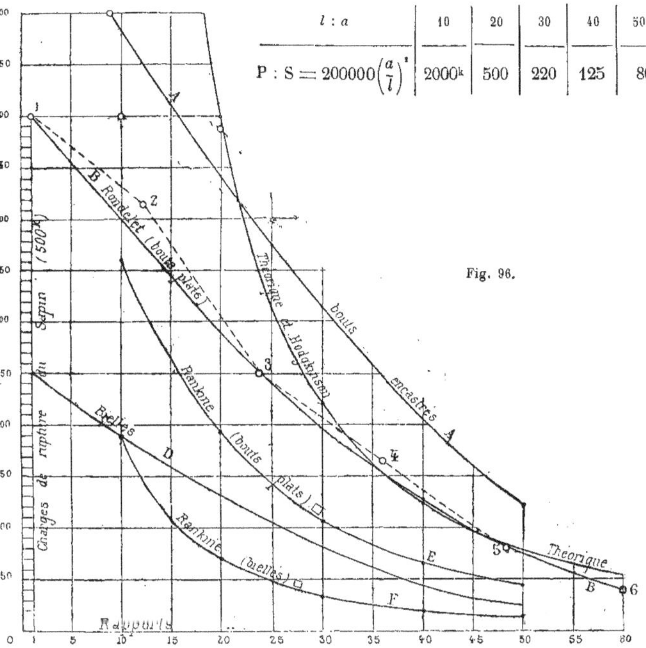

Fig. 96.

Ces charges portées en ordonnées donnent la courbe théorique, laquelle coïncide avec celle de Rondelet pour $l : a = 30$ à 50.

Hodgkinson a opéré sur des poteaux dans ces mêmes limites et les formules qu'il a données ne sont autres que la formule théorique ; pour section carrée $S = a^2$; pour section rectangulaire $S = ab$.

$$P = KS\left(\frac{a}{l}\right)^2 \text{ d'où section carrée } P = K\frac{a^4}{l^2} ; \text{ section rectangulaire } P = K^{ba^3}.$$

Dans lesquelles $K = 2560$ pour le chêne et 1600 pour le sapin faible ; a et b en centimètres, l en décimètres. C'est ainsi que tous les auteurs ont reproduit ces relations.

Si on exprime l en centimètres il faut multiplier K par 100. On a ainsi les relations suivantes :

$$\text{Chêne fort } \frac{P}{S} = 256000 \left(\frac{a}{l}\right)^2 : \qquad \text{sapin faible } \frac{P}{S} = 160000 \left(\frac{a}{l}\right)^2 .$$

Ces relations sont représentées par la courbe théorique à des échelles proportionnelles aux coefficients numériques. Elles sont inadmissibles en dehors des limites $l : a = 35$ à 50.

Formule de Rankine. — Si dans cette formule déjà citée, on met les valeurs de K ci-après, pour section carrée $r^2 = a^2 : 12$, pour section circulaire $r^2 = d^2 : 16$ et $R = 500$ k. pour le sapin, on a les charges de rupture, par centimètre carré, qui suivent.

		Rapport $\frac{l}{a}$ ou $\frac{l}{d} =$	10	20	30	40	50	
2 bases plates		$\frac{P}{S} = \frac{R}{1 + 0{,}004 \left(\frac{l}{a}\right)^2} =$	360	192	109	67,5	45,4	E
$K = \frac{1}{3000} = 0{,}000333$		$\frac{P}{S} = \frac{R}{1 + 0{,}0053 \left(\frac{l}{d}\right)^2} =$	326	160	86,6	53	35	
Bielles		$\frac{P}{S} = \frac{R}{1 + 0{,}016 \left(\frac{l}{a}\right)^2} =$	192	67,6	34	18,8	12,2	F
$K = \frac{4}{3000} = 0{,}00133$		$\frac{P}{S} = \frac{R}{1 + 0{,}0212 \left(\frac{l}{d}\right)^2} =$	160	53	25	14,3	9	

Les charges E, F, donnent les courbes portant les mêmes lettres. Dans ces limites, la formule de Rankine conduit à des charges inférieures à celles de Rondelet, et les courbes font voir que cette loi est moins satisfaisante que celle de Rondelet.

Résumé. — 1° La loi Rondelet (B), vérifiée en partie par Hodgkinson, doit être seule adoptée, pour poteaux à deux bases plates.

2° Pour les bielles, nous adopterons la loi (D), semblable à B.

3° Pour les poteaux encastrés aux 2 bouts, tels que ceux qui sont moisés ou armés de jambes de force, on pourra augmenter les charges (B) de 50 % (courbe A).

4° Pour des poteaux rectangulaires, a étant le petit côté et b le grand, la charge totale est proportionnelle à b, elle s'obtiendra en multipliant celle du poteau carré de côté a par le rapport $b : a$.

5° Pour poteaux à section circulaire, on pourra prendre pour charge par centimètre carré les 0,8 des charges précédentes.

On obtient ainsi les charges de sécurité suivantes comptées au 1/10 de la rupture.

CHARGE DE SÉCURITÉ PAR CENTIM. CARRÉ DES POTEAUX EN SAPIN A BOUTS PLATS

Rapports des dimensions, $l : a =$	10	20	30	40	50
2 encastrements, courbe A	57	40	26	16,5	8,5
2 bases plates — B	40	29	19,5	12,5	7,5
Bielles — D	19	13	8	5	2,5

Tableau graphique (Pl. XI). — Nous avons calculé la charge totale pour une série de poteaux carrés à bases plates (loi B). En portant les longueurs en mètres comme abscisses et les charges en ordonnées, on obtient les courbes sur lesquelles est indiqué le côté a du carré en centimètres.

Pour une section rectangulaire $a \times b$, la charge s'obtiendra en multipliant celle du poteau carré a par le rapport de $b : a$, et réciproquement.

Loi de similitude. — Les poteaux dont les dimensions analogues sont porportionnelles ont même charge par unité de section, et la charge totale est proportionnelle à a^2; ainsi, un poteau dont toutes les dimensions sont doubles d'un autre, porte une charge quadruple de celle que porte cet autre.

Exemples. — 1° Un poteau carré que l'on veut charger à 50 k., ayant $4^m,5$, doit porter 10000 k., quel sera le côté a?

La verticale de $4^m,5$ rencontre l'horizontale de 10000 k. en m qui donne $a = 19$ c.m.

2° Un poteau est donné, qualité 50 k., $l = 12\ m$ et $a = 36$ c.m, quelle charge peut-il porter? Prenons la moitié des dimensions, $l = 6$, $a = 18$, la charge $= 5530$, celle du poteau donné sera $5530 \times 4 = 22120$ k.

3° Une pièce de $l = 4\ m$, qualité 50 k., doit porter 40000 k. Quel sera a?

Cette charge n'existe pas dans le tableau, le quart $= 10000$ k. Cette charge et la demi-longueur $= 2$ m. concourent en m'' qui correspond à $a = 163$; le côté cherché sera 326 millimètres.

4° Une pièce rectangulaire, qualité 50 k., $l = 7\ m$, $P = 17600$, quelles seront les dimensions $a\,b$, sachant que $b = 1,6\,a$?

La charge du poteau carré a^2 sera $\frac{17600}{1,6} = 11000$, dont l'abscisse rencontre l'ordonnée de 714 en m' correspondant à $a = 235$, le côté b sera $235 \times 1,6 = 376$.

Ces quelques exemples suffisent à montrer l'usage de ce tableau.

DEUXIÈME PARTIE

SYSTÈMES TRIANGULAIRES

MÉTHODE DES MOMENTS

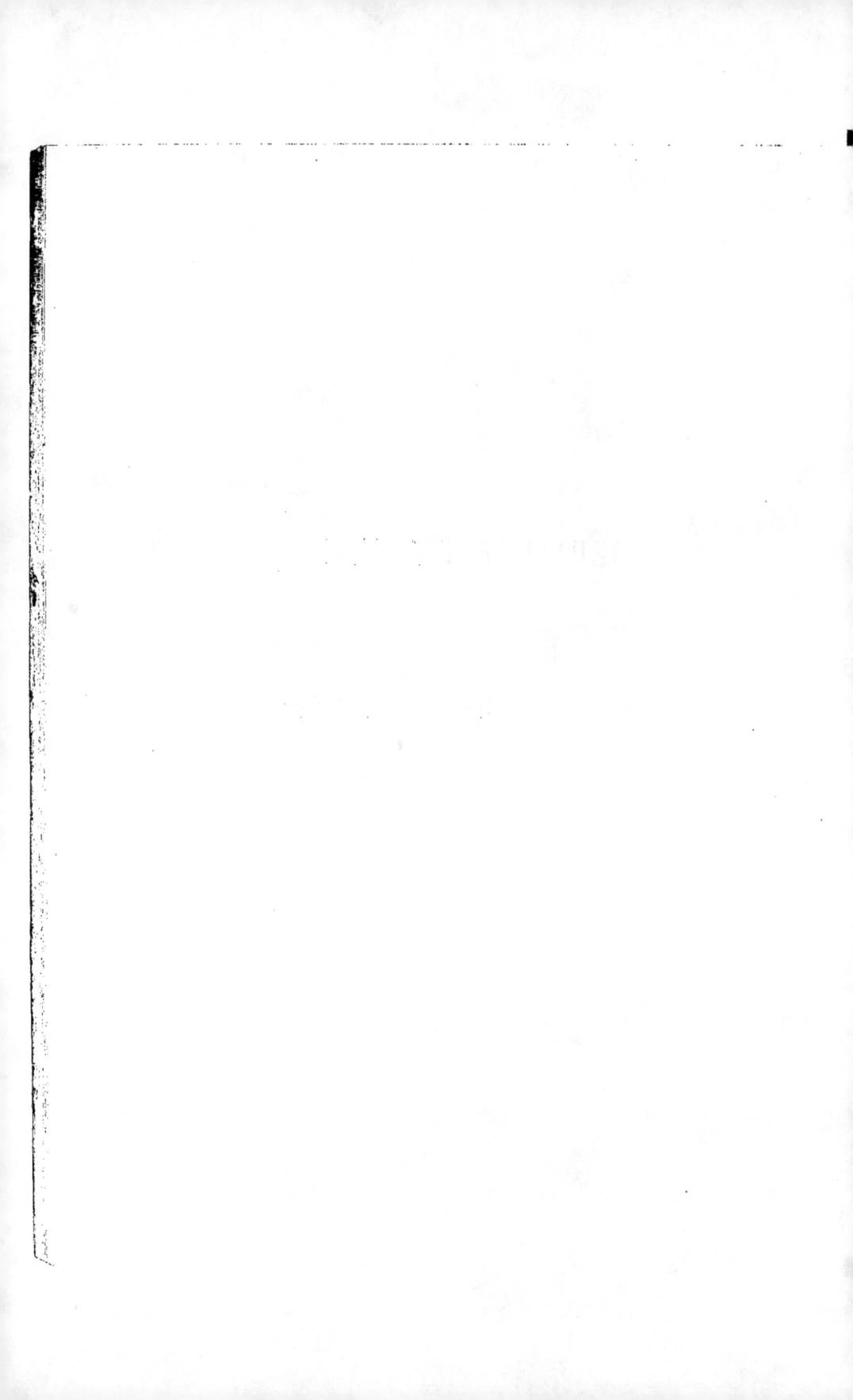

CHAPITRE VI

CALCUL DES TENSIONS DANS LES SYSTÈMES TRIANGULAIRES

Nous emploierons la *méthode des moments* de Ritter pour les fermes de charpente, etc. (1), et le *calcul analytique* pour les poutres paraboliques.

La méthode des moments est basée sur le principe de mécanique suivant : *Quand un système plan de barres articulées, soumis à des forces extérieures situées dans ce même plan, est en équilibre, la somme des moments des forces extérieures, autour d'un point quelconque de ce plan, est égale à zéro.* Il résulte de ce principe que :

Si l'on divise en deux parties un système de barres, par une section coupant deux ou trois barres au plus, les tensions inconnues de ces barres, considérées comme des forces intérieures, font équilibre aux forces extérieures connues agissant sur l'une des deux parties du système et la somme des moments $= 0$.

La méthode se simplifie si l'on prend, dans le cas de trois barres coupées, le moment de la tension d'une des trois barres, par rapport au point de concours des deux autres, dont le moment est alors nul. Le moment de la tension dans la barre considérée est alors égal à celui des forces extérieures, puisque leur somme $= 0$.

En écrivant les moments des forces, on distinguera : 1° les moments *positifs* ; ceux qui tendent à produire la rotation du système de gauche à droite, c'est le sens de la rotation des aiguilles d'une montre ; 2° les moments *négatifs* ; ceux qui tendent à produire la rotation en sens inverse.

On suppose, d'abord, que toutes les barres coupées sont tendues, et alors une tension positive sera une traction, une tension négative sera une compression.

Appelons : T, T_1, T_2, les tensions des arbalétriers, et membrures de poutres.

t, t_1, t_2, . . . id. dans les tirants,

U et V. . . . id. dans les barres intermédiaires,

p . . . . la charge uniforme par mètre des arbalétriers ou poutres.

s . . . . la longueur entre deux nœuds,

$P = ps$. la charge totale en chaque nœud.

(1) Le calcul des tensions des fermes de charpente, soumises à des charges permanentes, se fera plus rapidement par la méthode graphique que nous exposons au chapitre suivant.

FERMES

Fermes simples (fig. 97-98-99). — AC et CB sont les arbalétriers de longueur s ; AD le tirant et CD le poinçon. La charge par ferme est $2\,ps$, dont la moitié $P=ps$ agit sur la panne faîtière, tandis que sur chaque appui, la charge $0,5\,ps$ est supportée par l'appui ; la réaction de l'appui est $F_0=0,5\,ps$.

Pour avoir les tensions T et t, faisons la section y-y et supposons que les barres coupées à gauche, subissent des tractions. Prenons les moments en D, puis en C, on a successivement :

$$Ta+0,5\,Pl=0, \qquad T=-0,5\,P\frac{l}{a}, \qquad \text{compression ;}$$

$$0,5\,Pl-tb=0, \qquad t=0,5\,P\frac{l}{b}, \qquad \text{traction.}$$

S'il n'y a pas de tirant, t est la poussée qui agit sur les appuis.

Fig. 97.

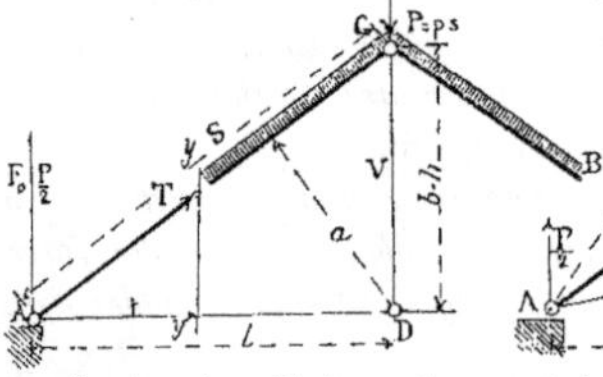

Fig. 98.

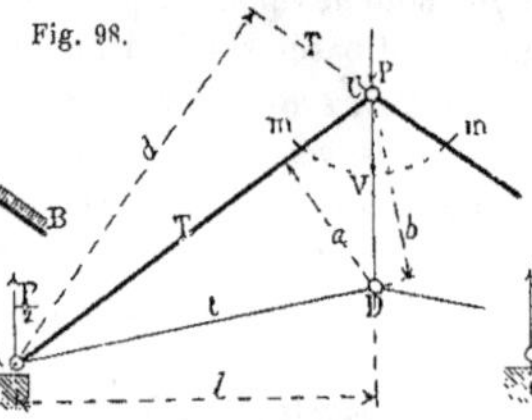

Fig. 99.

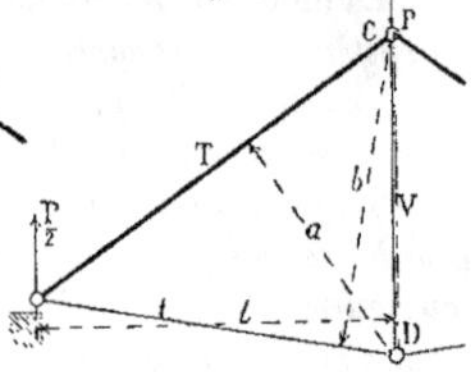

La tension V du poinçon s'obtient en faisant la coupe mm, fig. 98 ; puis prenant les moments en A des forces qui agissent en C, en remarquant que la tension de l'arbalétrier de droite est T, on a :

$$Vl+Pl+Td=0, \qquad V=-T\frac{d}{l}-P.$$

Mais $T=P\dfrac{l}{2a}$, remplaçant il vient : $V=P\left(\dfrac{d}{2a}-1\right)$.

Tant que le tirant AD est horizontal, on a $d=2a$ et $V=0$.

Si $d>2a$ (fig. 98), V est une tension ;

— $d<2a$ (fig. 99), V est une compression.

Ferme non symétrique (fig. 100). — La réaction sur l'appui $=F_0\,P\dfrac{l_{11}}{L}$.

La charge P est la moitié de la charge totale. En prenant les moments, on a successivement les relations suivantes :

Coupe y-y, moments en B, $P\dfrac{l_{11}}{L}l_1+Ta=0, \quad T=P\dfrac{l_{11}}{a}.$

— — — C, $P\dfrac{l_{11}}{L}l_1-th=0, \quad t=P\dfrac{l_{11}\,l_1}{Lh}.$

y'-y' — A, $Pl_1+T_1a_1=0, \quad T_1=-P\dfrac{a_1}{l_1}.$

Ferme à deux poinçons (fig. 101). — Chaque nœud C, C, porte une charge P égale à la moitié de l'arbalétrier A C, plus la moitié de C C'. La réaction sur chaque appui $F_0 = F_1 = P$. En faisant les sections et prenant les moments, on a :

$$Ta = Pl, \quad \text{d'où} \quad T = P\frac{l}{a}; \qquad th = Pl, \quad \text{d'où} \quad t = P\frac{l}{p}\,; \text{ et } T_1 = t = P\frac{l}{h}.$$

Les diagonales C D', C' D, assurent l'indéformabilité du système si les charges P

Fig. 100.

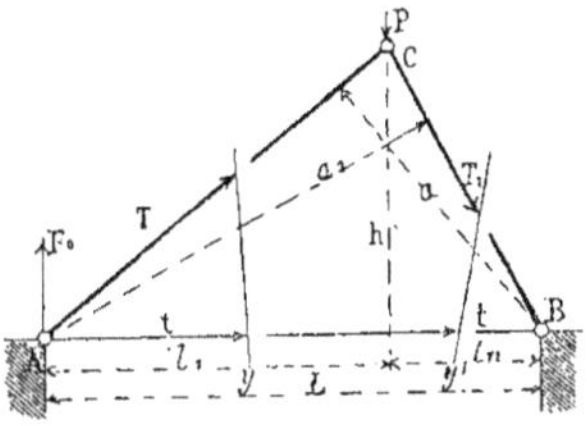

Fig. 101.

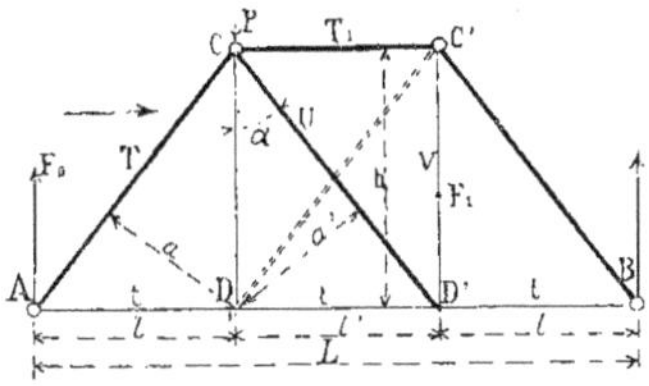

sont inégales, par suite de l'action du vent (v. chap. XI, le calcul des composantes verticales et horizontales du vent).

Soit p_0 la composante verticale par m. carré du vent sur la projection horizontale de A C et S la surface de cette projection, la charge en C due au vent sera :

$$P' = 0{,}5\, p_0\, S.$$

L'effort tranchant négatif dû au vent, immédiatement à droite de C, est constant de C en B et a pour valeur : $F_1 = V = P'\frac{l}{L}$. On a donc :

$$\text{pour la barre C D',} \quad U = \frac{F_1}{\cos\alpha}, \qquad \cos\alpha = \frac{h}{CD'} = \frac{a'}{l'}, \qquad \text{d'où} \quad U = F_1\frac{l}{a}, = \text{compression.}$$

Comme le vent peut agir dans l'autre direction, on disposera une seconde diagonale C' D.

Entrait chargé. — Si l'entrait porte un plafond ou plancher pesant q par mètre courant, chaque nœud inférieur porte ql', on détermine la nouvelle valeur de F_0, puis on écrit les moments comme précédemment. La tension du poinçon s'obtient en ajoutant algébriquement V + P'.

Fig. 102.

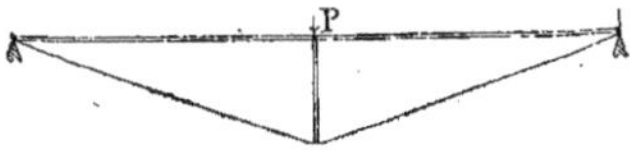

Fig. 103.

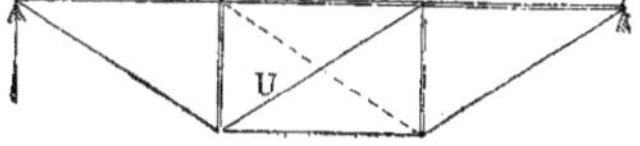

Poutres armées (fig. 102-103). — Ces systèmes sont les mêmes que les précédents, fig. 79 et 83, mais renversés; les tensions sont les mêmes mais de signes contraires, la semelle est comprimée, ainsi que le poinçon vertical où $V = P$.

Fermes à une contre-fiche (fig. 104-105). — $P = ps$ est la charge sur

Fig. 104.

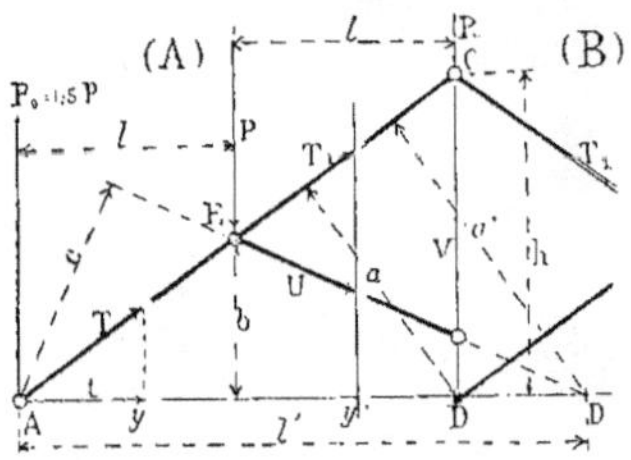

Fig. 105.

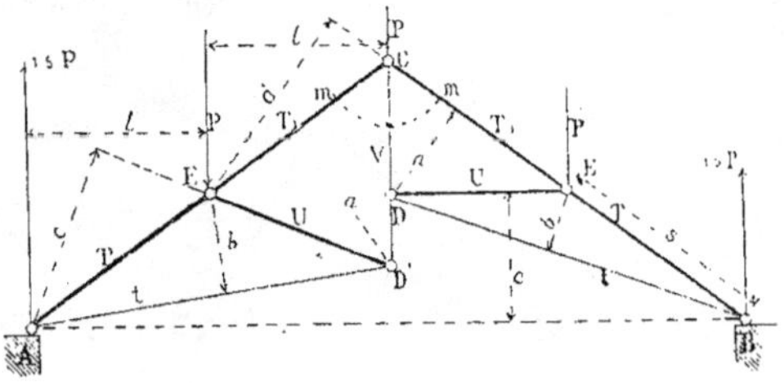

chaque nœud ; si les distances l sont égales, les charges P sont égales et $F_0 = 1{,}5\ P$.

Faisons des sections successives et prenons les moments comme précédemment.

Section en	Moments en	Relations d'équilibre	Relations à employer	
y	D	$1{,}5\ P \times 2l + T a = 0$	$T = -3\ P \frac{l}{a}$	comp.
—	E	$1{,}5\ P - t b = 0$	$t = 1{,}5\ P \frac{l}{b}$	tract.
y' (A)	D'	$1{,}5\ P l' - P (l' - l) + T_1 a' = 0$	$T_1 = -P \frac{(0{,}5\ l' + l)}{a'}$	comp.
(B) et 173	D	$l' = 2l$	$T_1 = -2\ P \frac{l}{a}$	—
—	A	$P l + U c = 0$	$U = -P \frac{l}{c}$	—
m-m	E	$V l + P l + T_1 d = 0.$	$V = -T_1 \frac{d}{l} - P = P \left(\frac{2d}{a} - 1\right)$	tract.
Dans la fig. (B)		$d = a$	d'où $V = P$	traction.

Ferme Polonceau à 1 bielle (fig. 106-A). — Cette ferme qui constitue le *type français*, est rationnelle en ce que les barres E D normales aux arbalétriers et comprimées sont réduites à la plus petite longueur.

Quand on a déterminé la charge P sur chaque nœud et la réaction des appuis : $F_0 = 1{,}5\ P$, on arrive en écrivant les moments, aux relations contenues dans le tableau suivant :

Section en	Moments en	Équations d'équilibre	Relations à employer	
$y-y$	en D,	$1{,}5\,Pl' + Ta = 0$	$T = -1{,}5\,P\frac{l'}{a}$	compression.
»	E,	$1{,}5\,Pl - tb = 0$	$t = 1{,}5\,P\frac{l}{b}$	traction.
y'	A,	$Pl + Us = 0$	$U = -P\frac{l}{s}$	compression.
y_1	D,	$1{,}5\,Pl' - P(l'_1 - l) + T_1 a = 0.$	$T_1 = -P\frac{(0{,}5\,l' + l)}{a}$	compression.

Pour avoir t', prenons les moments en M point de concours de T_1 et t_1. On a :

id.	M,	$1{,}5\,Pd + P(l-d) - t'e = 0.$	$t' = P\left(\frac{0{,}5\,d + l}{e}\right)$	traction.
id.	C,	$1{,}5\,P\,2l - Pl - t_1 h' = 0.$.	$t_1 = 2\,P\frac{l}{h'}$	traction.

Cas où le tirant est horizontal (fig. 106-B). — $h' = h$; les relations précédentes restent les mêmes, mais la similitude des triangles donne :

$$b = \frac{h}{2}, \quad \frac{l'}{a} = \frac{2s}{h} = \frac{BC}{h}, \quad e = h \text{ et } d = o.$$

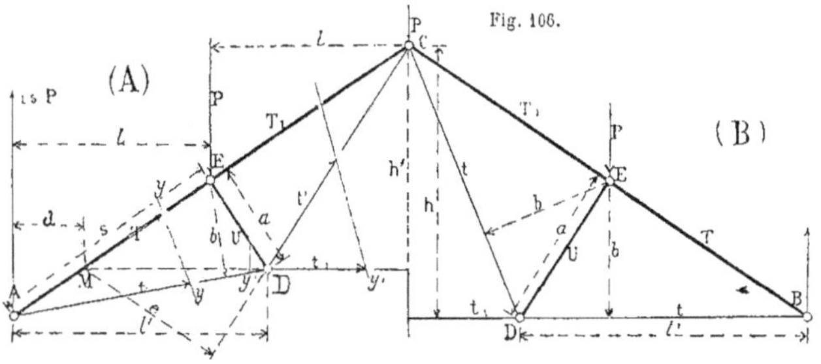

Fig. 106.

On tient compte de la flexion de l'arbalétrier. — Les portions des arbalétriers comprises entre deux nœuds, AE, EC, etc., sont soumises à une charge uniforme et subissent la flexion, il y a compression des fibres supérieures et tension des fibres inférieures de la pièce formant l'arbalétrier et ces actions s'ajoutent algébriquement à la tension longitudinale T ; si S est la section de l'arbalétrier, I son moment d'inertie, v la demi-hauteur de la section, μ le moment de flexion maximum, on a pour le coefficient de travail du métal,

$$R = \frac{T}{S} \pm \frac{v}{I}\mu.$$

Ferme Polonceau à 3 bielles (fig. 107). — On opère comme précédemment.

Fig. 107.

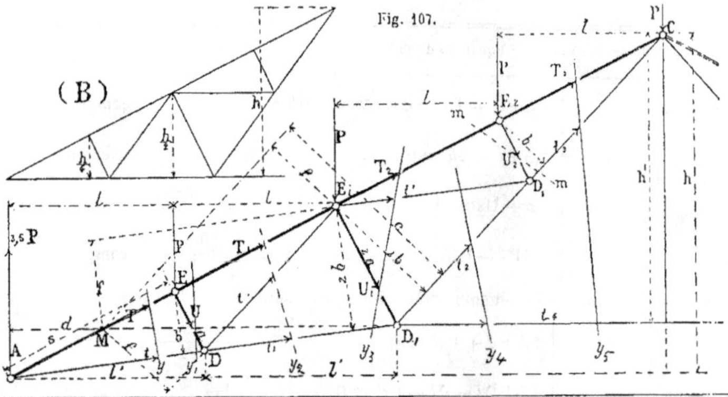

Coupes	Mon. co.	Relations d'équilibre	Relations à employer	
y	D	$3{,}5\,P\,l' + T\,a = o$	$T = -3{,}5\,P\,\frac{l'}{a}$	compression
	E	$3{,}5\,P\,l - t\,b = o$	$t = 3{,}5\,P\,\frac{l}{b}$	traction
y'_1	A	$P\,l + U\,s = o$	$U = -P\,\frac{l}{s}$	compression
y_1	E_1	$3{,}5\,P \times 2l - P\,l = t_1 \times 2b$	$t_1 = 3\,P\,\frac{l}{b}$	traction
y_2	A	$t' \times 2b - P\,l = o$ (le bras de levier en A est $2b$)	$t' = P\,\frac{l}{2b}$	traction
y_2	D_1	$3{,}5\,P \times 2l' - P\,(2l' - l) + T_1 \times 2a = o$	$T_1 = -P\,\frac{(5\,l' + l)}{2\,a}$ comp.	
y_3	A	$U_1\,2s + t'2b + P\,l\,(1 + 2) = o$, mais $t'2b = P\,l$	$U_1 = -2P\,\frac{l}{s} = 2U$, comp.	
	D_1	$3{,}5\,P\,2l' - P\,(2l' - l) - P\,(2l' - 2l) + t'2b + T_2\,2\,a = o$	$T_2 = -P\,\frac{(1{,}5\,l' + 2l)}{a}$ comp.	
y_4	M	$3{,}5\,P\,d + P\,(l - d) + P\,(2l - d) + t'f - t_2 e = o$	$t_2 = \frac{P}{e}\left(1{,}5\,d + 3\,l + \frac{l\,f}{2b}\right)$	
		$t' = P\,\frac{l}{2b}$ et $e = 2b + f$		
	C	$3{,}5\,P\,4\,l - P\,l\,(1 + 2 + 3) - t_4 h' = o$	$t_4 = 8\,P\,\frac{l}{h'}$	
y_5	D_1	$3{,}5\,P\,2l' - P\,(2l' - l) - P\,(2l' - 2b) - P\,(2l' - 3l) + T_3\,2d = o$	$T_3 = -P\,\frac{(0{,}5\,l' + 3\,l)}{d}$	
	M	$3{,}5\,P\,d + P\,(l - d) + P\,(2l - d) - t_3\,e = o$	$t_3 = P\,\frac{1{,}5\,d + 3\,l}{e}$	
$mm.$	C	$U_2\,s + P\,l = o$	$U_1 = U = -P\,\frac{l}{s}$	

Cas particulier $h' = h$ (fig. B). — Tirant horizontal. On a les mêmes relations.

On a de plus $b = 1/4\,h$, $\frac{l'}{a} = \frac{4\,s}{h}$, $\frac{l}{b} = \frac{4\,l}{h}$.

Ferme anglaise (fig. 108). — Les charges P sur chaque nœud ou panne étant déterminées, on trace les bras de levier a, $2a$,... ; b, $2b$... ; c_1-c_1-c_2, des barres, puis on fait les sections dans chaque panneau et on écrit les relations suivantes :

Fig. 108.

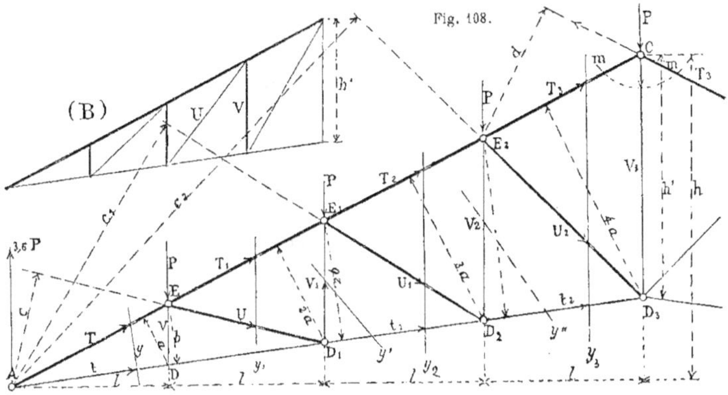

Sect. en	Mom. en	Relations d'équilibre	Relations à employer	
y	D_1	$3{,}5\,P \times 2l + T \times 2a = o$	$T = -3{,}5\,P\frac{l}{a}$,	compression
—	E	$3{,}5\,Pl - tb = o$	$t = 3{,}5\,P\frac{l}{b}$,	traction
y_1	D_1	$3{,}5\,P \times 2l) - Pl + T_1 \times 2a = o$	$T_1 = -3\,P\frac{l}{a}$,	comp.
—	A	$Pl + Uc = o$	$U = -P\frac{l}{c}$,	comp.
y'	A	$Pl - V_1 \times 2l = o$	$V_1 = 0{,}5\,P$,	traction
y_2	D_2	$3{,}5\,P \times 3l) - Pl(1+2) + T_2 \times 3a = o$	$T_2 = -2{,}5\,P\frac{l}{a}$,	comp.
—	E_1	$3{,}5\,P \times 2l) - Pl - t_1 \times 2b = o$	$t_1 = 3\,P\frac{l}{b}$	traction
—	A	$Pl(1+2) + U_1 c_1 = o$	$U_1 = -3\,P\frac{l}{c_1}$	comp.
y''	A	$Pl(1+2) - V_2 \times 3l = o$	$V_2 = P$	traction
y_3	D_3	$3{,}5\,P \times 4l) - Pl(1+2+3) + T_3 \times 4a = o$	$T_3 = -2P\frac{l}{a}$,	compression
—	E_2	$3{,}5\,P \times 3l) - Pl(1+2) - t_2 \times 3b = o$	$t_2 = 2{,}5\,P\frac{l}{b}$	traction
—	A	$Pl(1+2+3) + U_2 c_2 = o$	$U_2 = -6\,P\frac{l}{c_2}$	compression

Pour avoir la tension V_3 du poinçon, faisons la section *m-m* et prenons les moments en E_2, on a :

$$V_3 l + P l - T_3 d = 0, \qquad V_3 = T_3 \frac{d}{l} - P = P\left(2\frac{d}{l} - 1\right).$$

La tension de la tige E D est nulle, cette tige supporte le tirant.

Dans la fig. B, les barres verticales V sont comprimées, les obliques U sont tendues.

Cas particulier (fig. 108-B), $h' = h$. — Les relations précédentes subsistent, on a de plus :

$$b = \frac{h}{4}, \quad \frac{l}{a} = \frac{AC}{h}, \quad \frac{l}{b} = \frac{AD}{h}.$$

Ferme belge (fig. 109). — Les barres comprimées V... V_1... normales aux arbalétriers, sont moins longues que dans le type précédent. En procédant comme précédemment on obtient facilement les relations suivantes :

Fig. 109.

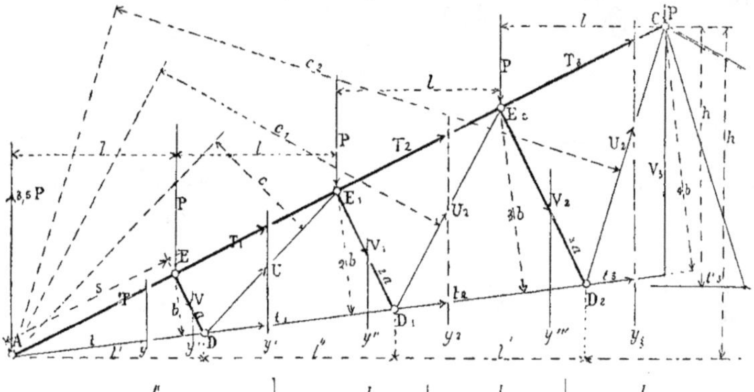

$T = 3{,}5\,P \frac{l'}{a}$	$t = 3{,}5\,P \frac{l}{b}$	$V = P \frac{l}{s}$	$U = P \frac{l}{c}$
$T_1 = P \frac{(5\,l' + l)}{2a}$	$t_1 = 3\,P \frac{l}{b}$	$V_1 = 1{,}5\,V$	$U_1 = 3\,P \frac{l}{c_1}$
$T_2 = P \frac{1{,}5\,(l' + l)}{a}$	$t_2 = 2{,}5\,P \frac{l}{b}$	$V_2 = 3\,V$	$U_2 = 6\,P \frac{l}{c_2}$
$T_3 = P \frac{(0{,}5\,l' + 2\,l)}{a}$.	$t_3 = 2\,P \frac{l}{b}$.		

La tension V_3 du poinçon, est la résultante verticale des deux tensions t_3. Si en D le tirant est horizontal, sa tension est, comme pour la ferme Polonceau, $t_3 = 8\,P \frac{h'}{l}$.

Le poinçon V_3 est alors inutile.

POUTRES DROITES

Les poutres, sont susceptibles de porter, outre une charge permanente, une surcharge mobile.

Dans ces poutres, le groupe des barres supérieures, comprimées, se nomme la *semelle*; le groupe des barres inférieures, tendues, est le *tirant*. Ces deux groupes réunis constituent les *membrures*.

Les barres intermédiaires qui relient les membrures comprennent : des barres obliques U dites *diagonales*, *contrefiches* ou *bracons*; des barres verticales V, dites *montants* ou *poinçons*.

Poutres droites. — Tension des membrures. — On substitue généralement aux charges mobiles une charge uniforme équivalente p par mètre, qu'on ajoute au poids propre q par mètre, on a alors pour la courbe des μ une parabole dont le moment maximum est (fig. 110)

$$CD = \mu = {}^1/_8\,(p+q)\,L^2.$$

Fig. 110.

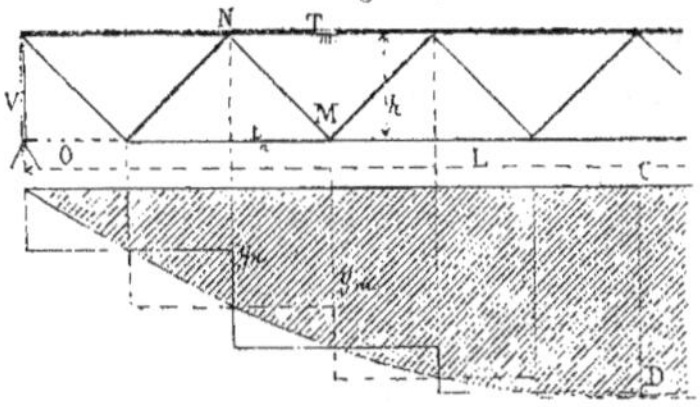

Fig. 111.

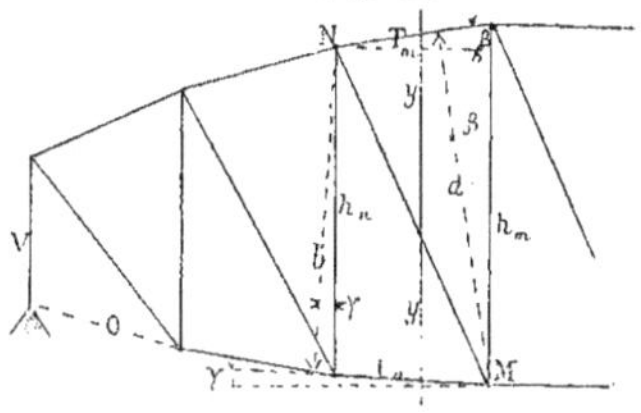

Sur un appui on ne doit considérer que les deux barres qui se coupent sur la verticale de cet appui ; en effet les autres barres V, o, peuvent être supprimées sans détruire l'équilibre. La barre V ne fait que transmettre à l'appui la moitié du poids total. Quant à la barre o dont la tension est théoriquement nulle, on lui donne en pratique la même section qu'au tirant voisin t_1.

Maintenant, faisons dans la poutre une section y-y quelconque (fig. 111).

Appelons μ_m le moment en M, et μ_n le moment en N.

id. $a = h_m \cos\beta$ le bras de levier, en M, de T_m.

id. $b = h_n \cos\gamma$ id. id. en N, de t_n.

En prenant les moments successivement en M et en N, on a :

en M, $T_m a + \mu_m = 0$ d'où $T_m = -\dfrac{\mu_m}{a}$, compression ;

en N, $-t_n b + \mu_n = 0$ d'où $t_n = \dfrac{\mu_n}{b}$, traction.

Dans le cas des poutres droites (fig. 110), la hauteur h est constante, on a :

$$a = b = h \qquad \text{d'où} \qquad T_m = -\frac{\mu_m}{h} \qquad \text{et} \qquad t_n = \frac{\mu_n}{h}.$$

Si donc, empruntant les méthodes graphostatiques, on a tracé la surface des moments pour des surcharges quelconques avec une distance polaire H, on a :

$$\mu_m = y_m H \qquad \text{d'où} \qquad T_m = -y_m \frac{H}{h}.$$

Or, si on prend la distance polaire précisément égale à la hauteur de la poutre, $H = h$, on a $T_m = y_m$; on trouve de même $t_n = y_n$. Donc dans ce cas : *les tensions dans les membrures sont représentées par les ordonnées de la surface des moments.*

Observation. — Les charges n'agissant qu'en chaque nœud, il est bien évident que la surface réelle des moments serait limitée par une ligne brisée et non une courbe continue ; il s'ensuit aussi que le moment et par suite la section d'une membrure est constante d'un nœud à l'autre. Ainsi dans la figure 110 la ligne pleine limite les moments de la membrure supérieure, tandis que la ligne en éléments limite les moments de la membrure inférieure.

Barres intermédiaires (fig. 112 à 115). — Faisons près de l'appui une section y-y dans les barres qui se joignent sur cet appui. Puisque le système est en équilibre, la somme des projections des tensions dans ces barres et des forces extérieures sur le plan y-y est égale à 0.

Fig. 112.

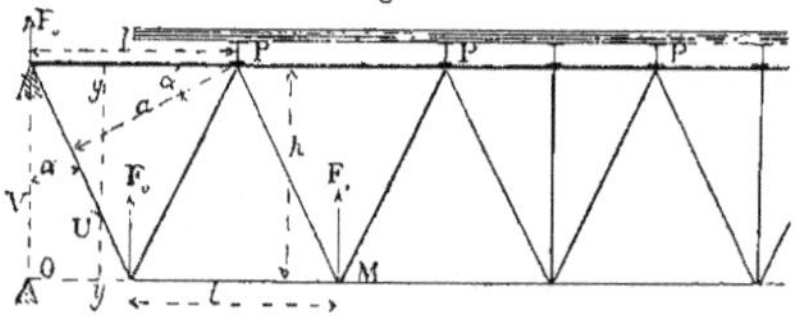

Fig. 113.

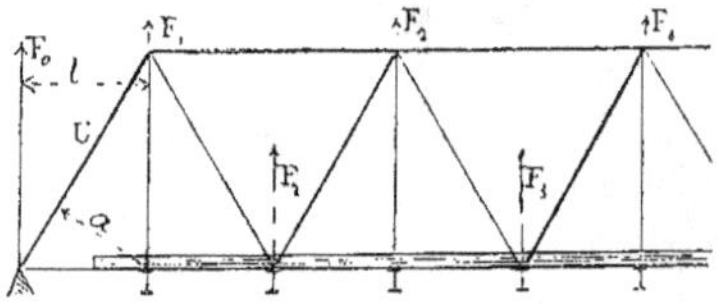

Fig. 114.

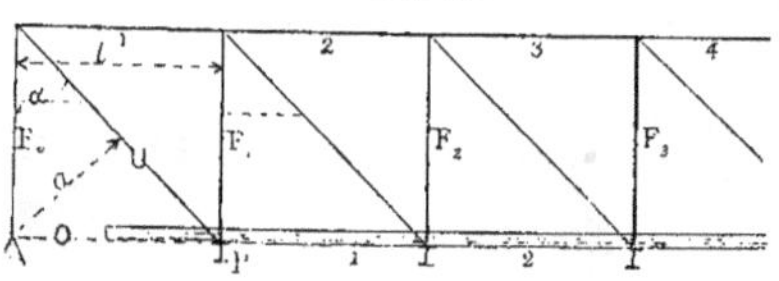

Fig. 115.

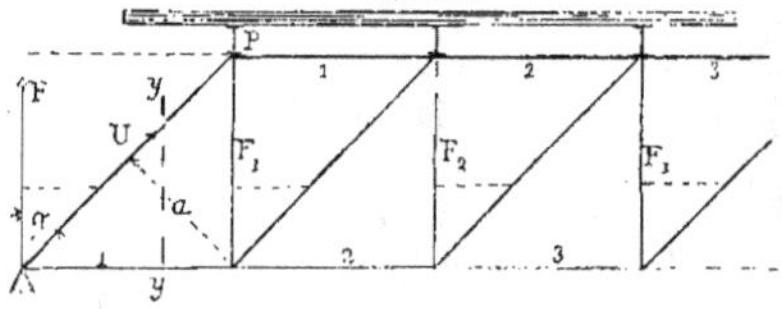

Puisque $a = l \cos \alpha$, ou $\dfrac{1}{\cos \alpha} = \dfrac{l}{a}$, on a :

fig. 112 et 114, $F_0 - U \cos \alpha = 0$, $U = F_0 \dfrac{l}{a}$, traction.

fig. 113 et 115, $F_0 + U \cos \alpha = 0$, $U = -F_0 \dfrac{l}{a}$, compression.

Pour toute autre section, ces relations subsistent en y remplaçant F_0 par F l'effort tranchant sur le nœud antérieur.

Que les charges agissent au-dessus ou au-dessous des poutres, les tensions des diagonales restent les mêmes.

Dans l'ensemble d'une poutre, que les charges agissent au dessus ou au dessous, *toutes les barres convergeant vers le prolongement inférieur de la verticale menée par le point où* $F = 0$, *sont tendues; celles convergeant vers le prolongement supérieur de cette verticale sont comprimées.*

Si on considère que les pièces comprimées résistent moins bien que celles tendues, on préférera les systèmes où ces barres comprimées sont courtes, c'est-à-dire verticales.

Pour les barres verticales, $\alpha = 0$ et $\cos \alpha = 1$ d'où $U = F$.

La tension des barres verticales est donc égale à l'effort tranchant F. Or, F change de valeur en chaque nœud chargé, par suite, cette tension varie suivant que la charge agit au dessus ou au dessous de la poutre. Mais F ne change pas en un nœud non chargé, donc : *Les projections verticales des tensions des barres qui se rencontrent en un nœud non chargé sont égales entre elles et à l'effort tranchant en ce nœud, mais de signe contraire*, une barre verticale sera comprimée si la diagonale est tendue et inversement.

En désignant par F_0, F_1, F_2,..., les efforts tranchants, par P les charges sur les nœuds successifs, on a : $F_1 = F_0 - P$, $F_2 = F_1 - P$, etc.

Cas ou la charge P est suspendue aux barres verticales entre les membrures (fig. 116). — En chaque nœud non chargé les projections verticales des tensions sont égales, donc la portion inférieure d'une verticale subit une

Fig. 116.

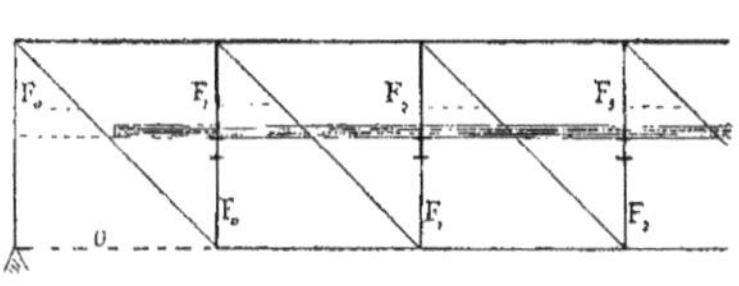

Fig. 117.

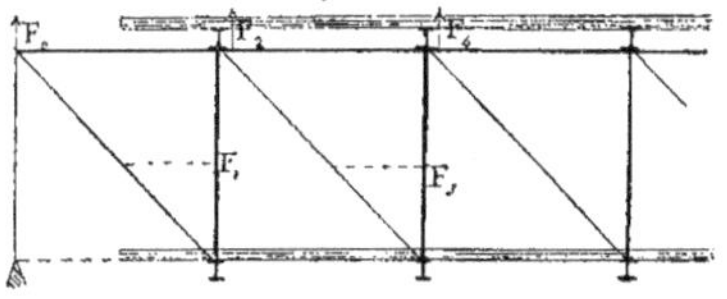

tension égale à l'effort F qui a lieu immédiatement à gauche, tandis que la portion supérieure subit une tension égale à l'effort F immédiatement à droite, la différence = P,

$$F_0 - F_1 = F_1 - F_2 = \dots P.$$

Cas où tous les nœuds sont chargés (fig. 117). — Soit P la charge supérieure et P_1 la charge inférieure, en chaque nœud, l'effort tranchant varie en chaque nœud.

On a : $F_0 - P_1 = F_1 \dots$; $F_1 - P = F_2 \dots$; $F_1 - F_2 = P$; et ainsi de suite.

$$F_0 - F_2 = F_2 - F_3 \dots = P_1 + P.$$

Remarque. — Dans les systèmes précédents, nous n'avons considéré comme nœuds chargés que ceux sur lesquels reposent des poutrelles y transmettant le poids du tablier et de la surcharge; et nous avons supposé que tout le poids propre de la construction était réparti sur ces nœuds. Pour être plus exact, il faudrait répartir ce poids propre en tous les nœuds, ceux opposés aux poutrelles du tablier peuvent être considérés comme portant le poids de leur membrure de leur contreventement et la moitié du poids des barres intermédiaires, c'est-à-dire la moitié du poids de la poutre. On retombe ainsi dans le cas précédent, où tous les nœuds sont chargés.

Graphique des tensions des barres (Pl. XIV). — Nous savons déterminer les efforts tranchants pour des charges permanentes et des charges mobiles. Connaissant ces efforts tranchants représentés par des ordonnées, la représentation graphique du calcul précédant des barres obliques est bien simple : il suffit de projeter ces efforts tranchants sur des obliques parallèles aux barres; les longueurs de ces obliques représentent les tensions des barres à la même échelle que celle des efforts tranchants.

Nous avons tracé la surface des F dus à une charge permanente P en chaque nœud. Nous avons ainsi de suite les tensions des barres verticales, puisqu'elles sont égales à l'effort tranchant en chaque nœud.

Pour avoir la tension des diagonales, il suffit de mener pour chaque valeur de F, une oblique faisant avec la verticale l'angle α des barres. Sa longueur représente la tension de la diagonale (traction ou compression) à la même échelle que celle des F.

A partir du milieu de la poutre, les F et par suite les tensions des barres changent de signe ; si donc on veut conserver à la poutre une construction symétrique, on changera l'inclinaison des barres à partir du milieu, comme cela est indiqué.

Types divers. — Les fig. 112 et 113 constituent le type *Waren*. La fig. 114 constitue le type *Pratt* ; la fig. 115 constitue le type *Howe*, qui est exclusivement employé pour les ponts en bois, le bois devant travailler à la compression.

Fig. 118.

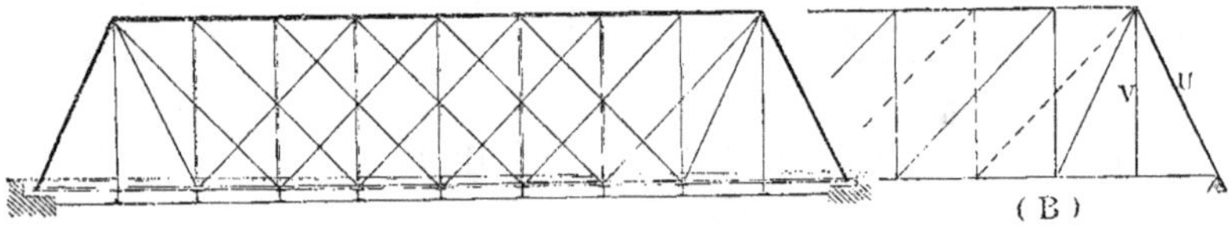

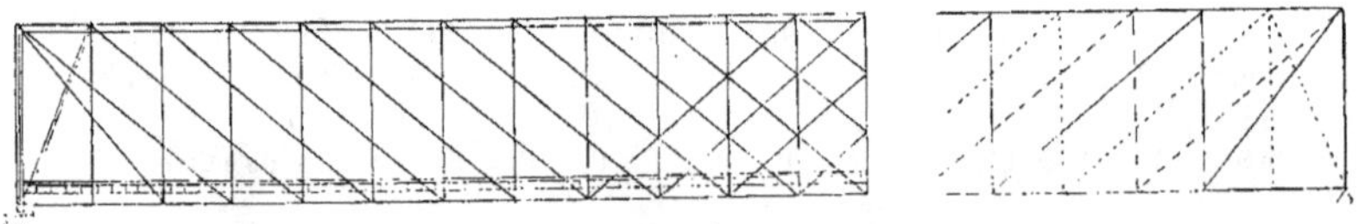

Fig. 119.

Ces trois types principaux peuvent se faire doubles ou triples (fig. 118-119).

Le calcul de ces systèmes n'offre aucune difficulté, il suffit de les décomposer en systèmes simples, comme nous l'avons fait en (B), de déterminer pour chacun d'eux les charges et par suite les efforts tranchants F en chaque nœud, on aura alors les tensions des barres comme précédemment.

Poutres à croix de Saint-André (fig. 120). — Ce système n'est autre que la superposition de deux types Waren, opposés l'un à l'autre. Dans chaque panneau il y a une diagonale tendue, l'autre comprimée ; leur tension est, en valeur absolue, moitié de ce qu'elle est dans les systèmes simples, toutes choses égales d'ailleurs.

Quant aux barres verticales, leur action est nulle puisque le système des barres est en équilibre sans elles ; leur emploi est justifié quand il facilite l'attache de poutres transversales.

Fig. 120.

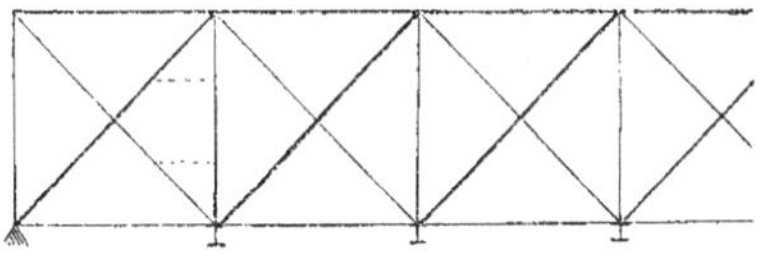

Fig. 121.

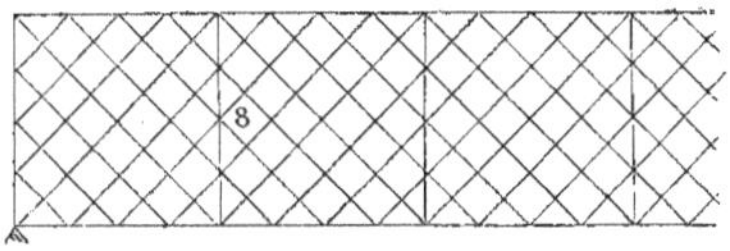

Poutres à treillis (fig. 121). — Un treillis n'est que la superposition de n types simples. Ce nombre n est celui des barres coupées par un plan vertical. Si donc F est l'effort tranchant suivant ce plan, la tension de chaque barre, les unes tendues, les autres comprimées, est :

$$U = \pm F \frac{1}{n \cos \alpha}.$$

Observation sur la section des membrures des poutres en treillis. — Il est bien évident que la tension dans une membrure (traction pour la membrure inférieure, compression pour la membrure supérieure) ne varie pas d'un nœud à l'autre, par conséquent la section d'une membrure entre deux nœuds sera constante.

POUTRES PARABOLIQUES

Poutre parabolique simple (fig. 122). **Tension des membrures.** — Le calcul des tensions des membrures d'une poutre polygonale quelconque, indiqué fig. 111, se simplifie quand l'une des membrures est un arc de parabole ou un polygone inscrit dans cette parabole et que la charge est uniformément répartie par mètre de corde.

Nous savons que pour cette charge uniforme la courbe des moments est une parabole. Pour des charges égales et également espacées en chaque nœud, la surface des moments est limitée par un polygone inscrit dans la parabole, la portion de l'arc parabolique comprise entre deux charges est remplacée par sa corde.

Nous savons aussi, qu'en chaque point de l'arc la tension horizontale est constante. C'est la tension du tirant.

Fig. 122.

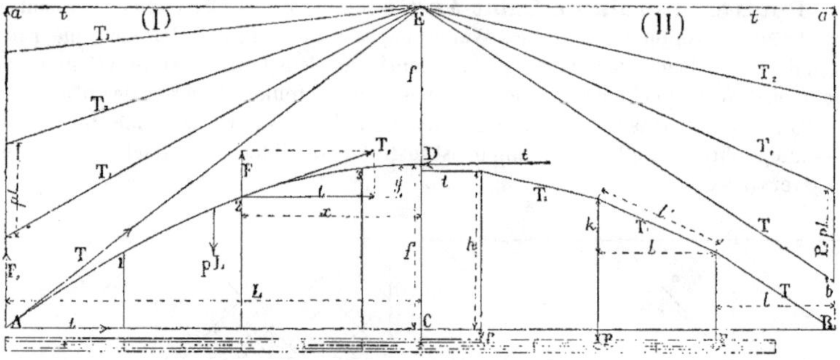

Il est facile d'établir que l'équilibre d'un arc sous une charge uniforme p répond à la forme parabolique. L'équilibre de la demi-ferme donne, en prenant les moments en A et en appelant t la tension horizontale :

$$t \times f = p\,L \times \frac{L}{2} = p\,\frac{L^2}{2} = p\,\frac{(2L)^2}{8}.$$

valeur analogue à celle de la poutre simple uniformément chargée de longueur 2 L.

L'équilibre d'un arc (D — 2) donne :

$$t \times y = p\,\frac{x^2}{2}.$$

Divisant membre à membre, on trouve l'équation de la parabole

$$\frac{y}{f} = \frac{x^2}{L^2} \qquad \text{ou} \qquad y = f\,\frac{x^2}{L^2}.$$

La poutre ou ferme parabolique, uniformément chargée suivant sa projection horizontale, est donc en équilibre d'elle-même, et s'il y a des barres verticales elles ne supportent aucune tension, sauf le poids propre du tirant.

Dans les ponts, le tablier est établi sur la corde. Si l'arc est au-dessous il est tendu et les barres verticales qui lui transmettent la charge sont comprimées. Si l'arc est au-dessus, il est comprimé et les barres verticales sont tendues. Cette disposition constitue le Bow-String (*Bow*, arc, *string*, corde).

Dans tous les cas, les tensions des membrures restent les mêmes : elles atteignent leur valeur maximum pour la charge totale maximum.

De la relation :

$$t \times f = p\,\frac{L^2}{2} \qquad \text{on tire,} \qquad t = p\,\frac{L^2}{2f} = F_0\,\frac{L}{2f}.$$

Telle est la valeur de la tension horizontale constante, c'est celle de la compression de l'arc au sommet D et c'est aussi la traction du tirant (p désigne pour le moment la charge totale uniforme comprenant le poids propre et la surcharge).

La compression maximum de l'arc a lieu suivant la tangente en A, elle est la résultante de $F_0 = p$ L et de t.

On a donc :

$$T = \sqrt{F_0^2 + t^2} = p L \sqrt{1 + \frac{L^2}{4 f^2}}. \qquad (a)$$

Pour un autre point, où l'effort tranchant est $F_n = px$, la compression suivant la tangente de ce point est encore,

$$T_n = \sqrt{F_n^2 + t^2}. \qquad (b)$$

Dans le cas de la ferme polygonale (II), si on considère la charge $P = pl$ sur chaque nœud et si m est le nombre total des panneaux, ou $m - 1$ celui des nœuds.

On a :

$$F_0 = \frac{m-1}{2}$$

et en prenant les moments en B pour la moitié de la ferme,

$$th = P l \left(1 + 2 + \ldots \frac{m-1}{2}\right).$$

Si m est pair, il y a une verticale au milieu et $h = f$, si m est impair on a $h < f$.

La tension des côtés du polygone pour un panneau de rang n, pour lequel l'effort tranchant est $F^n = F^0 - P$, est toujours donnée par (b) en y mettant les valeurs actuelles de F_n et de t.

Si on représente graphiquement ces calculs, on arrive au même résultat que la graphostatique. Nous savons que, dans une parabole si on prolonge la tangente extrême, on a $CE = 2f$, si donc F_0 est représenté par $2f = Aa$, t sera représenté par l et T par AE. Pour un autre point 2 où l'effort tranchant est F et T constant, la tension T_2 est représentée par le rayon parallèle à la tangente en ce point 2. Ainsi, en portant en Aa (fig. I) et ab (fig. II) les charges P et en menant les rayons au point E, situé à la distance $aE = t$, ces rayons représentent (fig. I), les tensions T, T_1, T_2, T_3, aux points de tangence A, 1, 2, 3 de l'arc ou (fig. II) les tensions des côtés du polygone inscrit.

Autre relation. — Puisque les côtés du polygone sont parallèles aux rayons qui représentent leurs tensions, les longueurs de ces côtés sont aussi proportionnelles à leur propre tension. En appelant l'_n la longueur d'un côté de rang n et de tension T_n, on voit les triangles semblables qui donnent

$$T_n = \frac{l_n'}{l} \qquad \text{d'où} \qquad T_n = t\frac{l_n'}{l}.$$

Il suffit donc, pour avoir T_n, de mesurer les longueurs l' sur l'épure.

Surcharge partielle. Tension des diagonales. — L'équilibre de l'arc parabolique articulé, sous une charge uniforme, est théorique, il est instable si cet arc est au-dessus de la corde ; dans tous les cas, il est rompu par une surcharge partielle telle que l'action du vent sur une charpente, ou d'un train sur un pont. Aussi doit-on toujours employer des diagonales, elles ne subiront une tension que sous une surchage partielle.

Pour une section quelconque y_1 (fig. 123), par exemple, coupant la diagonale U_1, nous savons, d'après ce que nous avons dit en parlant des poutres droites, que, 1° si la surcharge n'existe qu'à droite de cette section, U_1 subit une traction ; 2° si la surcharge n'existe qu'à gauche de ladite section, U_1 subit une compression.

Fig. 123.

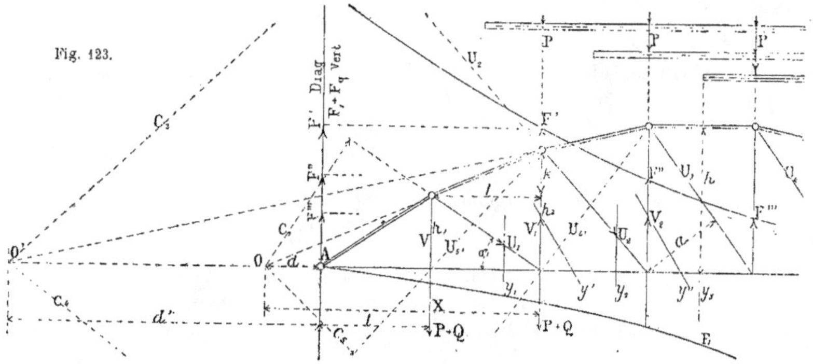

Or, pour la surcharge uniforme et totale, la tension d'une diagonale quelconque est nulle. Donc les deux valeurs, positive et négative, de la tension d'une diagonale sont égales et il suffit d'en calculer une.

Dans le cas d'un pont, admettons que la surcharge $P = pl$ par nœud, d'abord générale, recule de gauche à droite ; pour chaque section y_1, y_2, y_3, les nœuds à droite sont donc seuls chargés, nous n'avons alors comme force extérieure, à gauche d'une section, que la réaction F_0 de l'appui. Nous pouvons la calculer ou la prendre sur la parabole des efforts tranchants, tracée comme fig. 5, pl. XIV.

Appelons F′, F″, F‴ les valeurs de cette réaction ou les ordonnées de la parabole, pour les charges situées à droite des sections successives y_1, y_2, y_3, et appliquons la méthode des moments. Pour la section y_1, prolongeons la membrure supérieure jusqu'à sa rencontre en 0 avec l'inférieure, abaissons de ce point une perpendiculaire c_1 sur la direction de U_1, prenons les moments autour de 0, on a :

$$U_1 c_1 - F'd = 0 \quad \text{d'où} \quad U_1 = F' \frac{d}{c_1}, \qquad \text{traction.}$$

Pour la section y_2, le point de concours des membrures est 0′ et $U_2 = F'' \frac{d'}{c_2}$.

La diagonale U_3 est ici comprise entre des membrures parallèles et on aura comme pour les poutres droites, $U_3 = F''' \frac{a}{l}$. Pour U_4 la membrure supérieure converge à droite, on pourrait déterminer F_1 sur l'appui B et prendre les moments autour des points 0 situés à droite. Mais on arrive au même résultat en calculant $U_4' = U_4$ pour la surcharge à gauche ; on calculerait de même $U_5' = U_5$. En effet, les diagonales ayant mêmes bras de levier ont même tension.

Fig. 124.

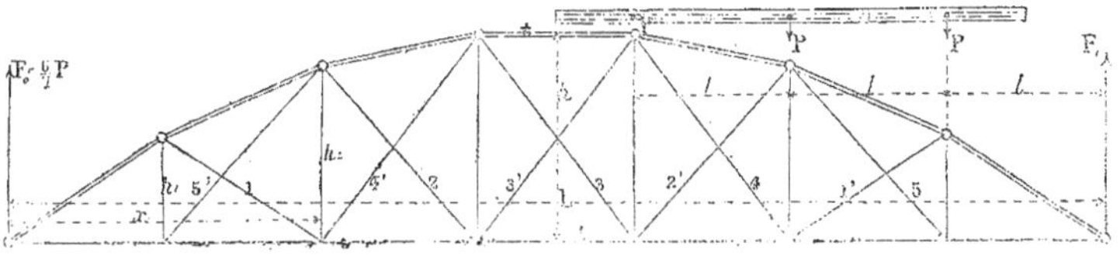

Les tensions des diagonales s'élevant à gauche étant déterminées, comme la surcharge mobile peut circuler en sens inverse, il faudra mettre dans chaque panneau une contre-diagonale dont la traction est connue puisqu'il suffit de retourner en la superposant la figure précédente. On obtient ainsi la fig. 198.

Pour une ferme, on considère une surcharge accidentelle sur la moitié de la ferme, alors la réaction F_0 en A est constante ainsi que U pour la demi-ferme.

On a fig. 124 :

$$F_0 = \frac{P}{7}(1 + 2 + 3) = \frac{6}{7} P.$$

Tension des verticales. — Dans le cas d'un pont, le tablier étant établi sur la corde, ces barres subissent l'action de la surcharge mobile P par nœud et de la charge permanente $Q = ql$ par nœud. La charge totale, par nœud chargé, est $P + Q$.

Considérons (fig. 123) la surcharge s'avançant de gauche à droite. La force extérieure en A ou réaction de l'appui se compose de F_1 variable due à la surcharge mobile, représentée par les ordonnées de la parabole symétrique à la précédente, plus de la réaction constante, que nous désignons par F_q, due à la charge permanente.

La réaction variable en A est donc $F_1 + F_q$.

Pour la verticale V, on a évidemment $V = P + Q$.

Pour V_1 faisons la section y'' et prenons les moments en 0 on aura :

$$(P + Q)\, l\, (1 + 2) - (F_1 + F_q)\, d - V_1\, (d + 2l) = 0, \qquad \text{d'où on tire } V_1.$$

Pour V_2 et la section y'' en prenant les moments en 0', on a :

$$(P + Q)\, l\, (1 + 2 + 3) - (F'_1 + F_q)\, d' - V_2\, (d' + 3l) = 0, \qquad \text{d'où } V_2.$$

Et ainsi de suite ; puisque la surcharge peut circuler en sens inverse, les verticales symétriques auront des tensions égales, il suffit d'en calculer la moitié.

Pour être rigoureux le poids permanent Q par nœud ne devrait pas comprendre le poids propre de l'arc, puisque cet arc est en équilibre.

Calcul des bras de levier. — S'il n'est pas possible de déterminer sur l'épure le point 0, ni par suite les bras de levier des barres U et V, on peut les calculer en fonction des dimensions de chaque panneau. Les hauteurs des verticales peuvent se mesurer sur l'épure, ou se calculer d'après l'équation de la parabole. En appelant x la distance à l'origine A d'une ordonnée h_m quelconque, que l'on cherche, L étant la portée, on a :

1° Pour un nombre pair de divisions, la hauteur $h = f$ la flèche de l'arc,

$$h_m = 4f\frac{x(L-x)}{L^2};$$

2° Pour un nombre impair de divisions h étant la hauteur du panneau du milieu et l la longueur d'un panneau,

$$h_m = 4h\frac{x(L-x)}{L^2-l^2}.$$

On fait habituellement la hauteur h égale à 1/6 ou 1/8 de la longueur de la poutre. Connaissant dans chaque panneau, les hauteurs h_1, h_2 et la longueur l d'un panneau, on calculerait facilement la longueur de la membrure inclinée et celle des diagonales. Maintenant prenons par exemple le panneau y_1 (fig. 198), traçons la différence $h_2 - h_1 = k$ et appelons X la distance de la verticale h_2 au point 0 (ici $X = d + 2l$). On voit de suite les triangles semblables qui donnent :

$$k : l :: h_2 : X \quad \text{d'où} \quad X = l\frac{h_2}{k}.$$

On calculerait de même, la distance du point 0′ à la verticale V_2. Pour le bras de levier c_1 de la diagonale de longueur U_1 on a :

$$c_1 = X \sin\alpha = X\frac{h_1}{\text{long}^r\,U_1}.$$

On calcule ainsi le bras de levier de chaque diagonale.

Poutre en croissant. Membrures (fig. 125). — La membrure supérieure, comprimée, peut être polygonale ou formée d'un arc de parabole. Mais la membrure inférieure, toujours tendue, doit être un polygone, nous le supposons inscrit dans une parabole.

La traction exercée par le tirant sur un appui fait équilibre à la poussée de l'arc, la tension horizontale a donc même valeur mais de signe contraire. Nous supposons, pour le moment, la ferme rigide et non élastique ; le tirant polygonal exerce sur chaque verticale une traction qui est une force intérieure et qui s'ajoute à la charge de l'arc pour en accroître la compression.

Pour calculer les tensions des membrures nous n'avons qu'à appliquer à chaque parabole de la ferme les relations précédentes (226). Pour la tension horizontale, ou au milieu, prenons les moments d'une demi-ferme.

On a :

$$t(h+h') - th' = th = Pl\left(1 + 2 + \ldots\ldots \frac{m-1}{2}\right).$$

Pour avoir les tensions des membrures, il faut les composantes verticales F_0 sur appuis ; pour une charge uniforme p, $F_0 = pL$; pour une charge équivalente, P par nœud, $F_0 = \left(\frac{m-1}{2}\right) P$.

Maintenant appelons F′ la composante verticale sur l'appui ou demi-somme des tensions V′, due à la traction du tirant. Il résulte de ce que nous avons dit pour la ferme simple, que les deux paraboles ayant même tension horizontale, les composantes verticales sont proportionnelles aux flèches.

Fig. 125.

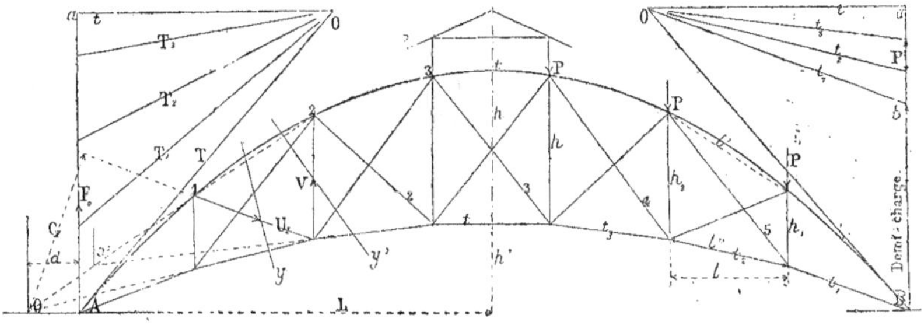

La composante verticale de l'extrados est $F_0 + F'$. Celle due au tirant seul est F'. On a donc :

$$(F_0 + F') : F' :: (h + h') : h' \qquad \text{ou} \qquad F_0 : F' :: P : V' :: h : h' ;$$

d'où

$$F' = F_0 \frac{h'}{h} \qquad \text{et aussi} \qquad V' = P \frac{h'}{h}.$$

Nous avons ainsi les tensions V′ des tiges verticales. Finalement la tension des membrures dans un panneau de rang n sera :

$$T_n = \sqrt{(F_n + F'_n)^2 + t^2} \qquad \text{et} \qquad t_n = \sqrt{F'^2_n + t^2}.$$

Ces tensions peuvent aussi s'exprimer, comme précédemment, en fonction des longueurs l', l'', des côtes des membrures et on a pour un panneau de rang n :

$$T_n = t \frac{l'_n}{l} \qquad \text{et} \qquad t_n = t \frac{l''_n}{l}.$$

Pour représenter graphiquement ces calculs, prenons, à une échelle quelconque, $Bb = F_0 = pL$, la charge totale uniforme sur le demi-arc. Menons en B la tangente à l'arc et par b menons une parallèle au premier côté du tirant, nous déterminerons ainsi le pôle 0 et $0a$ perpendiculaire sur aB est la distance polaire qui représente à l'échelle adoptée la tension horizontale t commune. C'est aussi la tension horizontale des deux membrures dans l'axe de la ferme. La longueur ba représente la réaction verticale F′, qu'engendre le tirant à l'extrémité de l'arc, laquelle s'ajoute à F_0 pour constituer la composante verticale $Ba = F_0 + F_1$ de la compression de l'arc. Si donc on divise ba en autant de parties qu'il y a de verticales dans la demi-ferme, chaque division représente la tension V' des verticales, et les rayons menés de ces points de division représentent les tensions des divers côtés du tirant polygonal. De même si on divise $Aa = Ba$ (à gauche) en autant de parties qu'il y a de panneaux dans la demi-ferme, et si on mène les rayons au pôle 0 (distance polaire $a0 = t$), ces rayons représentent les compressions de l'arc suivant les tangentes au sommet de chaque verticale.

Si la membrure supérieure est polygonale, $P = pl$ étant la charge totale par nœud et m le nombre de panneaux de la ferme, la charge totale sur la demi-ferme sera $Bb = 1/2\,(m - 1)\,P = F_0$, comme fig. 191-II. Alors la verticale Aa ne sera plus divisée par $1/2\,m$ le nombre des panneaux de la demi-ferme, mais par $1/2\,(m - 1)$ le nombre de nœuds ou de verticales de la demi-ferme.

Surcharge partielle. — Comme pour la poutre parabolique simple, les diagonales ne subissent aucune tension si la charge est uniforme. Elles ne sont influencées que par une surcharge partielle. Leurs tensions, ainsi que celles des verticales, se détermineraient comme nous le savons en prenant pour chaque section y, les moments autour du point 0 de concours des membrures coupées. Nous n'insisterons pas sur ce calcul, parce que nous y reviendrons en employant des méthodes graphiques qui résolvent bien plus simplement le problème.

Bow-string double (fig. 126). **Membrures.** — La tension horizontale est égale dans chaque poutre, mais de signe contraire ; par suite la corde commune ne subit aucune tension. L désigne la demi-longueur de la poutre.

Nous supposons que les deux paraboles ont des flèches h et h' différentes.

Fig. 126.

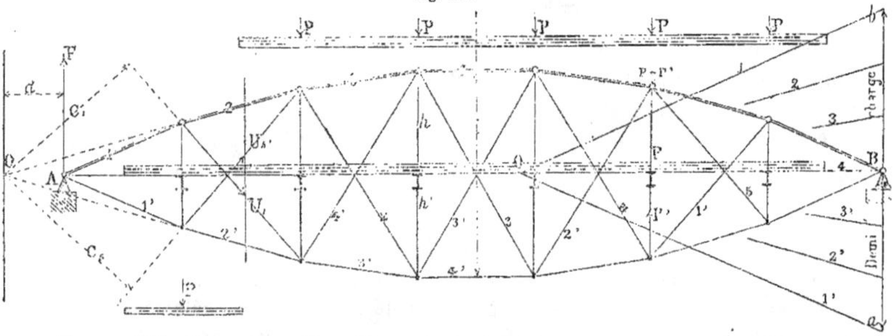

En considérant toujours l'équilibre de la demi-ferme, les moments en B donnent pour la tension horizontale commune, suivant qu'il s'agit d'un arc uniformément chargé, ou d'un polygone portant une charge constante P en chaque nœud.

$$t\,(h + h') = p\,\frac{L^2}{2} \qquad \text{ou} \qquad t\,(h + h') = Pl\left(1 + 2 + \ldots\ldots + \frac{m-1}{2}\right).$$

Supposons un pont dont le tablier est établi sur la corde commune AB. La réaction de l'appui due à la charge totale étant F_0 et F' représentant la composante négative due au tirant, la composante verticale qui agit sur la membrure supérieure est $F_0 - F'$.

On a donc en appelant P' la compression des verticales inférieures.

$$(F_0 - F') : F' :: h : h' \qquad \text{ou} \qquad F_0 : F' :: (h + h') : h' ;$$

d'où

$$F' = F_0 \frac{h'}{h + h'} \qquad \text{et aussi} \qquad P' = P \frac{h'}{h + h'}.$$

La traction des verticales supérieures sera évidemment, $P - P'$. Pour un nœud de rang n la composante F_n devient, pour chaque parabole

$$F_n = (F_0 - F') - (P - P') \quad \text{et} \quad F_n = F' - P'.$$

La tension des membrures dans un panneau de rang n sera donnée par (b) ou en fonction des longueurs l' et l'' des côtés de chaque polygone (page 99).

La poutre *Pauli*, qui a été employée en Allemagne, est un Bow-string double, tel que les tensions des membrures et par suite leurs sections, sont constantes.

Si les deux membrures sont symétriques $h = h'$ alors $T_n = t_n$ et $P' = 0,5$ P.

C'est ainsi qu'est tracée la fig. 126 et la construction graphique des tensions.

Les tensions des diagonales et des verticales, pour une surcharge partielle mobile, se détermineront comme précédemment.

Poutre Schwedler (fig. 127). — Elle se compose d'une partie centrale droite

Fig. 127.

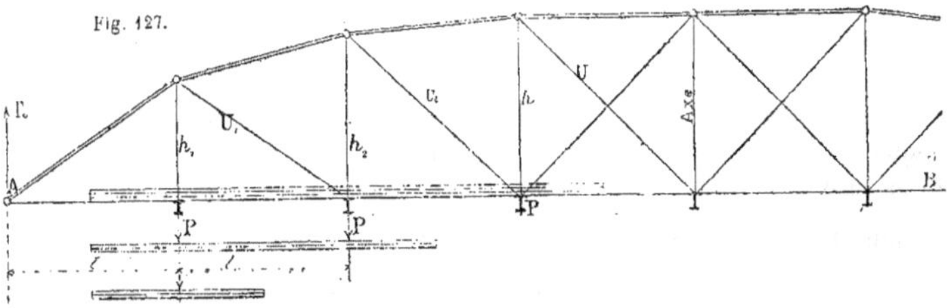

avec contre-diagonales et de parties extrêmes polygonales.

Si on compare la poutre droite à la poutre parabolique, on voit que dans la première les diagonales extrêmes sont toujours tendues, quelle que soit la position de la surcharge, tandis que dans la poutre parabolique ces diagonales subissent une traction ou une compression égale, suivant que la surcharge est située à droite ou à gauche. M. Schwedler s'est proposé de constituer une poutre telle que les diagonales extrêmes, tendues pour la surcharge à droite, ne fussent jamais comprimées ou aient au minimum une tension nulle quand la surcharge est située à gauche. La condition à remplir est simple.

Fig. 128.

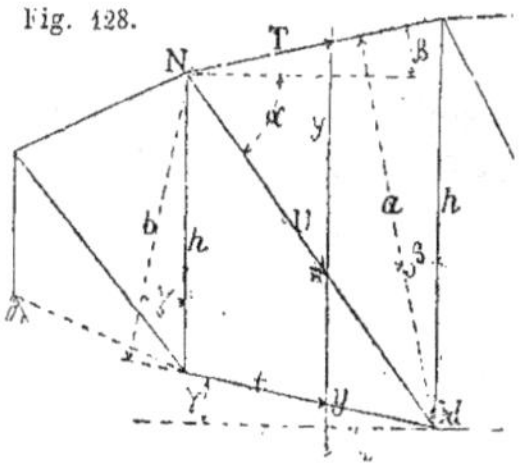

Faisons dans un panneau (fig. 128) une section yy et supposons d'abord que les trois forces T, U, t sont des tractions ; puisqu'il y a équilibre, la somme des projections de ces forces et des forces extérieures sur un même axe est nulle, en les projetant sur un axe horizontal, la projection des forces extérieures verticales est nulle. Il reste :

$$T \cos\beta + U \cos\alpha + t \cos\gamma = 0 \quad \text{d'où} \quad U \cos\alpha = -T \cos\beta - t \cos\gamma.$$

Exprimons T et t en fonction des moments μ_1 et μ_2 en N et M. On a :

Moments en M, $\quad Ta + \mu_2 = Th_2 \cos\beta + \mu_2 = 0, \quad T \cos\beta = -\frac{\mu_2}{h_2}$;

id. en N, $\quad \mu_1 - th = \mu_1 - th_1 \cos\gamma = 0, \quad t \cos\gamma = \frac{\mu_1}{h_1}$.

Substituant dans la valeur de U, on a :

$$U \cos\alpha = \frac{\mu_2}{h_2} - \frac{\mu_1}{h_1}.$$

Tant que $\frac{\mu_2}{h_2} > \frac{\mu_1}{h_1}$, U est une traction. A la limite si ces deux termes sont égaux $U = o$; on tire alors :

$$h_1 = h_2 \frac{\mu_1}{\mu_2}, \quad \text{et pour un autre panneau,} \quad h_2 = h_1 \frac{\mu_2}{\mu_3}.$$

Connaissant les moments successifs μ_1, μ_2, μ, en chaque nœud, dus à la charge permanente et à la surcharge à gauche, allant de A en B, et la hauteur h de la partie droite de la poutre, on en déduira les hauteurs h_2 et h_1 que déterminent la forme polygonale de la membrure.

Ces hauteurs sont les mêmes si les deux membrures sont polygonales (fig. 128).

En appelant toujours $P = pl$ la surcharge mobile et $Q = ql$ la charge permanente en chaque nœud, chaque nœud chargé à gauche porte P + Q.

Considérons une poutre à 8 panneaux. La réaction sur l'appui due à la charge permanente, L étant la portée et q la charge par mètre, est : $Fq = q \frac{L}{2}$.

Appelons F_1'-F_1''-F_1''', les réactions sur l'appui dues à la surcharge mobile allant de A en B et occupant successivement 1, 2, 3... nœuds. Pour la poutre à huit panneaux, on aura :

$$F_1' = P\frac{7}{8}; \qquad F_1'' = \frac{P}{8}(7+6) = P\frac{13}{8}; \qquad F_1''' = \frac{P}{8}(7+6+5) = P\frac{18}{8}.$$

Les moments s'établiront comme suit :

$$\mu_1 = (F_q + F_1')\, l$$
$$\mu_2 = (F_q + F_1'')\, 2l - (P+Q)\, l$$
$$\mu = (F_q = F_1''')\, 3l - (P+Q)\, l\, (1+2).$$

Ces moments étant connus ainsi que la hauteur h de la poutre, on en déduira les hauteurs h_2 et h_1 et les tensions T et t des membrures. Les tensions des diagonales U et des verticales se détermineront comme pour la poutre parabolique, ou graphiquement.

TROISIÈME PARTIE

GRAPHOSTATIQUE

APPLIQUÉE AUX

SYTÈMES TRIANGULAIRES

POUTRES SIMPLES ET ENCASTRÉES

CHAPITRE VII

DÉTERMINATION GRAPHIQUE DES TENSIONS DANS LES SYSTÈMES TRIANGULAIRES

Nous divisons l'ensemble des méthodes graphiques en 4 parties :

1° Les méthodes qui déterminent de simples tensions dans les barres (chap. VII) ;

2° Celles qui déterminent les moments fléchissants, etc., dans les poutres simples, au moyen du polygone fictif ou funiculaire (chap. VIII) ;

3° La méthode de Mohr déterminant le moment de flexion dans les poutres encastrées et continues (chap. IX) ;

4° La méthode de Eddy, déterminant le polygone des forces extérieures dans les arcs continus ou encastrés, et que nous exposons à la quatrième partie, simultanément avec les autres méthodes.

PRINCIPES DE GRAPHOSTATIQUE

Triangle des forces. — Une force agissant en un point donné, est déterminée quand on connaît sa direction et son intensité représentée par une longueur.

Un point M (fig. 129) soumis à l'action de deux forces P_1, P_2 se meut comme s'il n'était soumis qu'à leur résultante R, déterminée en grandeur et direction par la diagonale du parallélogramme construit sur ces forces. Pour que M soit en équilibre, il suffit d'y appliquer une troisième force R_1 égale et opposée à la résultante R.

Fig. 129.

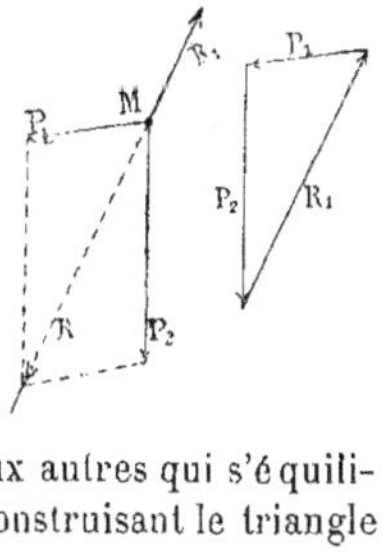

Or, les trois forces P_1, P_2, R_1, placées les unes à la suite des autres, suivant leur direction propre, forment un triangle. Donc, *quand trois forces agissant sur un même point se font équilibre, elles peuvent former un triangle et réciproquement.*

Corollaire. — Connaissant une force et la direction des deux autres qui s'équilibrent en M, l'intensité de ces deux dernières sera déterminée en construisant le triangle des forces.

Polygone des forces (fig. 130). — Soit un nombre quelconque de force P_1, P_2, P_3, P_4 agissant sur un point M.

En composant P_1 et P_2, on a R_1 égale et opposée à leur résultante.

id. R_1 et P_3, on a R_2 id. id. id.

Fig. 130.

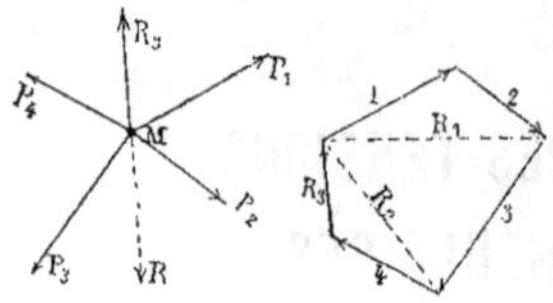

Et ainsi de suite, on formera une série de triangles juxtaposés, ayant les R_1, R_2,... pour côtés communs et dont les forces P_1, P_2,... formeront un polygone; le dernier triangle donnera R_3 égale et opposée à R_2, la résultante de toutes les forces.

Donc, *quand plusieurs forces agissant sur un même point se font équilibre, elles peuvent former un polygone fermé, dit polygone des forces.*

Polygone funiculaire. — Considérons (fig. 131) les forces P_1, P_2,.... agissant en divers points A, B, C, D, E, F d'un corps, ou mieux d'un polygone déformable appelé polygone funiculaire. Soit t_1, t_2, t_3,... les tensions de ses côtés. Pour que le système soit en équilibre, il faut qu'il y ait équilibre en chaque sommet. Si la force P_1 agissant en A est connue, la construction du parallélogramme donnera la valeur de t_1 et t_6, dont les directions sont données. Au sommet B, t_1 et P_2 détermineront t_2, et ainsi de suite. Tous les triangles ainsi formés, ayant une des tensions t pour côté commun, peuvent se juxtaposer (fig. 132); on obtient en définitive un polygone fermé dont les *côtés* représentent, en grandeur et direction, les forces P_1, P_2, P_3...; tandis que les *rayons* concourant au *pôle* O représentent, en grandeur et direction, les tensions t_1, t_2, t_3..., des côtés du polygone.

Fig. 131.

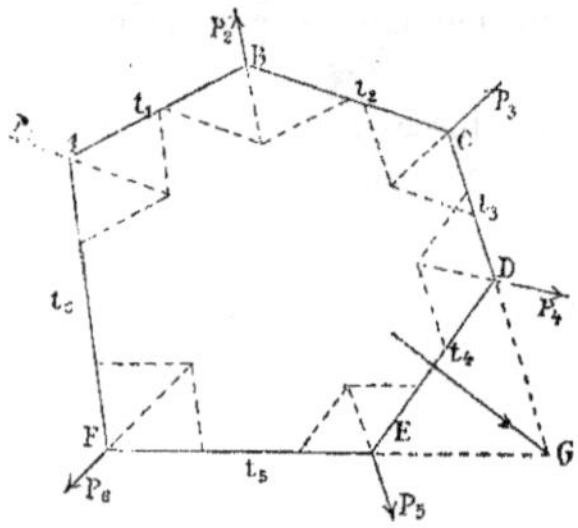

Fig. 132.

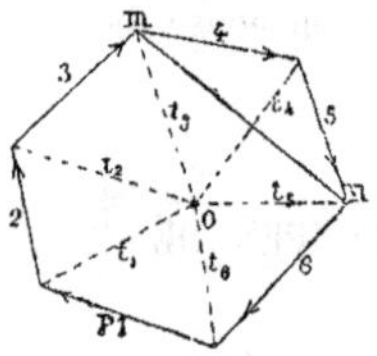

Si les côtés AB, BC, etc., n'étaient pas donnés, on voit qu'il suffirait de prendre un pôle O quelconque et de mener les rayons aux sommets du polygone des forces : ces rayons détermineraient le polygone funiculaire et les tensions de ses côtés. Puisque le pôle O est arbitraire, il y a donc une infinité de polygones funiculaires qui peuvent satisfaire à la condition d'équilibre.

Ainsi se trouve démontré le théorème suivant :

Lorsque dans un polygone funiculaire plusieurs forces P_1, P_2, P_3,... se font équilibre, le polygone des forces est fermé, et les tensions des côtés du polygone funiculaire sont représentées en grandeur et en direction par les rayons menés d'un pôle O quelconque aux sommets du polygone des forces.

Un polygone funiculaire étant en équilibre, une portion quelconque de ce polygone est aussi en équilibre; donc, les tensions t_3 et t_5, par exemple, auront une résultante égale et opposée à celle des forces P_4, P_5. Cette résultante passe par le point de jonction G des directions t_3, t_5; elle est donnée en grandeur et direction par la diagonale *mn* qui, dans le polygone des forces, forme le triangle avec t_3, t_5 et avec P_4, P_5.

Cas de forces parallèles. — Il faut, pour l'équilibre, que les forces aient deux directions et que la résultante, suivant une direction, soit égale et opposée à la résultante dans l'autre direction. Le polygone des forces devient une ligne droite.

Fig 133.

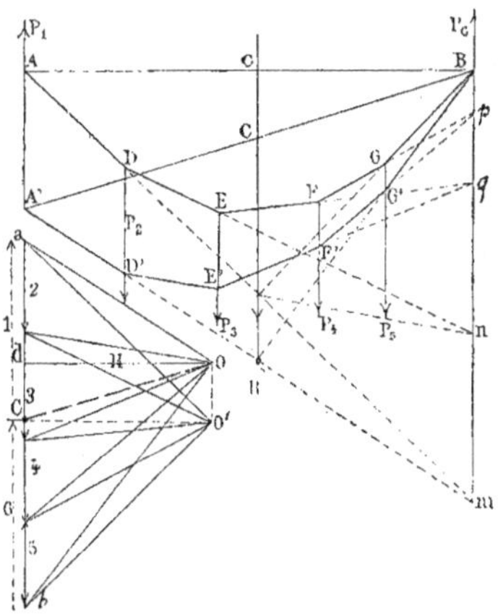

Pour qu'il y ait équilibre en chaque sommet du polygone funiculaire, il faut que *les composantes des tensions funiculaires normales aux forces extérieures soient constantes.*

Si les forces considérées P_1, P_2,... P_6, (fig. 133) sont verticales et se font équilibre, le polygone des forces est rectiligne :

$$ab = P_1 + P_6 = P + P_3 + P_4 + P_5.$$

Si nous prenons un pôle *o*, la tension normale aux forces, qui est constante, est la *tension horizontale* donnée par la *distance polaire* $od = H$, perpendiculaire sur *a b*, tandis que les rayons menés du pôle *o* aux extrémités des forces déterminent les tensions et la direction des côtés du polygone funiculaire A′ D′ E′ F′ G′ B.

A′D′ est parallèle à *ao*... et G′B parallèle à *bo*.

Le rayon *o c* (tracé en éléments), déterminé par les forces 1 et 6, détermine le côté A′B ou *ligne de fermeture* du polygone.

D'après le paragraphe précédent, la résultante verticale $= ab$ des charges 2, 3, 4, 5, passe en R, point de rencontre des côtés extrêmes du funiculaire.

Déplacement du funiculaire. — Si l'on veut rétablir le funiculaire de façon que A′B soit horizontale, il suffit de prendre un nouveau pôle *o′* sur la perpendiculaire à *a b* élevée en *c*, tel que $co' = H$; les rayons menés de *o′* déterminent le funiculaire ayant sa ligne de fermeture AB horizontale.

Si, dans le rétablissement du funiculaire, on conserve le point B, par exemple, et si on se donne le point A, on obtiendra le même résultat en prolongeant les côtés du premier funiculaire jusqu'à la verticale du point B en *m*, *n*, *p*, *q*; puis, en joignant A*m*, on détermine AD; D*n* détermine DE, et ainsi de suite.

APPLICATION AUX SYSTÈMES TRIANGULAIRES

Un système triangulaire constitue un polygone *réel* en équilibre sous des charges ou *forces extérieures* données. Ces systèmes, composés de barres supposées articulées à leurs points de jonction ou nœuds et formant des triangles situés dans un même plan, sont indéformables ; ils ne doivent comporter aucune barre surabondante, c'est-à-dire qui puisse se supprimer sans compromettre l'indéformabilité du système. Cette condition est satisfaite tant qu'une section plane du système ne rencontre que 3 barres.

En chaque nœud d'un système de barres en équilibre, les tensions ou forces intérieures des barres font équilibre aux forces extérieures; les résultantes de ces deux groupes de forces sont égales et opposées. Donc toutes les forces qui aboutissent à un même nœud, peuvent former un polygone fermé dont les côtés sont parallèles aux directions des forces et dont les longueurs de ces côtés sont proportionnelles aux intensités de ces forces.

Pour que la détermination des tensions soit possible, il faut qu'il n'y ait en chaque nœud que deux tensions inconnues; alors ayant tracé la résultante de toutes les autres forces, il n'y a plus qu'à la décomposer suivant les deux directions des tensions inconnues.

L'ensemble du tracé du polygone des forces extérieures et des tensions des barres, s'appelle le *diagramme des forces.*

C'est sur ces principes que sont basées les méthodes de *Culman* et de *Cremona.* Cette dernière convient surtout pour les cas de charges permanentes et verticales, comme c'est le cas pour les fermes de charpentes ; le polygone des forces extérieures (charges et réactions des appuis) se réduit alors à une ligne droite.

C'est cette méthode de Cremona que nous appliquons dans ce qui suit.

Pour simplifier, nous nous bornons à désigner par la suite, les barres ou leurs tensions, ainsi que les charges, par des numéros, et nous désignons par les mêmes numéros les lignes parallèles correspondantes du diagramme. Quand nous dirons la *tension* ou la *barre* 5, on la cherchera sur l'épure des barres; quand nous dirons la *ligne* 5, on la cherchera sur le diagramme.

Dans l'épure d'un système de barres nous indiquons par un trait double les barres comprimées; tandis que le diagramme ne doit comporter que des simples lignes, afin de bien préciser les points de croisement qui déterminent les longueurs des lignes et par suite les tensions, à l'échelle adoptée.

L'unité de charge étant la tonne de 1000^k, on adopte une échelle simple soit 1, 2, 3... centimètres pour un nombre entier de tonnes.

FERMES

Fermes simples (fig. 134 à 136). — La charge 2, sur la panne faîtière, étant déterminée comme nous l'avons dit pour la méthode des moments, la résultante des actions verticales sur un appui, qui constitue une force extérieure, est $1 = 3 = 0,5$ de la charge 2, pour une forme symétrique. Connaissant les trois forces extérieures 1, 2, 3, nous voulons en déduire les tensions des barres 4, 5, 6, 7, 8.

Construisons, à une échelle quelconque, le polygone *ab* des forces extérieures 1, 2, 3. En A décomposons 1 suivant les directions des barres 4, 5; pour cela, menons de *a* une ligne 4 parallèle à la barre 4, et de *c* une ligne 5 parallèle à la barre 5. On forme ainsi un triangle dont les côtés successifs sont dans l'ordre inverse ou réciproque de celui des forces agissant en A. Les longueurs *ao* et *co* représentent, à l'échelle adoptée pour les forces, les tensions 4 et 5. Le triangle symétrique *cbo*, se rapporte à l'autre moitié de la ferme.

Pour distinguer les barres comprimées et celles tendues, il suffit de parcourir

Fig. 134. Fig. 135. Fig. 136.

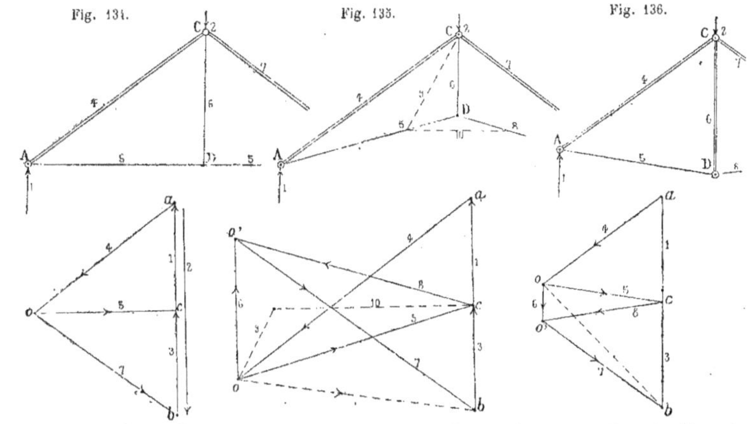

chaque triangle du diagramme en commençant par le nœud A par 1, dont la direction de bas en haut de la force extérieure est connue, on voit que 4, qui concourt au nœud A, est une compression, tandis que 5, qui s'éloigne de ce nœud A, est une traction.

Il nous reste à déterminer la tension 6 du poinçon. Au nœud D concourent trois forces qui se font équilibre, l'une quelconque est égale et opposée à la résultante des deux autres, par suite, leurs directions doivent former un triangle, les lignes *oo'* qui ferment le triangle formé avec les lignes 5-8, représentent donc la tension V.

On voit que pour la fig. 134, le triangle se réduit à une ligne *oc* et la ligne *oo'* à un point, donc V = *o*. Pour déterminer le signe de cette tension, il faut remarquer que les barres 5-8, qui exercent une traction sur les appuis, exercent sur le nœud D des tractions en sens inverse, en suivant donc sur le diagramme les triangles en sens inverse des flèches indiquées, on voit que pour la fig. 135, la tension 6 est une traction; pour la fig. 136, la tension 6 est une compression.

On peut aussi déterminer 6 en construisant le polygone des forces qui agissent en C.

Nous connaissons la charge $2 = 1 + 3$ et la tension 4 dont la compression en C est de direction opposée à celle en A; leur résultante est évidemment représentée en grandeur et direction par la ligne ob, tracée en éléments, qui ferme le triangle formé avec 4 et 2. Cette résultante est égale et opposée à celle des deux tensions 6 et 7 inconnues en ce point C et leur fait équilibre, sa direction est indiquée par la flèche, il suffit donc de décomposer ob en menant les lignes 6 et 7 parallèles aux barres. En parcourant le triangle ob, bo', $o'o$, on trouve bien que les tensions 7 et 6 agissant en C, sont de sens opposé à ceux en A et en D, ce qui est évident.

On peut évidemment former le polygone des forces 2, 4, 6, et 7′ en C sans tracer la résultante; on connaît les côtés $ab = 2$ et $ao = 4$ de ce polygone, si donc on mène par leurs extrémités des parallèles aux tensions 6 et 7 inconnues, dans l'ordre de ces tensions, soit de 6 une parallèle à 7 et de o une parallèle à 6, on ferme en o' le polygone correspondant aux quatre forces en C.

En parcourant ce polygone, en commençant par 2, prise dans sa vraie direction, on trouve aussi pour 4 et 7 des compressions en C et pour 6 une traction; mais de sens opposés à celles trouvées en A, B et D, ce qui a évidemment lieu.

Sur la fig. 135, nous avons indiqué en éléments une variante dans la disposition des tirants et nous avons tracé les lignes 9 et 10 des tensions correspondantes.

Observation. — Nous avons maintenant indiqué, avec ses variantes, la construction d'un diagramme d'après les propriétés du polygone ou du triangle des forces, tout ce qui suit ne sera, pour chaque nœud, que la répétition de ce qui précède.

Poutre armée (fig. 137-138). — Ce système est l'inverse des précédents et les tensions changent de signe.

La charge 2 placée au milieu engendre sur les appuis des réactions égales.

En A les forces 1, 4 et 5 sont en équilibre, décomposons la ligne 1 suivant 4 et 5;

Fig. 137.

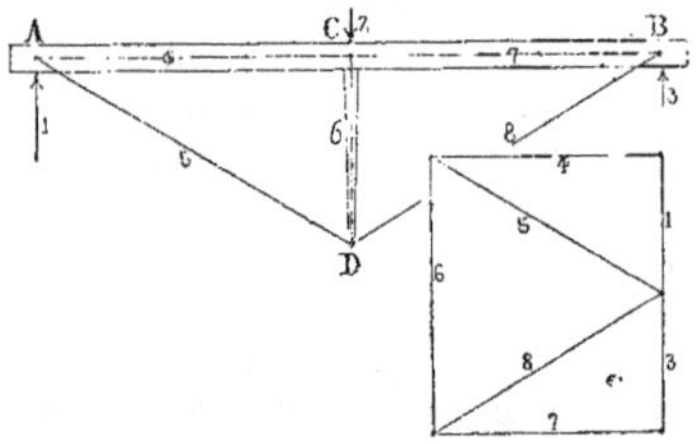

Fig. 138

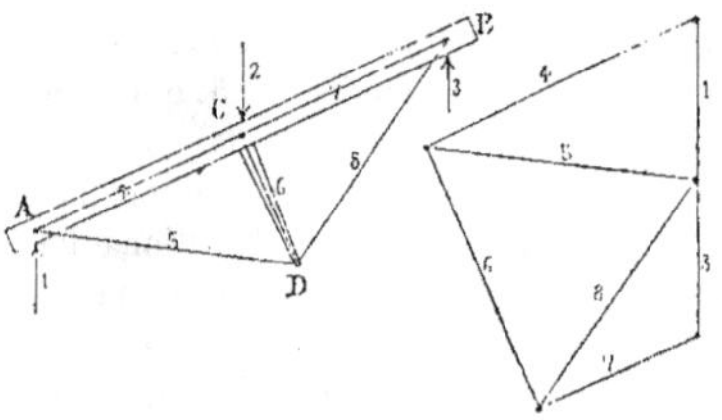

au nœud D non chargé, 5, 6 et 8 sont en équilibre, nous décomposons 5 suivant 6 et 8; enfin, sur l'appui B non chargé, 3, 7 et 8 sont en équilibre, la ligne 7 qui ferme le triangle de 3 et 8 donne la tension de la barre 7.

Au nœud chargé C où agissent quatre forces, correspond, dans le diagramme, le quadrilatère $2 = 1 + 3, 4, 6, 7$. Les tensions 4, 6 et 7 sont des compressions.

Poutre à deux montants (fig. 139-140). — Supposons les deux charges 2 égales, alors on a 1 = 2 = 3. Le diagramme se trace comme précédemment, il se compose de deux parties entièrement symétriques, et il suffit d'en tracer une.

Cette égalité des charges existe rarement et alors, si le système est articulé, il tend à se déformer. Mais si la barre supérieure est d'une seule pièce, sa résistance à la flexion empêche, dans une certaine limite, cette déformation ; si cependant cette inégalité des charges devient sensible, on doit employer des diagonales.

Ces diagonales (fig. 139) ne résistent donc qu'à la différence des charges sur les nœuds ou à la surcharge accidentelle sur un seul nœud. Soit donc 2 cette surcharge ;

Fig. 139.

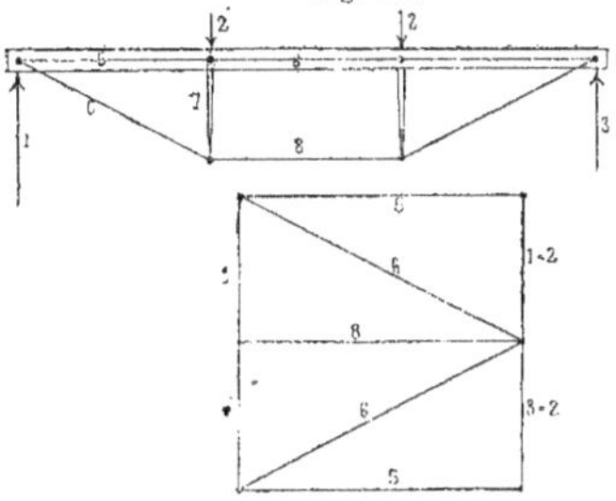

Fig. 140.

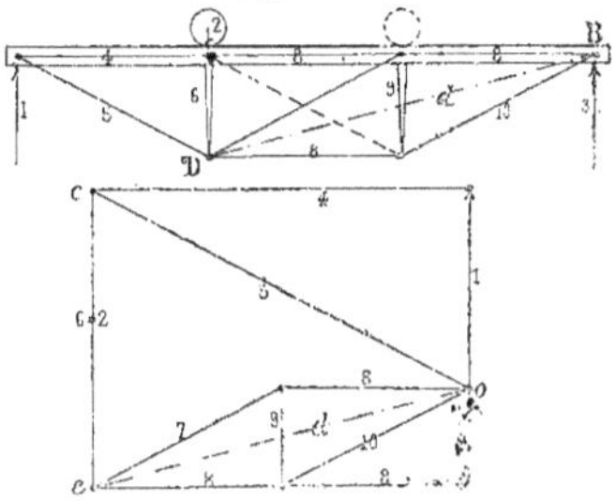

traçons la barre fictive *d*, elle remplace pour l'équilibre du système les barres inférieures tendues, 7, 8, 10.

Si, dans le diagramme nous représentons par la ligne *ce* la surcharge 2 et si nous menons les lignes 5 et *d*, parallèles aux barres 5 et *d*, le point *o* divisera la verticale égale et parallèle à *ce*, en deux parties qui sont dans le rapport des réactions 1 et 3 des appuis. Maintenant décomposons, comme précédemment, 1 suivant 4 et 5, puis la tension 5 suivant celles 6 et *d* qui lui font équilibre en D, on retrouve la ligne 6 = 2. Enfin, décomposons *d* suivant les barres du losange, nous aurons pour la tension de la diagonale, la ligne 7 et pour le tirant la ligne 8 ; ou les lignes 8 et 10 pour la semelle et le tirant oblique. En décomposant la réaction 3 on obtient encore 8 et 10. Enfin la ligne 9 représente la tension du montant 9 due à la surcharge.

Ce diagramme est le même pour la fig. 100 mais les tensions changent de signe. Si le diagramme fig. 138 donne les tensions pour la charge permanente et le diagramme fig. 139. Le diagramme pour la surcharge, les tensions réelles des barres s'obtiendront en additionnant pour chaque barre les deux tensions précédentes.

Forces extérieures quelconques. — Quelle que soit la direction des forces extérieures en équilibre, la méthode reste la même : 1° former d'abord le polygone de ces forces extérieures ; 2° tracer la résultante des forces connues en chaque nœud ; et 3° décomposer cette résultante, suivant les directions des deux barres aboutissant à ce nœud, dont les tensions sont aussi déterminées.

Dans les divers cas de la fig. 141, formons le polygone des charges 1, 2, 3 ; puis, par les extrémités de ce polygone, menons les lignes 4-5 parallèles aux directions données des réactions ; ces lignes ferment le polygone des forces extérieures et déterminent l'intensité des réactions.

Maintenant, sur l'appui de gauche, la résultante de 1 et 5 serait la ligne joignant,

Fig. 141.

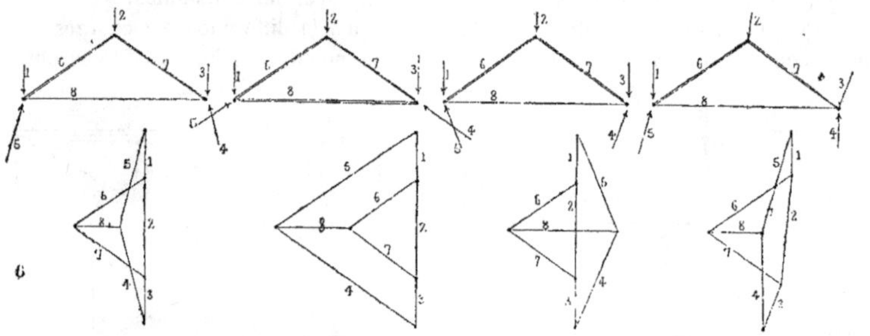

dans le diagramme, les extrémités de ces lignes 1 et 5 (ligne non tracée) et les tensions 6 et 8 s'obtiennent en décomposant cette résultante suivant ces directions. Cela revient à compléter le polygone 1, 5, 8, 6 des forces agissant sur l'appui de gauche.

Sur l'autre appui, on aurait le polygone 3, 4, 8, 7, symétrique au premier, si tout est symétrique ; non symétrique dans le cas de la figure de droite.

Construction des diagrammes pl. XV à XXVI, syst[s] n°s 1 à 4. Les réactions des appuis sont obliques et tous les nœuds chargés ; nous supposons tout symétrique. Ces réactions obliques peuvent résulter de poteaux inclinés ou d'une surface d'appui inclinée, les réactions sont alors perpendiculaires à la surface d'appui.

Traçons d'abord le polygone fermé des forces extérieures, en suivant un ordre continu : 1, 2, 3, 4, 5, 6, 7. Il est bien clair que si on connaît les charges verticales sur les nœuds et les directions des réactions, ce polygone déterminera l'intensité de ces réactions. En effet, portons sur la ligne *ab*, les charges supérieures, à une échelle quelconque, menons par les extrémités de cette ligne des parallèles aux directions données des réactions ; ces lignes devront se limiter à une verticale *a' b'* représentant, à l'échelle adoptée, les charges inférieures. Les inclinaisons des réactions peuvent ne pas être semblables, la construction reste la même. Ce polygone étant tracé, le diagramme des forces intérieures se construit comme précédemment.

N° 1. La résultante des forces 7 et 1 qui agissent sur l'appui, donne les lignes ou tensions 8 et 9 des barres correspondantes, en suivant un sens continu autour du nœud, soit le sens : 7, 1, 8, 9. La résultante des forces 6 et 9 qui agissent au nœud 6 donne les tensions 10 et 11, et ainsi de suite. On n'a pas chiffré les barres et leurs lignes qui sont symétriques aux précédentes. On voit que les cinq forces qui agissent au nœud 2 forment bien un polygone fermé. On tracerait de même les diagrammes n°s 2 à 4.

Fermes à 2 pannes, n°s 5 et 6. — Les charges 1 et 2 étant supposées symétriques par rapport aux appuis, les réactions verticales sont égales aux charges. Nous les désignerons par la suite, pour plus de généralité, par les lettres A et B. Décomposons dans le diagramme n° 5, A = 1 suivant 3 et 4, la résultante de 1 et 3, égale à 4, agissant au nœud 1 donne les lignes 5 et 6. Les barres symétriques ont même tension.

Dans le n° 6, au nœud 2, la résultante de 6 et 2 donne 9 et 7. Enfin la tension 8 est celle qui ferme le triangle avec B = 2 et 9, ou le polygone des tensions 4, 5 et 7.

Fermes à 3 pannes (Pl. XVI et XVII). — Dans toutes ces fermes, les charges 1, 2, 3 sur les pannes étant égales et symétriques par rapport aux appuis, les réactions verticales A et B sont égales à la demi-somme des charges, elles sont indiquées au n° 7.

N°s 7 à 16. — Décomposons A suivant 4 et 5, les lignes 4 et 5 donnent les tensions. Au nœud 1, on connaît 4 et 1, leur résultante donne 7 et 6, en suivant le sens 4, 1, 7, 6 on voit que 7 est toujours comprimé, tandis que 6 est comprimé ou tendu dans les n°s 11, 12, 13. Au nœud 2 les forces connues 7 et 2 donnent 7′ et 8′ sur le diagramme. Les autres lignes sont symétriques aux précédentes.

Le n° 10 est le *type Polonceau* à entrait relevé ou horizontal. Les chiffres avec accents se rapportent à ce dernier type.

N° 17. — Ayant décomposé A en 4 et 5, on passe au nœud inférieur où concourent trois forces, celle 5 qui est connue donne de suite, par la construction du triangle, les forces 6 et 7. Maintenant revenons au nœud 1, 4, 6, leur résultante détermine 8 et 9. Passons au deuxième nœud inférieur, on connaît 7 et 8, en fermant le quadrilatère par les lignes 10 et 11, toutes les tensions sont déterminées.

N°s 18, 19, 20. — Ces fermes s'emploient pour ateliers, le versant 12 étant vitré et orienté au nord. On tracera les diagrammes en procédant comme précédemment.

N°s 21 à 24. — Sur un appui nous avons trois barres, nous ne pouvons donc pas opérer comme précédemment. Commençons au nœud 2, en décomposant la charge 2 suivant les deux barres qui aboutissent à ce nœud nous avons les forces 7 et 7′. Maintenant passons au nœud 1, la résultante de 7 et 1 donne les forces 4 et 8. Enfin, sur l'appui la résultante de 4 et A nous permet de déterminer 5 et 6.

Dans la fig. 22, la ligne 6 se réduit à un point, donc la tension des barres 6 est nulle; ces barres sont donc inutiles au point de vue de l'équilibre statique.

Fermes à 4 pannes, n° 25 à 29. — Nous admettons encore, pour les n°s 25 à 28, que les charges 1, 2, 3, 4 sur les pannes sont égales et symétriques par rapport aux appuis; les réactions A et B sont donc encore égales à la demi-somme des charges.

N° 25. — On décompose A en 5 et 6, puis au nœud 1, la résultante de 1 et 5 donne 7 et 8; au nœud 2, la résultante de 2 et 8 donne 9 et 10. Les autres tensions sont symétriques.

N°s 26 et 27. — Après avoir tracé les lignes 5, 6, 7, 8, on passe au premier nœud inférieur. La résultante de 6 et 7 donne 9 et 10. Maintenant revenons au nœud 2, la résultante de 2, 8 et 9 donne 11 et 12 : ainsi toutes les tensions sont déterminées.

Remarque. — D'après la disposition des barres de la ferme 27, celles 9 sont comprimées, tandis que toutes les autres barres inférieures, sont tendues. Or il est important de remarquer l'avantage que présente le tracé d'un diagramme sur les autres méthodes de calcul; c'est que l'on peut voir de suite sur ce diagramme, quelles modifications il faut apporter au tracé des barres pour que la barre 9 ne soit que peu ou point comprimée, et alors supprimée. Dans le cas présent, en faisant 7 parallèle à 11, sans changer 6, la barre 10 change d'inclinaison et la ligne 9 devient presque nulle.

N° 28. — Cette ferme, non symétrique, se fait pour ateliers comme les n°s 18 à 20. Nous avons supposé les charges égales, mais habituellement il n'en est pas ainsi, les charges 3 et 4 diffèrent entre elles et avec 1 et 2, puisque les pans sont inégalement inclinés et diversement couverts. On déterminera les réactions inégales A et B.

Ayant tracé comme précédemment les lignes 5, 6, 7, 8, 9, 10, on passe au nœud 3, la résultante 3 et 10 donne 11 et 12; au nœud 4, la résultante de 4 et 12 donne 13 et 14. On voit que les forces 6, 7, 9, 11, 13 et 15, qui concourent au même point, forment bien un polygone fermé.

N° 29. Pl. XVIII. — Cette ferme se fait comme la précédente pour ateliers, avec le pan 18 vitré et orienté au nord. La portion de gauche est une demi-ferme du type Polonceau à 3 bielles dont nous parlerons bientôt.

Dans cette ferme 29 les charges ne sont pas symétriques par rapport aux appuis; de plus la charge 4 est plus forte que les autres. On détermine A et B en traçant un funiculaire (56) ou en prenant les moments par rapport aux appuis, comme dans le cas d'une poutre simple.

Ces réactions connues on trace de suite les lignes 4, 5, 6, 7, 8 et 9. Sur chacun des nœuds de la barre 10 nous avons trois forces inconnues : 10, 11, 12 au nœud supérieur et 10, 13, 17 au nœud inférieur. Nous ne pouvons donc pas continuer d'appliquer la marche ordinaire. Pour lever la difficulté, il suffit de déterminer la tension 10. Cette force reste la même si la charge 3 est, pour un moment, supprimée et répartie par moitié sur chacun des nœuds voisins, les barres 12 et 14 ne supportent aucune tension. La charge au nœud 2 est actuellement 2' et la résultante de 2', 7 et 8 nous donne 10 et 11'. Maintenant rétablissons la charge 3. Au nœud 2, la résultante de 2, 7, 8 et 10 nous donne 12 et 11. Au nœud inférieur, la résultante de 9 et 10 nous donne 13 et 17. Au nœud 3, la résultante de 3 et 11 nous donne 14 et 15. Au nœud 4, la résultante de 4 et 16 nous donne 16 et 18. Toutes les tensions sont donc déterminées.

Fermes à 5 pannes (Pl. XVIII). — Comme précédemment nous supposons les fermes symétriques, les charges égales sur les pannes, par suite A = B = la demi-somme des charges. Il suffit de ne considérer qu'une moitié de la ferme.

N° 30. — Cette ferme n'offre aucune particularité, tous les nœuds étant à 3 barres, les lignes de diagramme se tracent comme précédemment.

N° 31. — On trace encore facilement les lignes 4, 5, 6 et 7. Mais arrivé là, on trouve la même difficulté qu'au n° 29. On opère alors comme au n° 21, on passe au nœud 3 et on détermine 10 et 11 ; maintenant revenant au nœud 2, la résultante de 10, 2, 7 donne 8 et 9. Les autres lignes sont symétriques aux précédentes.

N° 32. — Après avoir décomposé A suivant 4 et 5, on retrouve la même difficulté qu'au n° 29 et on la résoud comme nous l'avons dit. On suppose que la charge 2 est enlevée et répartie par moitié sur les nœuds 1 et 3, les barres 8 et 11 ne supportent plus aucune tension : alors la charge du nœud 1 est 1' et la résultante de 1' et 4 donne 6 et 7'. Au nœud inférieur la résultante de 5 et 6 donne 9 et 10. Maintenant rétablissons la charge 2, au nœud 1 la résultante des forces 1, 4, 6 donne 7 et 8 ; au nœud 2, la résultante de 2 et 7 donne 11 et 12 au deuxième nœud inférieur la résultante de 11, 8 et 9 donne 13. Remarquons que au nœud supérieur 3, la charge qui agit sur la moitié gauche de la ferme est 1/2 de 3. Or la résultante de cette force est de 12 et 13 qui agissent au même point est précisément égale à 10 ; c'est la poussée horizontale qu'exerce au sommet 3, une demi-ferme sur l'autre.

N°s 33 et 34. — Les diagrammes de ces deux fermes où tout est symétrique, ne présentent plus aucune difficulté, nous n'insisterons pas sur leur construction.

Fermes à 7 pannes (Pl. XIX-XX). — Ces fermes sont tracées avec la même pente, la portée est égale à 3 fois la hauteur. En raison de l'importance qu'elles présentent, nous avons tracé les diagrammes à une même échelle, cela permet de comparer de suite les tensions produites dans chaque système.

Type Français ou Polonceau, n°s 35 et 36. — Ce type est très rationnel en ce que les barres comprimées (7, 11, 16) présentent, ensemble, une longueur moindre que dans les autres systèmes. La construction des diagrammes ne présente plus rien de particulier, après ce que nous avons dit du n° 32. On trace facilement les lignes 5 à 10. En chaque nœud de la barre 11 nous avons trois tensions inconnues, pour lever la difficulté, répartissons pour un moment la charge 3 sur les nœuds voisins, les barres 13 et 16 ne supportent plus aucune tension. Maintenant les forces connues au nœud 2 sont 2', 8 et 9, leur résultante décomposée suivant les barres 11, 12, donne les lignes 11, 12'. Connaissant la force 11, rétablissons la charge 3 à sa place, alors au nœud 2 la résultante des forces connues 2, 8, 9, 11 donne 13 et 12 et ainsi de suite. Au sommet de la ferme les forces, un demi de 4, 17 et 18 ont aussi pour résultante la force 15, c'est la poussée horizontale qu'une moitié de la ferme exerce sur l'autre.

Nous avons indiqué en éléments une modification au n° 35 ; le tirant 15 est relevé en 19, 19' à l'aide du poinçon 20. Les lignes 19, 19' et 20 donnent les tensions.

Type Belge, n°s 37-38. — L'arbalétrier et l'entrait rectiligne sont reliés par des barres ou bracons 7, 11, 15, perpendiculaires à l'arbalétrier et par les tirants 9, 13, 17. On peut ainsi multiplier à volonté le nombre des bracons. Le tracé des diagrammes n'offre absolument aucune particularité, puisqu'en chaque nœud nous n'avons jamais que deux tensions inconnues. Au n° 38, le tirant 18, relevé par le poinçon 19, est souvent remplacé par le tirant horizontal 21 ; sa tension est donnée par la ligne 21 et celles des barres 17 devient 17'.

Type Anglais, n°s 39 à 42. — Il consiste à relier l'arbalétrier et l'entrait par des barres verticales et des tirants dont l'obliquité varie. On peut, mieux que précédemment, multiplier à volonté ces barres pour en avoir une sous chaque panne.

Les systèmes 39 et 40 sont préférés pour construction métallique, et les systèmes 41 et 42 pour constructions bois et fer, parce que, dans les premiers, les barres verticales comprimées sont moins longues que les bracons comprimés des derniers.

Dans les fig. 39 et 41, nous avons tracé, en éléments, les fermes avec tirant horizontal et leurs lignes correspondantes dans les diagrammes.

Dans les n°s 40 et 42, nous avons supposé que le tirant supportait un plancher ou plafond donnant en chaque nœud inférieur les charges 5, 6, 7, 8.

N° 40. — La réaction A est toujours égale à la demi-somme des charges de toute la ferme. En décomposant A suivant les directions 9 et 10, les lignes 9-10 donnent les tensions. Maintenant au nœud 1, la résultante de 1 et 9 donne 11 et 12; au nœud inférieur 8, la résultante de 11, 10, 8, donne 13 et 14. Au nœud 2, la résultante de 2, 12, 13, donne 15 et 16, et ainsi de suite. On trouvera, ce qui est évident *a priori*, que la tension du poinçon 23 est précisément égale à la charge inférieure 5.

On trace de même le diagramme 42. Après avoir tracé 9 et 10, on passe au nœud inférieur 8, la résultante de 8 et 10 donne 11, tension précisément égale à 8, et 14 = 10, ce qui est évident *a priori* ; puis on continue en chaque nœud comme précédemment.

Fermes à pannes multiples (Pl. XXI). — Le n° 43 est une combinaison des types Polonceau et Belge, le tracé en éléments est une modification qui laisse un plus grand vide au milieu, en diminuant les longueurs des barres comprimées.

La construction du diagramme n'offre rien de particulier. Ayant décomposé A en 7 et 8, on passe aux nœuds suivants et on détermine facilement les tensions 9 à 16. Arrivé là, on trouve, comme pour la ferme Polonceau, trois tensions à déterminer en chaque nœud extrême de la barre 17. Nous lèverons la difficulté par le moyen que nous avons déjà appliqué. Supposons les charges 4 et 5 reportées en 3 et 6. La charge au nœud 3 se compose alors de 3 + 4, traçons la résultante R de cette charge et des forces connues 14 et 15, en la décomposant suivant la barre 17 et l'arbalétrier, on obtient les lignes 17 et 23. Maintenant rétablissons les charges 4 et 5 sur leurs nœuds. Au nœud 3, la résultante de 3, 14, 15 et 17 nous donne 20 et 21, et on continue le tracé du diagramme dont les lignes sont symétriques aux précédentes.

N° 44. Pour de grandes portées, on a établi des types multiples. Chaque portion

BE, ED est formée d'une des fermes précédentes où chaque portion de l'arbalétrier est armée comme une poutre indépendante. Le tracé du diagramme ne présenterait aucune difficulté, mais il deviendrait un peu compliqué. Il est préférable de diviser l'opération en deux opérations simples, puis d'ajouter ensemble les résultats obtenus. A cet effet, on suppose d'abord la charge totale reportée sur les nœuds C, D, E. Pour le n° 44, si P est l'une des charges, on aurait en D et en E une charge 4 P et sur l'appui, $B' = 6$ P. Nous avons fait 4 P égale à trois charges de la fig. 43. En décomposant B' on a les lignes 10' et 16 ou les tensions de l'arbalétrier BE et de l'entrait, passant au nœud E, la résultante de 4 P et de 10' nous donne 17' et 23'.

Maintenant, rétablissons les charges 1 à 8 sur chaque nœud, traçons fig. (B-E) le diagramme de la poutre BE, considérée seule et portant les charges 1, 2, 3, puis celui (E-D) de la poutre ED. Il est clair que les divers tronçons de l'arbalétrier BE auront pour tension $10' + 1'$, $10' + 2'$, $10' + 3'$, $10' + 4'$. De même pour la portion ED, on ajoutera successivement à 23' les tensions du diagramme (E-D) 5', 6', 7', 8'.

Ces additions peuvent se faire graphiquement : il suffit de transporter le diagramme (B-E) parallèlement à lui-même, de façon que le point m vienne coïncider avec m à l'extrémité de 10', puis le diagramme (E-D), de façon que n vienne en n à l'extrémité de 23', puis en prolongeant les lignes 1' à 8' on complétera le diagramme.

On peut traiter ainsi la ferme 43, la charge totale reportée en C, D, E donne 3 P en chaque nœud (P étant la charge sur un nœud), on en déduit les lignes 10, 17 et 23, puis on trace les diagrammes (A-C) et (C-D), et, en les reportant, le premier en m, le second en n' on retrouve le diagramme complet déjà tracé.

On pourrait traiter ainsi la ferme Polonceau à trois bielles.

Action du vent (Pl. XXI). — Pour des constructions importantes, il est utile de se rendre compte de l'accroissement de tension que peut produire un vent violent dans les barres d'une ferme. Nous admettons, pour simplifier les calculs, que la direction du vent est horizontale.

Soit q la pression qu'exerce le vent, par mètre carré ou totale, sur une surface verticale, la composante Q normale à la surface de la toiture sera :

$$Q = q \sin \alpha = q \frac{h}{s}.$$

Connaissant la pression normale, par mètre ou totale, on en déduira la pression sur chaque nœud de l'arbalétrier. Cette pression totale est équilibrée par les réactions des appuis. Nous distinguerons trois cas, n°s 45, 46 et 46 *bis*.

N° 45. *Les deux extrémités de la ferme sont fixées.* Les réactions A et B sont alors parallèles à Q et on a :

$$A : Q :: x' : (x + x'), \qquad \text{puis} \qquad B = Q - A.$$

Formons le polygone de ces forces extérieures, $a'b' = Q$, $a'c = A$, $cb' = B$, à une échelle quelconque. Maintenant traçons comme d'habitude le diagramme des forces intérieures ou tensions des barres. Sur l'appui A la réaction effective se réduit à ac, menons de ses extrémités les lignes 1 et 2 qui déterminent les tensions des barres 1 et 2. Sur l'appui B, la réaction effective est cb', décomposons-la suivant les directions des barres 3 et 4. La résultante des tensions 3 et cb donne 5 et 6, puis, complétons le diagramme ; nous aurons toutes les tensions dues au vent et que l'on devra ajouter, avec leur signe, aux tensions dues à la charge permanente.

N° 46. *L'extrémité* A *est fixe, celle* B *est mobile.* La réaction B est verticale, celle A passe en O, où B et Q se rencontrent. Si donc $a'b' = Q$, les parallèles menées de ses extrémités aux directions A et B déterminent ces réactions. Cela fait, on trace le diagramme comme précédemment, en remarquant que la réaction résultante en A est ac.

N° 46 *bis*. *L'extrémité* B *est fixe, celle* A *mobile.* La réaction en A est verticale et celle B passe en O. Décomposons $a'b' = Q$ suivant ces directions, on aura A et B. La résultante des actions en A étant ac, on construit le diagramme comme ci-dessus. Dans ce troisième cas, le tirant 4 est comprimé comme l'arbalétrier 3; cette compression est à déduire de la tension produite par les charges permanentes.

Dans les trois cas, les barres intermédiaires du côté de la ferme opposé au vent ne subissent aucune tension due au vent. On voit que le deuxième cas est celui qui donne les tensions les plus fortes, puisque, dans ce cas, la ferme tend à s'ouvrir par l'action du vent.

Consoles (Pl. XXII, n°s 47-48). — Nous avons tracé les diagrammes pour diverses dispositions de consoles, ces tracés ne présentent aucune particularité. Nous avons supposé la charge 1 égale à la moitié des charges 2, 3, 4, mais, quelle que soit la valeur des charges, la construction du diagramme ne change pas. On forme le polygone des charges 1, 2, 3, 4, fermé par la réaction verticale de l'appui, égale à la somme des charges. On décompose la charge 1 suivant les deux barres 5-6, puis on passe aux nœuds suivants et on trace toutes les lignes sans difficulté.

Grue tournante (n° 49). — La volée d'une grue n'est autre qu'une console.

Soit P le poids que doit supporter la grue, négligeons pour le moment le poids propre des pièces. L'appareil repose sur un pivot i et un contrepoids Q équilibre le poids P, de telle sorte que l'arbre porte-pivot n'est pas soumis à la flexion. On demande de déterminer les tensions dans les barres 1 à 20 et aussi la valeur du contrepoids Q?

Solution. — Traçons, comme base du diagramme, une verticale représentant à l'échelle voulue le poids P. Par ses extrémités, menons les lignes 1, 2 parallèles aux barres 1, 2, ces lignes déterminent les tensions des barres. Maintenant décomposons 1 suivant 3 et 4, puis, passant au nœud inférieur, la résultante de 2 et 3 donne 5 et 6; continuant ainsi d'un nœud à l'autre, nous trouvons enfin les tensions 12, 13, 15 et 17. Au nœud i, les forces 12, 13, 15 ont pour résultante la force 16. Maintenant décomposons 16 suivant les directions 18 et 19, la longueur 19 représente, à l'échelle adoptée pour les forces, le contrepoids Q. Enfin les forces 17 et 18 ont pour résultante la verticale 20, qui représente la charge totale P + Q reportée par les barres verticales 20 sur le pivot i. Ainsi tout le problème est résolu. Si on voulait tenir compte du poids propre des pièces, on opérerait comme pour le pont tournant suivant.

Pont tournant (n° 50). — Un pont tournant se compose d'une volée utile et d'une volée d'équilibre pouvant tourner autour de AB. Nous supposons données les charges supérieures 1 à 5 ainsi que les charges inférieures 5 à 9, dues au poids propre en chaque nœud, évalué d'abord approximativement. Nous voulons déterminer les tensions des barres 16 à 33 de la volée et le contrepoids Q, dont on connaît la distance à l'axe AB. Ce contrepoids Q étant la résultante des poids qui agissent en tous les nœuds de la volée d'équilibre, si nous connaissons les poids propres 10 à 15 en chaque nœud, nous en déduirons les contrepoids q et q' à ajouter aux charges 11 et 12.

Solution. — Considérons d'abord la volée utile. La barre verticale extrême V supporte la charge supérieure 5 et la transmet au nœud inférieur, la barre horizontale o a une tension nulle. Portons en ab, à une échelle quelconque, les charges 1 à 9; puis, en partant du nœud 5, décomposons cette charge suivant 16 et 17; au nœud 4, la résultante de 16 et 4 tonne 18 et 19; au nœud 6, la résultante de 18, 17, 6, donne 21 et 22; et ainsi de suite nous trouvons toutes les tensions jusqu'à celles 31, 32, 33. Si on voulait connaître la position de la résultante P de toutes les charges 1 à 9, il suffirait de mener dans le diagramme la ligne ac, puis, sur le tracé de la poutre, la ligne parallèle AC. Le point C, de rencontre avec le prolongement de la barre 33, est un point de la verticale de la résultante P. Cela revient à remplacer les barres 31, 32 par la barre fictive AC dirigée suivant leur résultante.

Connaissant les tensions 31, 33, nous pouvons déterminer la section de ces barres et vérifier si le poids propre 9 est exact. Actuellement nous pouvons déterminer la valeur de la résultante Q qui fait équilibre à P. La distance BD étant donnée, menons AD qui représente une barre fictive; puis, dans le diagramme, menons la ligne parallèle cd, la longueur de la verticale bd représente à l'échelle des charges la résultante Q. La tension cd est aussi la résultante des tensions des barres 34, 35 ou de ac et $P + Q$; par conséquent, les lignes 34, 35 donnent ces tensions. Au nœud 10, la résultante de 10, 33, 35, donne 36 et 37; puis au nœud 15, la résultante de 15, 34, 36 donne 38 et 39. Au nœud 14, la résultante de 14 et 39 donne 40 et 42, en menant mn parallèle à la barre 42. En effet, la barre o a une tension nulle et la barre V comprimée transmet la charge 13 au nœud inférieur 12. Enfin, si nous menons par n une horizontale parallèle à la barre 41, elle donne la tension 41 et découpe sur la verticale bd des charges, des longueurs représentant $q = 11$ et $q' = 12 + 13$.

Fermes avec auvent (Pl. XXIII, n°s 51-52). — Traçons les polygones ab des charges 1 à 8, équilibrées par la réaction de l'appui, puis, traçons les lignes du diagramme relatives à l'auvent. Comme pour les consoles, la charge donne les lignes 9 et 10, et ainsi de suite jusqu'à l'appui. Sur le nœud inférieur de la barre 19 agit la force $18 = ac$ sur le diagramme et la réaction verticale de l'appui égale à la charge sur la demi-ferme et représentée par ad, nous en déduisons de suite les tensions 19 et 22 des deux barres 19-22. Au nœud 4, la résultante des forces 4, 16, 17, 19, tracée en éléments, donne 20 et 21. Au premier nœud inférieur, la résultante de 21 et 22, aussi tracée en éléments, donne 23 et 26. En continuant ainsi, on détermine facilement toutes les tensions.

Quelle que soit la disposition des barres de l'auvent et de la ferme, le tracé du diagramme n'offre pas plus de difficulté.

POUTRES

Poutres droites (Pl. XXIII, n° 53). — Le diagramme pour la *charge totale*, dont nous n'avons tracé que la moitié, est le même pour les deux dispositions à gauche, que les charges soient supérieures ou inférieures. Pour les deux dispositions de droite, on a aussi un même diagramme. Leur construction est si simple, qu'il nous paraît inutile d'insister; elle reste la même si les charges sont inégales en chaque nœud, il suffit de déterminer d'abord les réactions sur les appuis.

Les barres intermédiaires aboutissant à un nœud non chargé ont même tension.

1° *Cas d'une charge unique*. Dans ce cas, à une distance quelconque des appuis, l'effort tranchant reste constant à droite et à gauche de la charge; par conséquent, les tensions des barres intermédiaires 6, 7, 9,... restent constantes de chaque côté de la charge.

2° *Cas d'une charge partielle*. Dans ce cas les barres intermédiaires de la partie non chargée ont même tension.

3° *Cas où tous les nœuds sont chargés*. La modification du diagramme dans ce cas est bien simple, les exemples pl. XX et suivants indiquent assez la marche à suivre.

4° *Cas d'une surcharge mobile*. Dans ce cas, les tensions des barres intermédiaires sont seules influencées; elles atteignent leur tension maximum quand tous les nœuds, à leur droite, par exemple, sont seuls chargés. La variation de l'effort tranchant qui détermine cette tension est donnée par la courbe des F_m, tracée pl. XIV.

Poutres armées (n°s 54, 55, 56). — Nous supposons toujours les charges égales et symétriques par rapport aux appuis. (Nous désignons ici les charges par les chiffres I, II, III, afin de conserver les mêmes numéros de barres dans les quatre figures.) Par suite, A = la demi-somme des charges. Ayant décomposé A suivant les barres initiales 1 et 2, on passe ensuite aux nœuds voisins et on obtient facilement toutes les lignes. Les n°s 54, 55, 56, représentent chacun deux dispositions de barres auxquelles correspondent une moitié du diagramme.

Ces poutres peuvent être retournées, les charges restant à la partie inférieure ; les diagrammes ne changent pas, mais toutes les tensions changent de signe, les barres comprimées sont tendues et réciproquement.

Poutre parabolique (Pl. XXIV). — Le n° 57 est la poutre simple. Dans le diagramme, les rayons ou lignes parallèles aux côtés de la membrure polygonale inscrite dans une parabole, aboutissent en un même point *o* et *oc* représente, à l'échelle des charges, la tension horizontale constante en chaque nœud; c'est celle du tirant et de la barre 8 au sommet. Les verticales et les diagonales ne subissent aucune tension pour la charge totale supérieure. Si les nœuds inférieurs sont chargés, les barres verticales sont tendues, elles transmettent ces charges aux nœuds supérieurs et les tensions des membrures augmentent dans la même proportion que la charge totale.

Cas d'une surcharge mobile. — Supposons qu'il s'agisse d'une poutre de pont dont le tablier est établi sur la corde AB. Les tensions des membrures atteignent leur maximum pour la surcharge totale du pont, les charges 1 à 6 comprenant donc le poids propre et la surcharge, ces tensions sont données par le diagramme. Mais, pour les barres intermédiaires, nous devrons distinguer le poids propre du pont ou poids mort et la surcharge mobile. Le poids mort uniforme n'a d'influence que sur les verticales, leur tension est égale à ce poids en chaque nœud inférieur; tandis que la surcharge mobile partielle influence les diagonales et les verticales. La tension totale de ces dernières sera celle produite par la surcharge partielle, plus le poids mort constant. Nous savons que la tension de deux barres quelconques est maximum quand tous les nœuds d'un même côté de ces barres sont seuls chargés. Si la surcharge 6′ par exemple, est supérieure, les barres 21 et 18 subissent leur tension maximum. Si la surcharge 6′ est inférieure ce sont les barres 18 et 20 qui subissent leur tension maximum. Supposons donc la surcharge s'avançant de droite à gauche et traçons la courbe F_m des efforts tranchants. Si cette surcharge est uniforme et égale à P par nœud, on aura, pour le cas de 7 panneaux, les valeurs successives :

$$F_6 = 1/7\ P; \quad F_5 = 3/7\ P; \quad F_4 = 6/7\ P; \quad F_3 = 10/7\ P; \quad F_2 = 15/7\ P;$$

enfin pour la surcharge totale, $F_1 = F_0 = P_3$. Les ordonnées de F_m varient donc comme les numérateurs des coefficients de P, leurs différences, 2, 3, 4, 5, croissent de une unité. Actuellement traçons un diagramme en supposant une surcharge unique 6′, telle, que la réaction F_0 en A soit égale à une tonne, l'unité de charge, et ne considérons dans chaque panneau que la diagonale tendue s'élevant à gauche, nous obtenons ainsi les lignes ou tensions 11′ à 21′. Maintenant les tensions réelles maximum des diagonales 18 à 11 seront, à mesure que la surcharge avance :

$$18' \times F_6; \quad 17' \times F_5; \quad 16' \times F_4; \quad 14' \times F_3; \quad 11' \times F_2.$$

Les tensions des verticales 20 à 9 deviennent successivement, pour la surcharge mobile inférieure :

$$20' \times F_6; \quad 19' \times F_5; \quad 15' \times F_4; \quad 12' \times F_2; \quad \text{les tensions } 9 = 21 = 0.$$

A ces tensions des verticales il faut ajouter le poids mort.

Enfin comme la surcharge peut circuler en sens inverse, on munira chaque panneau de contre-diagonales dont les tensions seront égales aux précédentes, en retournant la figure bout par bout. Si la surcharge mobile n'agit que sur les nœuds supérieurs les tensions des diagonales restent les mêmes, mais celles des verticales 21 à 12 deviennent

$$21' \times F_6; \quad 20' \times F_5; \quad 19' \times F_4; \quad 15 \times F_3; \quad 12' : F_2.$$

Observation. — Dans le tracé du diagramme pour $F^o = 1$ tonne, le professeur Mohr, a fait voir qu'en prolongeant les lignes 11', 14', 16', 17', 18', elles découpaient sur la verticale *a' b'* prolongée des segments égaux à F_o. Cette observation fournit un contrôle utile dans le tracé du diagramme.

Nous ferons une autre observation, une verticale quelconque, *mn* est coupée en parties égales par les lignes 7, 10, 13... parallèles à la membrure polygonale.

Poutre en croissant (Pl. XXIV). — Nous supposons que les deux polygones des membrures sont inscrits à des paraboles. Supposons les charges agissant sur les nœuds supérieurs et formons le polygone *ab* de ces charges. Décomposons A suivant 7 et 8, puis au premier nœud inférieur décomposons 8 suivant 9 et 12; au nœud supérieur 1, les forces connues 1, 7, 9 ont pour résultante 10. Les diagonales sont comme précédemment sans tension sous une charge totale. On complète ainsi le diagramme. Si les charges agissaient sur les nœuds inférieurs les tensions des verticales seraient augmentées de ces charges, celles des membrures restant les mêmes.

Surcharge mobile. — Les tensions des diagonales et des verticales dues à la charge mobile se déterminent comme précédemment en traçant la courbe des F_m et le diagramme des tensions pour $F_o = 1$ tonne. On a alors, en supposant comme dans le cas d'un pont, la surcharge agissant sur les nœuds inférieurs, pour les diagonales 23 à 11, s'élevant à gauche :

$$23' \times F_6; \quad 21' \times F_5; \quad 19' \times F_4; \quad 15' \times F_3; \quad 11' \times F_2$$

et pour les verticales 22 à 9 on a :

$$22' \times F_6; \quad 20' \times F_5; \quad 17' \times F_4; \quad 13' \times F^3; \quad 9' \times F_2.$$

A ces tensions des verticales il faut ajouter le poids mort inférieur.

Enfin la surcharge mobile pouvant circuler en sens inverse on munira chaque panneau de contre-diagonales en retournant la figure précédente bout par bout.

Nous remarquerons, comme précédemment, que dans le diagramme pour $F_o = 1$, une verticale quelconque *mn* par exemple, est coupée en parties égales par les lignes parallèles aux membrures.

Poutre mixte (Pl. XXV). — Les poutres droites, et les poutres paraboliques dont nous nous sommes occupé, constituent des cas particuliers de la poutre polygonale quelconque. Dans celle-ci, toutes les barres intermédiaires sont influencées par la surcharge mobile et par le poids mort. La méthode reste la même, il suffit de la généraliser; aussi ce que nous allons dire de la poutre mixte, s'appliquera à une poutre quelconque et nous ne multiplierons pas, inutilement, les exemples. La poutre mixte (pl. XXV), est formée de parties droites et de parties polygonales quelconques ou déterminées comme pour la poutre Schwedler. Nous supposons qu'il s'agit d'une poutre de pont et que le tablier est situé à la partie inférieure. Les charges 1 à 8 sur ces nœuds inférieurs comprennent le poids propre du tablier, celui du tirant et la moitié du poids des barres intermédiaires, plus la surcharge maximum totale du pont. Les charges supérieures, 9 à 16 ne comprennent que le poids propre de la semelle et la moitié du poids des barres intermédiaires.

Le diagramme tracé pour les charges totales, donnera les tensions maximum des membrures. Formons le polygone des charges ou forces extérieures, la réaction A est évidemment égale à la demi-somme des charges (1 à 4 + 13 à 16), décomposons-la suivant les directions 17, 18. Au nœud 1, la résultante de 1 et 18 donne 19 et 18′. Au nœud supérieur la résultante des forces connues 19, 17, 16, donne 20 et 21 et ainsi de suite on complétera le diagramme en considérant des diagonales symétriques.

Surcharge mobile. — Nous savons que les tensions des barres intermédiaires, sont seules influencées par cette surcharge et leur tension totale sera celle due au poids mort jointe à celle due à la surcharge partielle. Les tensions de ces barres, dues au poids mort q, seront données par le diagramme précédent des charges $p + q$ en chargeant l'échelle des charges dans le rapport de $p + q$ à q.

Quant aux tensions dues à la surcharge partielle, elle s'obtiendront comme précédemment en traçant la courbe des efforts tranchants F_m et le diagramme des tensions pour une réaction en A égale à $F_0 = 1$ tonne, puis en multipliant les tensions 38′ à 21′, par la valeur de F_m correspondante. Nous avons tracé ce diagramme en considérant, dans la partie droite de la poutre les diagonales tendues, celles s'élevant à gauche. Enfin comme la surcharge peut circuler en sens inverse, on établira des contre-diagonales en retournant bout par bout la figure précédemment obtenue.

Poutre en double triangle (Pl. XXV). — Nous supposons tous les nœuds supérieurs également chargés. Les nœuds A, B, C, étant articulés, comme tous les autres, pour que la poutre soit en équilibre, il faut que les réactions des appuis soient précisément dirigées suivant AC et BC. Dans ces conditions, chaque moitié triangulaire est exactement dans la même situation que si elle était posée sur deux appuis (fig. D). En effet, les composantes horizontales des réactions étant détruites par la résistance des appuis, chaque demi-poutre n'est plus soumise qu'aux réactions verticales agissant à ses extrémités. La charge P, située sur le nœud C, n'a d'effet que sur les barres AC et BC, qu'elle comprime ; de même les charges 0,5 P situées sur les verticales des appuis n'ont d'effet que sur les barres V qu'elles compriment, les barres O de la portion à gauche, ont une tension nulle. Les réactions verticales pour chaque demi-poutre, sont donc (fig. D) : $A = B = 0{,}5\ (1 + 2 \mp 3)$. On trace facilement le diagramme de cette demi-poutre de gauche, et celui de la demi-poutre de droite, présentant une modification dans la construction. Actuellement, il n'y a plus qu'à ajouter à la compression 5, celle due à la charge P agissant en C, pour avoir la compression totale des barres AC et BC. A cet effet, reportons les diagrammes de chaque demi-ferme sur la même ligne *ab* des charges. Les forces 4, 4, et P qui agissent en C, donnent les tensions 15,

15, donc $oa = od$ représente la compression des barres AC, CB et la ligne oc du diagramme représente la poussée horizontale en C et sur les appuis.

Les surfaces des appuis devront être évidemment perpendiculaire aux directions A — 2, B — 2′ ou of qui résultent de la composition de oa ou ob avec la charge 0,5 P.

Poutre à jambages (Pl. XXV). — Cette poutre, dont tous les nœuds sont également chargés, est du type Warren modifié, mais les triangles extrêmes forment des jambages qui reposent sur des surfaces d'appui obliques. Les réactions de ces appuis auront la direction que nous voudrons, soit, suivant A et B′. Pour avoir leur intensité, formons le polygone ab des charges 1 à 5, puis menons par ses extrémités des parallèles à A et B, nous les limiterons à la verticale cd, qui représente la somme des charges inférieures 6 à 9. Maintenant la construction du diagramme nous est familière; décomposons A suivant 10 et 11, puis, au nœud 1, la résultante de 10 et 1 donne 13 et 12, et ainsi de suite en chaque nœud. Les charges 1 à 9 comprennent le poids mort et la surcharge, elles sont toutes égales et les verticales ne font que transmettre le poids du tablier et de la surcharge au nœud supérieur. Notre poutre étant symétrique, nous n'avons tracé que la moitié du diagramme.

Les surfaces des appuis, seront perpendiculaires aux directions ae et bf, qui résultent de la composition de ad et bc avec les charges de et cf sur chaque nœud des appuis. La poussée horizontale H est représentée par la distance horizontale be.

Poutre en arc (Pl. XXVI). — Nous supposons, comme dans la poutre en croissant, que le système est absolument indéformable, et que par conséquent, la poussée sur les appuis, qui résulterait de la déformation élastique, est nulle.

Nous déterminerons au chapitre suivant, la poussée d'un arc élastique.

Dans ces conditions, la réaction totale des appuis sera toujours normale à leur surface. Sur une surface horizontale, en négligeant le frottement, la réaction sera verticale et égale à la moitié du poids total; la composante horizontale sera nulle. En inclinant la surface de l'appui, la réaction normale à cette surface a toujours pour composante verticale la moitié du poids total, elle est donc déterminée, la composante horizontale H est aussi déterminée, et comme elle résulte de l'inclinaison de l'appui, on pourra lui donner telle valeur que l'on voudra.

La poutre porte un tablier supérieur et nous considérons le poids propre afférent aux nœuds inférieurs, ainsi tous les nœuds sont chargés. Soit A et B les réactions sur la poutre, résultant de la composante H précédente et de F_0 égal à la demi somme des charges 1 à 14. Formons le polygone des forces extérieures, portons sur une verticale ab les charges supérieures, menons par les extrémités de cette ligne, des parallèles aux réactions A et B et limitons-les à une verticale cd, à la distance H, représentant la somme des charges sur les nœuds inférieurs. Nous avons ainsi le polygone formé des forces extérieures prises dans un ordre continu.

Cela fait, le diagramme se trace facilement: considérons la construction indiquée à gauche du dessin, la barre V supporte la demi-charge du nœud supérieur, et la barre O a une tension nulle. Décomposons A suivant 15 et 16, puis au nœud supérieur la résultante de 15 et 1 donne 18 et 17 et ainsi de suite. Si tout est symétrique, il suffit de tracer la moitié du diagramme.

Pour se rendre compte des barres tendues et compriméesnous avons tracé à part le polygone des forces agissant au nœud 1, en parcourant ces lignes en commençant par la charge 1 qui agit de haut en bas, soit de a' en b' ; puis de b' en c', ont voit que 18 est une compression ; puis de c' en d', on voit que 17 est une traction, enfin de d' en a on a pour 15 une compression.

La portion à droite de notre dessin, indique un autre mode de construction, les diagonales y sont tendues, au lieu d'être comprimées comme dans la portion à gauche. La résultante B des actions sur l'appui se décompose suivant 16 et la barre V. La force V ainsi obtenue est la force effective qui agit sur le nœud supérieur et se décompose suivant 15 et 18. La compression réelle de la barre V comprend la précédente ligne, plus la charge 1/2 située sur le nœud supérieur. Le reste du diagramme se tracerait facilement, nous n'avons pas fait ce tracé complètement pour ne pas embrouiller la figure.

Le diagramme de cet arc rigide, soumis à des réactions obliques, est le même dans le cas d'une poutre de pont suspendu, les forces A et B sont alors des tractions produites par les câbles de suspension et les tensions des barres sont de signe contraire à celles de la poutre en arc.

Arc parabolique. — Si le polygone de l'arc est inscrit dans une parabole, et les charges égales en chaque nœud, si de plus, les réactions A et B se confondent avec les côtés 16. Le diagramme devient celui de l'arc parabolique. Les verticales subissent une compression égale à la charge qu'elles transmettent à l'arc. Les diagonales ne subissent aucune tension pour une surchage totale, elles ne sont influencées que par une surcharge partielle, et on déterminerait ces tensions comme précédemment.

Poutre en arc articulé à la clef (Pl. XXVI). — Nous parlerons dans le chapitre des arcs articulés proprement dits. Le système que nous considérons ici, se compose de deux poutres arquées, formées de barres articulées. Ces deux poutres se réunissent sur une articulation située au sommet de l'arc. Dans ces conditions, quelle que soit la charge qui agit sur la poutre de gauche, par exemple, la réaction B de droite, a sa direction déterminée par les deux articulations. Si le nœud 1 est seul chargé, en prolongeant B jusqu'en O_1, sur la verticale de 1, il est clair que la réaction A' de l'appui de gauche, doit passer par ce point O_1, puisque les deux réactions B et A, doivent équilibrer la charge 1. Ces deux réactions sont donc bien déterminées dans tous les cas. On voit aussi qu'une charge P, agissant directement sur la charnière à la clef est reportée sur les appuis, par les réactions A et B concourant à cette charnière, elle n'a d'effet que sur la poussée de l'arc et n'en a aucun sur les barres qui composent les poutres. La barre V à la clef supporte la charge 0,5 P et la barre O a une tension nulle.

Maintenant, nous supposons que la poutre de gauche est entièrement chargée, la résultante des charges 1, 2, 3, 4, 6, 6, 7, 8 ou ΣP étant déterminée, on a le point O de rencontre avec B et la réaction A passe en ce point O. Formons donc le polygone des forces extérieures, traçons la verticale des charges 1, 2, 3, 4; par ses extrémités, menons des parallèles A, B aux réactions et limitons-les à une verticale représentant les charges inférieures 5, 6, 7, 8. Actuellement décomposons A suivant les barres V et 11, puis V, suivant 9 et 10, puis la résultante de 10, 11 et 8 donne 15 et 12, et ainsi de suite.

La compression réelle de la barre V sur l'appui, est celle de la ligne V, plus la charge 0,5 P.

CHAPITRE VIII

DÉTERMINATION GRAPHIQUE DES MOMENTS ET EFFORTS TRANCHANTS DANS LES POUTRES SIMPLES

Cas de plusieurs charges P (fig. 142). — Pour appliquer ce qui précède, il suffit de substituer à la poutre un polygone funiculaire fictif.

Réaction des appuis. — Formons le polygone rectiligne des charges $ab = 1$, 2, 3, 4 ; menons les rayons au pôle o quelconque, puis partons d'un point quelconque A sur la verticale d'un appui ; formons le funiculaire AmA'. Menons AA' *ligne de fermeture*, et le rayon parallèle oc.

Le point c divise ab en deux forces : $ac = F_0$ et $cb = F_1$, qui, prises en sens contraire des charges, forment le polygone des forces. Ce sont les réactions cherchées.

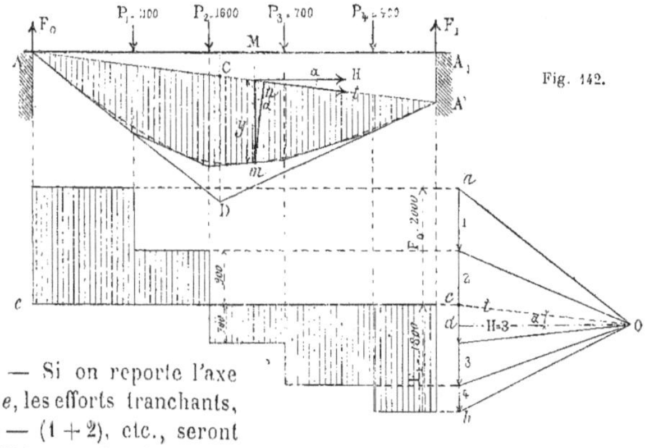

Fig. 142.

Les triangles aco et CDA, cbo et CDA', semblables, comme ayant les côtés parallèles, donnent :

$F_0 : co :: CD : AC$,
$F_1 : co :: CD : CA$,
d'où $F_0 : F_1 :: AC : CA'$.

Efforts tranchants. — Si on reporte l'axe neutre de la poutre en ce, les efforts tranchants, égaux à F_0, $F_0 - 1$, $F_0 - (1 + 2)$, etc., seront déterminés par les parallèles menées des sommets du polygone des charges sur les directions de ces charges. On a ainsi, pour les efforts tranchants positifs ou négatifs, les surfaces hachurées au dessus ou au dessous de ce.

Moments. — *Les ordonnées du polygone funiculaire sont proportionnelles au moment* μ *en chaque point.* En effet, soit y l'ordonnée en une section quelconque Mm. Menons mn perpendiculaire sur AA' ; la tension t suivant, AA', est représentée par oc ; tandis que la tension horizontale constante est : $H = oc \times \cos \alpha = t \times \cos \alpha$.

Puisque le funiculaire est en équilibre, les moments de ces deux tensions par rapport à un même point m sont égaux, on a :

$\mu = t \times mn = t \times y \cos \alpha = H \times y$ ou $y = \frac{\mu}{H}$; si $H = 1$, $\mu = y$.

Échelle des moments. — Soit : $1 : n$, l'échelle des longueurs, unité $= 1$ mètre. $1 : n'$, l'échelle des charges, unité $= 1$ tonne $= 1000$ k., 1 m. représente n' tonnes. $1 : n\,n'$ sera l'échelle de l'unité des μ, 1 ton. mét. ou 1000 kg. mét.

Une ordonnée y du funiculaire représentera μ à l'échelle $\frac{1}{nn'\,H}$, la distance polaire H mesurée sur l'épure en mètres.

Exemple : $\frac{1}{n} = \frac{1}{100}$, 1 centim. $= 1$ m., unité 1 mètre $= 1000$ m/m.
$\frac{1}{n'} = \frac{1}{200}$, 1 m. $= 200$ tonnes, unité 1 tonne $= 1000$ k., 1 centim. $= 2$ tonnes.
$H = 0^m,03$, mesurée sur l'épure.

L'échelle des μ sera : $\frac{1}{100 \times 200 \times 0{,}03} = \frac{1}{600}$ tonnes mét.

Une ordonnée de 1 m. représente 600 ton. mèt. ; ou 1 m/m 600 k$\times$m.
Mais cette distance polaire H peut être exprimée indifféremment :

en mètres, à l'échelle $\frac{1}{n}$, soit $\frac{H}{n} = \frac{3}{100}$; l'échelle des μ est $\frac{1}{n'\,H} = \frac{1}{200 \times 3} = \frac{1}{600}$;

en tonnes. . . . id. $\frac{1}{n'}$, soit $\frac{H}{n'} = \frac{6 \text{ ton.}}{200}$ . . . . . . id. . . . . $\frac{1}{n\,H} = \frac{1}{100 \times 6} = \frac{1}{600}$.

Telles sont les trois expressions de l'échelle des μ, suivant que la distance polaire H est mesurée sur l'épure, qu'elle est exprimée en mètres ou en tonnes.

Charges continues quelconques (fig. 143). — Élevons en autant de points qu'on voudra des ordonnées proportionnelles à la charge par unité de longueur en ces points et réunissons leurs sommets par une ligne continue ; nous aurons la *surface de charge* proportionnelle à la charge totale. Divisons cette surface en tranches, et considérons le poids qu'elles représentent comme concentré au centre de gravité de chaque tranche. On trace alors le polygone des forces et le funiculaire.

Fig. 143.

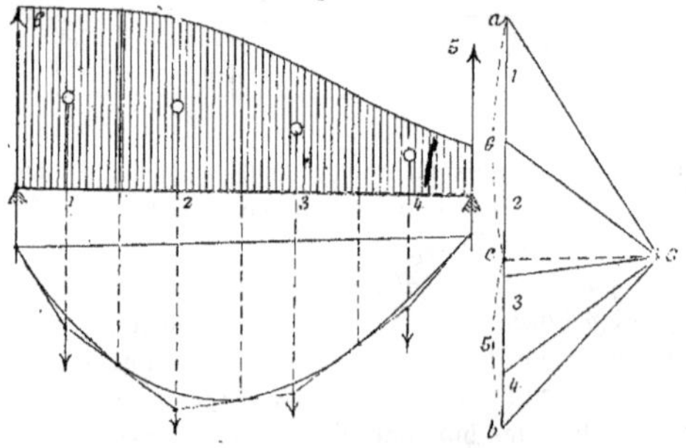

Le funiculaire réel, correspondant à un nombre infini de tranches, est la courbe tangente aux côtés du funiculaire précédent, et les points de tangence correspondent aux lignes de division des tranches.

On aurait de même les efforts tranchants réels en réunissant par une courbe continue ceux que donnent les charges de chaque tranche, déterminés comme précédemment.

Charge continue uniforme. — La surface de charge est alors un rectangle auquel on peut substituer des charges égales et également espacées. En construisant le polygone rectiligne de ces charges égales et menant les rayons à un pôle o, puis traçant le funiculaire des charges, on trouverait, comme en statique que ce funiculaire est tangent à une parabole à axe vertical. Il en serait de même pour tous les cas de surcharge du chap. IV.

Charges indirectes. Influence des poutrelles. — Ces charges se transmettent aux poutres par l'intermédiaire de poutrelles.

Considérons : 1° UNE CHARGE ISOLÉE P (fig. 144). — Le sommet du funiculaire correspondant à cette charge est d. Il est clair que l'équilibre général n'est pas changé par la présence des deux poutrelles ; P est remplacée par ses composantes P_1, P_2, sur chaque poutrelle, et la modification du funiculaire consiste à réunir les points a, b, déterminés par les verticales des poutrelles.

Fig. 144.

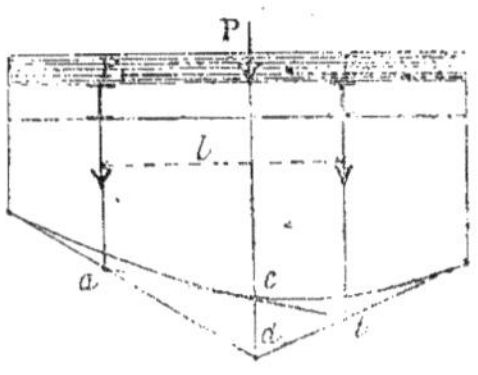

Dans ce cas, les poutrelles ont pour effet de diminuer les μ et les F au point d'action de la charge P. Mais aux points d'application des poutrelles, les μ et les F sont ceux que donne le funiculaire.

2° UNE CHARGE CONTINUE p PAR MÈTRE. — La charge sur chaque poutrelle est pl.

On passe de la courbe funiculaire au polygone funiculaire enveloppant. Dans ce cas, les poutrelles ont pour effet d'accroître un peu les μ et les F aux points d'action des poutrelles. Dans tous les cas, les variations des μ et des F sont d'autant moindres que les poutrelles sont plus rapprochées ; aussi, le plus souvent, on n'en tient pas compte.

Moments dus aux charges mobiles (fig. 145). — Les charges mobiles que l'on a à considérer dans le calcul des ponts, sont toujours des charges isolées dont les intervalles restent constants. C'est un convoi de voitures et chevaux ou un train dont les essieux sont diversement chargés. La méthode graphique permet de déterminer facilement quelle est la position des charges qui donne le moment maximum.

Soit (fig. 144), 1-2-3... les charges données dont les intervalles restent constants, prises dans une position quelconque par rapport aux appuis. Formons le polygone rectiligne de ces charges et menons les rayons au pôle O quelconque. Traçons également, à partir d'un point (4) pris sur la verticale de l'appui A, le funiculaire dont les côtés successifs sont parallèles aux rayons successifs concourant au pôle O.

La ligne de fermeture 4-4 limite la surface des moments pour cette position des charges. Or il est évident que tant que les charges se déplacent en restant à l'intérieur des appuis, le funiculaire reste le même, seule la ligne de fermeture se déplace, mais dans ce déplacement sa projection horizontale reste constamment égale à la distance p entre les appuis. Si donc les charges avancent vers l'appui A, ou ce qui revient au même, si les charges étant fixes la poutre glisse sous les charges de façon que l'appui A s'approche de la charge 1, la ligne de fermeture sera successivement $3 - 3 = 2 - 2 = 1 - 1 = l$ en projection horizontale. Cette dernière ligne 1 — 1 correspond au moment où la charge 1 atteint l'appui A.

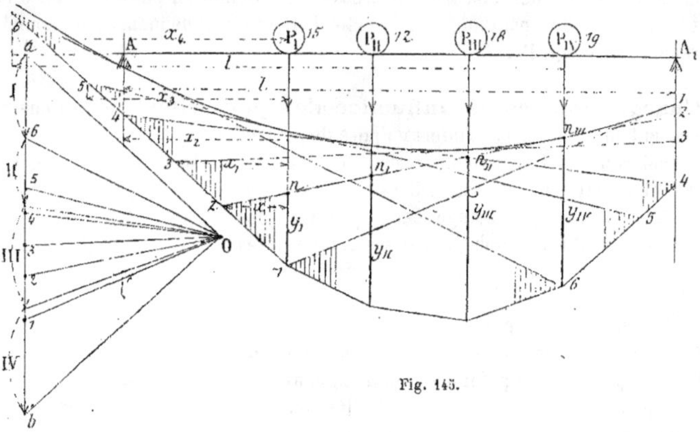

Fig. 145.

Si les charges se déplacent vers A', la ligne de fermeture passe de la position 4-4 à celle 5-5 puis 6-6.

Pour chaque charge le moment maximum correspond à un sommet du funiculaire. Tant que la ligne de fermeture, dont la projection horizontale constante $= l$, se déplace sur deux mêmes côtés du funiculaire, la courbe enveloppée est un arc de parabole. La plus grande longueur verticale entre l'enveloppée et l'un des sommets du funiculaire donnera le moment maximum et la tangente en ce point a l'enveloppée déterminera la position la plus défavorable des charges par rapport aux appuis.

On tracerait facilement le polygone des moments maximum en portant les ordonnées des funiculaires à partir d'une même horizontale de longueur $l = AA'$.

On a ainsi la surface des moments pour toute la poutre, mais comme les charges peuvent se déplacer en sens inverse, il faudra retourner ce funiculaire pour avoir la surface des moments auxquels la poutre doit résister, en y ajoutant bien entendu les moments dus au poids mort.

Efforts tranchants dus aux charges mobiles. — Si on mène du pôle O des rayons 0-1, 0-2,... parallèles à chaque ligne de fermeture, on détermine sur ab deux segments qui sont les efforts tranchants sur appuis. Sur un appui l'effort tranchant est maximum quand l'une des charges extrêmes est très près de cet appui.

Tracé direct des efforts tranchants. — Soit (fig. 146) 1, 2, 3... les charges mobiles, portons-les sur la verticale d'un appui A et menons les rayons à l'appui B pris pour pôle, abaissons de chaque charge une verticale limitée à son rayon. Il est clair que chaque charge allant de B en A, engendre sur la poutre des efforts tranchants égaux aux verticales menées dans le triangle correspondant à cette charge et à l'aplomb de cette charge.

Fig. 146.

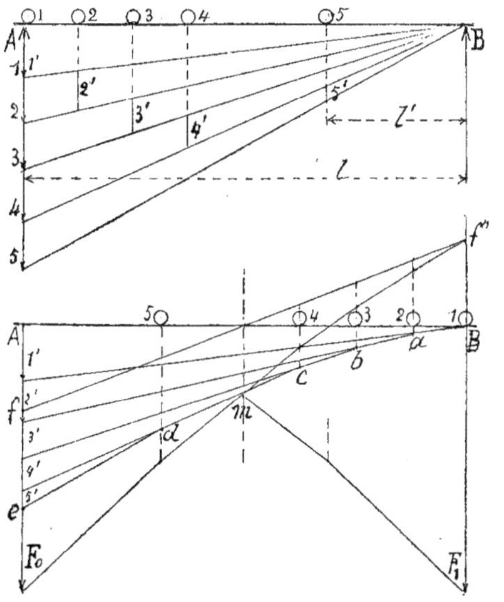

Ainsi : $5' = 5 \times \frac{l'}{l}$.

Quand la charge 1 sera très près de l'appui A, l'effort tranchant sur cet appui sera la somme des ordonnées 1, 2', 3', 4', 5'.

Pour obtenir graphiquement la ligne limitant les efforts tranchants considérons les charges retournées, la charge 1 étant près de l'appui B, abaissons des verticales sous chaque charge ; puis menons de B a parallèle au rayon B-1 de la fig. 146 ; ab parallèle à B-2, bc parallèle à B-3, cd parallèle à B-4, et enfin de parallèle au rayon B-5. Le polygone B-a-b-c-d-e, limite les efforts tranchants engendrés par les charges marchant de B en A. Ae = 1' + 2' + 3' + 4' + 5'.

Si toutes les charges sont égales et également espacées, le polygone B-c-e a ses côtés tangents à une parabole. Cette parabole limiterait les efforts tranchants dus à une charge uniforme mobile.

Efforts tranchants totaux. — Soit q le poids mort par mètre de la poutre, supposé uniforme, nous savons que les efforts tranchants sont limités par une oblique f-f', telle que Af = Bf' = 0,5 ql. Si maintenant on fait l'addition algébrique des ordonnées de ces deux lignes B-c-e et f-f', on obtient finalement la ligne F_0-m-f'.

Les charges pouvant circuler en sens inverse, on trace la ligne symétrique m F_1.

Charge continue non uniforme. — Aiguille de barrage (fig. 147). — 1° L'AIGUILLE REPOSE EN A_2 ET A ET NE REÇOIT QUE LA POUSSÉE D'AMONT. — Les hauteurs sont à l'échelle de 1/50 ou 2 *cm* par 1 mètre. La pression par unité de surface,

Fig. 147

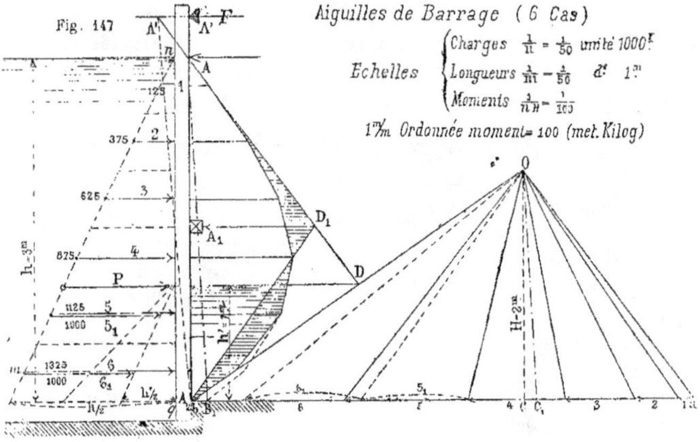

nulle en A, croît avec la hauteur d'eau; elle est représentée, en chaque point, par les ordonnées de la ligne *mn* telle que $mq = 1000\,h = 3000$ k. à l'échelle de 1/50, ou 2 *cm* pour 1000 kg. La pression par mètre de largeur sur une hauteur donnée est égale à la pression moyenne $\times$ cette hauteur; pour la hauteur h, $P = 1000\frac{h}{2}h = 500\,h^2$; son point d'application est à 1/3 h. Si nous divisons la surface de charge *nmq* en 6 tranches de $0^m,5$, nous aurons, par mètre de largeur, les charges indiquées de 1 à 6.

Formons le polygone *ab* de ces charges, et, puisque la résultante P avec 1/3 h, prenons le pôle O sur la verticale menée en c, telle que $ac = 1/3\ ab$, avec une distance polaire $H = 2$ m., par ex. Si maintenant nous menons les rayons et si nous formons le funiculaire correspondant en partant de b au niveau de A_2, le dernier côté passera en A, et la résultante en D à 1/3 h. Le funiculaire réel sera la courbe tangente aux côtés du précédent (nous ne l'avons pas tracée pour ne pas surcharger la figure). Chaque millim. d'ordonnée comprise entre AA_2 et le funiculaire représente un moment μ à l'échelle $\frac{1}{50 \times 2} = \frac{1}{100}$, c'est-à-dire que 1 mèt. = 100 ton.-mètr., ou 1 millim. = 100^{km}.

Pour les efforts tranchants, on a : $F_2 = bc = 3000^k$ $F_0 = ac = 1500^k$. On tracerait la courbe de F en faisant les différences $F_0 - 1$, $F_0 - (1+2)$..., $F_2 = 1500 - 4500 = 3000^k$.

2° L'AIGUILLE REÇOIT EN PLUS UNE CHARGE D'EAU $h' = 1$ m. EN AVAL. — Les pressions 5 et 6 deviennent $5_1 = 6_1 = 1000$ kg. Les rayons et côtés du funiculaire sont tracés en pointillé; la ligne de fermeture est AB, et le rayon parallèle oc_1.

On trouve : $F_0 = ac_1 = 1400$ k, $F_2 = c_1b_1 = 2600$ k.

3° Le point d'appui A est porté en A'. — Les funiculaires sont les mêmes, et, en prolongeant le dernier côté jusqu'à l'horizontale de A', la ligne de fermeture du 1er cas est $A'A_2$, et le rayon parallèle mené du pôle *o* déterminerait F_0 et F_2.

Dans le 2e cas, la ligne de fermeture serait A'B, etc., etc. (Nous ne l'avons pas tracée pour ne point surcharger la figure).

4° L'aiguille s'appuie en A_1. — Les funiculaires restent les mêmes, et, puisque le côté extrême du polygone rencontre l'horizontale de cet appui en D_1, la ligne de fermeture est D_1A_2 ; les moments se réduisent, pour le 1er cas, aux horizontales menées dans la surface hachurée.

Pour les 2e et 3e cas, la ligne de fermeture serait D_1B' et modifierait la surface des μ.

Quant aux efforts tranchants, on les déterminerait facilement en calculant d'abord ceux qui se produisent sur les appuis.

Fig. 148.

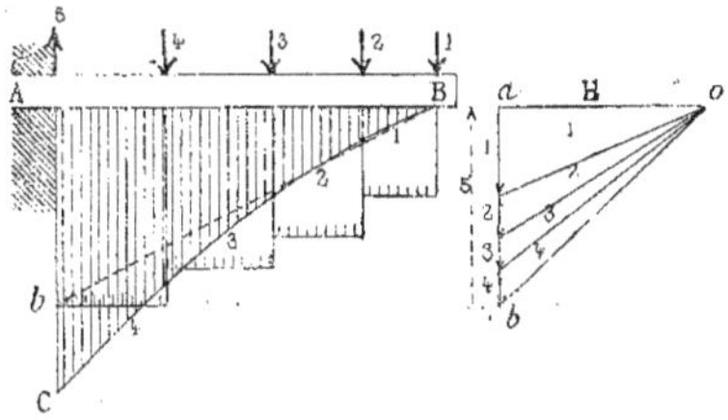

Poutre encastrée par un bout (fig. 148). — C'est un cas particulier de la poutre simple qui peut être considérée comme encastrée en son milieu.

1° Charges isolées. — Formons le polygone rectiligne *ab* des charges 1, 2, 3, 4. La réaction à l'encastrement, égale à la somme des charges et de sens opposé, ferme ce polygone. Pour obtenir le funiculaire avec une ligne de fermeture horizontale, nous prenons le pôle *o* sur l'horizontale menée de *a* et, de plus, dans le prolongement de AB.

Moments. — Menons les rayons 1, 2, 3, 4 ; puis, en partant de B, traçons les côtés du funiculaire BC parallèles à ces rayons. Les moments sont donnés par les ordonnées de la surface hachurée.

Efforts tranchants. — Ils s'obtiennent en menant de chaque point de *ab* des horizontales limitées par les directions des charges.

2° Charge uniforme. — Dans ce cas, le funiculaire devient une parabole, et les efforts tranchants sont représentés par une ligne droite B*b* si $ab = pl$.

La superposition des charges isolées et d'une charge uniforme n'offrirait aucune difficulté; il suffirait de former le polygone rectiligne de ces charges successives, de mener les rayons au pôle *o* et d'en déduire le funiculaire. Ce funiculaire aurait ses ordonnées égales à la somme des ordonnées respectives des funiculaires précédents.

Poutre sur 2 appuis AB **et porte-à-faux** A*m* (fig. 149). — Supposons 2 charges de *m* en A et 3 charges de A en B égales à 1200 kg. Formons le polygone *ab* de ces 5 charges et menons les rayons à un pôle O quelconque (la distance polaire étant $H = 4$ m), puis traçons le funiculaire *mnpqrs*B'. Les côtés extrêmes prolongés se rencontrent en A_1', point de passage de la résultante des charges (elle correspond

Fig. 149.

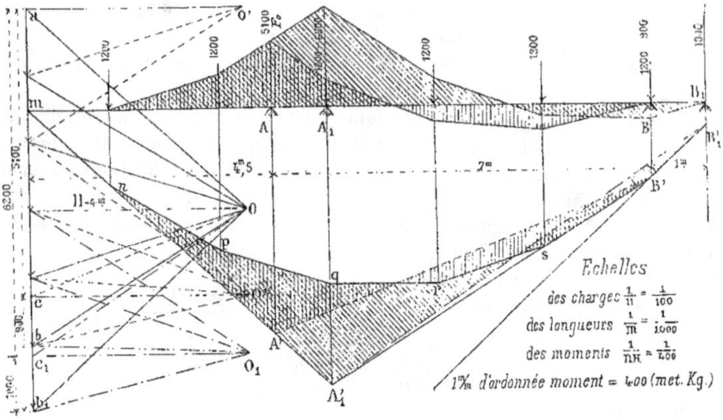

évidemment ici à la charge du milieu). Les points A′, B′, situés sur les verticales des appuis, déterminent la ligne de fermeture du funiculaire, et les μ sont donnés par les ordonnées comprises entre le funiculaire et les lignes mA′ B′ (hachures verticales) à l'échelle indiquée. Le rayon oc parallèle à A′ B′ détermine les réactions des appuis, soit en B, $bc = 900$ k ; en A, $ac = 5100$ k $= F_0$.

Connaissant F_0 on en déduirait les F en chaque point comme précédemment.

Si l'on veut ramener les lignes de fermeture dans la position horizontale, il suffit de prendre, à la même distance polaire $H = 4$ m, pour la partie Am, le pôle O′ sur la perpendiculaire du point a, et pour la partie AB le pôle O″ sur la perpendiculaire du point c. Les nouveaux rayons déterminent le funiculaire $mdef$B, et les μ sont donnés par les ordonnées ou hachures verticales.

Cas où la pièce se déplace. — Supposons qu'elle avance à gauche, les appuis venant en A_1, B_1 (c'est le cas du lancement d'un pont). Nous admettons que la poutre à droite de B_1 repose sur le sol et ne produit aucun moment en ce point B_1.

Une charge nouvelle agit en B ; si nous la portons en bb_1 sur le polygone des forces, le rayon ob_1 déterminera le côté $B'B_1'$ du funiculaire. La nouvelle ligne de fermeture $A_1'B_1'$ détermine les μ (hachures obliques), et le rayon parallèle oc_1 détermine les nouveaux efforts tranchants. En A_1, $ac_1 = 6200$ k ; en B_1, $b_1c_1 = 1000$ k.

On tracera, comme précédemment, le funiculaire rectifié $m\,d'\,e'\,f'\,B_1$ (hachures obliques) en prenant le pôle O_1 sur la verticale de c_1.

CHAPITRE IX

DÉTERMINATION GRAPHIQUE DES MOMENTS POUTRES ENCASTRÉES, A SECTION CONSTANTE

MÉTHODE DE MOHR (1)

Nous avons vu que le funiculaire des charges données, qu'on appelle *premier polygone funiculaire*, est le même pour les poutres simples ou encastrées, et que dans ces dernières la ligne qui sépare les moments positifs des négatifs est déterminée par les *moments sur appuis*. Ce sont donc ces moments qu'il s'agit de déterminer.

Dans la théorie de l'élasticité, on fait ici intervenir l'équation de la courbe que prend la fibre neutre, dite *élastique*, et, de la condition que doivent remplir les tangentes à cette courbe sur les appuis, on en déduit les moments sur appuis.

De même en graphostatique, si on parvient à tracer les tangentes à l'élastique sur les appuis, on en déduira les moments sur ces appuis.

Représentation graphique de l'élastique. — L'équation différentielle de l'élastique, rapportée à l'axe neutre avant la déformation, est analogue à celle d'une courbe funiculaire correspondant à une charge p par mètre de longueur horizontale et à une tension horizontale ou distance polaire H. On a, en effet (2) :

$$\frac{d^2y}{dx^2} = \frac{\mu}{\mathrm{EI}} = \frac{p}{\mathrm{H}}.$$

Donc, *l'élastique est une courbe funiculaire dont la charge (variable) par mètre de longueur est représentée par* μ *et la tension horizontale ou distance polaire par* EI.

Si alors, comme M. Mohr l'a fait le premier, on considère (fig. 150) une *surface de moments* comme une *surface de charge*, le funiculaire correspondant à ces charges fictives, qu'on appelle *second polygone funiculaire*, celui des charges réelles étant le premier funiculaire, aura ses côtés tangents à l'élastique.

(1) La méthode que nous indiquons est due au professeur Mohr, de Hanovre ; elle a été publiée en France, pour la première fois, croyons-nous, dans le Traité de construction des ponts, du Dr E. Winckler, traduit par M. d'Espine. (E. Lacroix, éditeur.) C'est la méthode contenue dans cet ouvrage que nous exposons ici, en complétant quelques points de la traduction, notamment en ce qui concerne les échelles.

(2) Cette relation est démontrée dans tous les traités de mécanique et de résistance.

En divisant cette surface des moments en tranches de longueur dx assez petite pour qu'on puisse considérer μ comme constant sur cette longueur, la charge, ou surface d'une tranche, sera : $\mu\,dx$, et si x est la distance de cette charge, ou du centre de gravité de la surface à une ordonnée y de l'élastique, la valeur de cette ordonnée est de la forme :

Fig. 150.

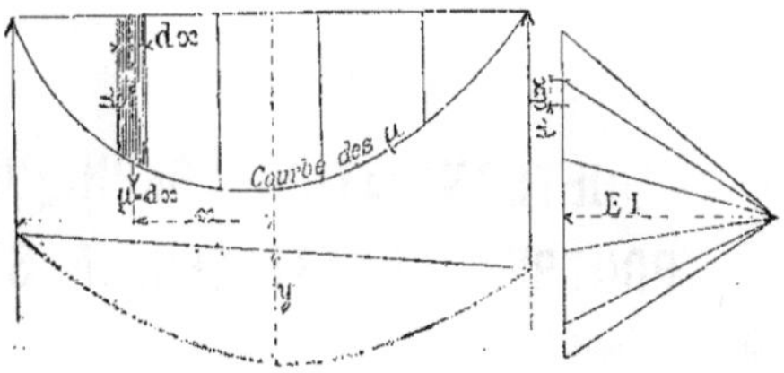

$$Y = \Sigma \frac{\mu\,dx \times x}{EI}.$$

Échelle de l'élastique. — Voyons à quelle échelle une ordonnée y, sur l'épure du 2e funiculaire, représentera les ordonnées Y de l'élastique.

Soit : $\frac{1}{n}$ l'échelle de réduction des longueurs ;

$\frac{1}{m}$ celle des $\mu\,dx$, ou charge fictive par mètre.

$\frac{1}{n''}$ l'échelle de la 2e distance polaire EI.

Une ordonnée y de l'épure représentera Y ci-dessus à l'échelle 1 : K suivante.

$$\frac{1}{K} = \frac{y}{Y} = \frac{1}{\frac{mn}{n''}} = \frac{n''}{mn}.$$

Si $n'' = n$, l'échelle de l'élastique est égale à celle des μ. . . . 1 : K = 1 : m.
Si $n'' = m$, id. id. est égale à celle des longueurs, 1 : K = 1 : n.

Mais alors, les flèches d'une pièce étant généralement faibles par rapport à sa longueur, le tracé de l'élastique se confond presque avec une ligne droite.

Si donc on veut avoir les flèches à l'échelle 1 : K, il faudra faire $n'' = mn : K$. Enfin, pour K = 1 on aura $n'' = mn$; alors les ordonnées du 2e funiculaire représenteront les flèches en vraie grandeur.

Exemple : Pour $n = 200$, $m = 1.000.000.000$, on a : $n'' = 200 \times 10^9$.

Si on prend, pour construction en tôle, $E = 16 \times 10^9$, la 2e distance polaire sera :

$$H = \frac{EI}{n''} = \frac{16}{200} I = 0{,}08 \times I,$$

I étant le moment d'inertie moyen de la poutre.

La 2e funiculaire tracé avec cette distance polaire aura ses ordonnées égales aux flèches réelles.

Le second polygone funiculaire (fig. 151). — Pour déterminer les moments sur appuis il suffit de connaître les tangentes principales, et notamment les *tangentes sur appuis.*

Considérons une poutre encastrée obliquement à ses extrémités en A, A_1 sous des angles donnés, ou travée de poutre continue, portant des charges P quelconques qui engendrent à ses extrémités les moment μ_1, μ_2, inconnus.

Fig. 151.

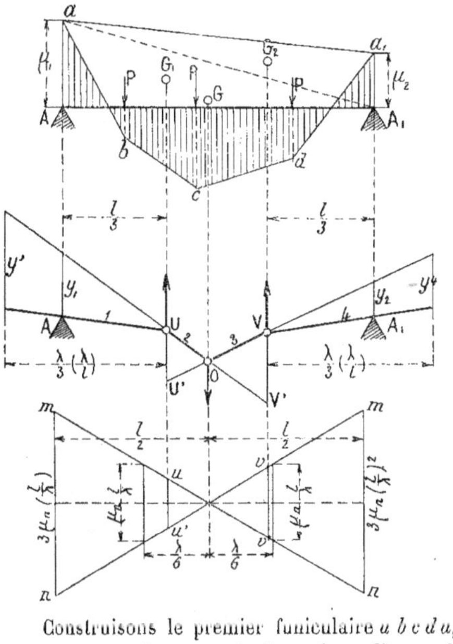

Fig. 151 *bis*
deuxième polygone rectiligne
(échelle double)

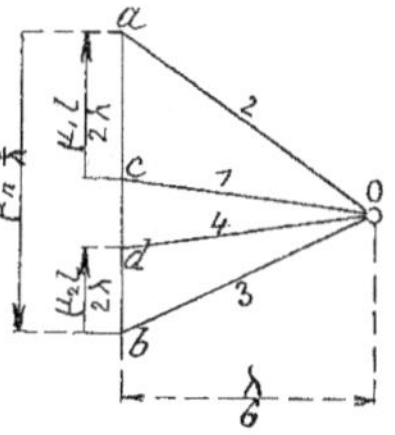

soit — $l = 60$, $\lambda = 75$

— $\frac{l}{\lambda} = 0{,}8$, $\frac{l}{\lambda} = 1{,}25$

$\mu_n = 18$, $\mu_n \frac{l}{\lambda} = 14{,}4$

$\mu_1 = 16$, $\mu_1 \frac{l}{\lambda} = 6{,}4$

$\mu_2 = 10$, $\mu_2 \frac{l}{\lambda} = 4$

$\frac{\lambda}{l} = 1{,}25$

$\frac{\lambda}{3}\left(\frac{\lambda}{l}\right) = 25 \times 1{,}25 = 31{,}25$

Construisons le premier funiculaire $a\,b\,c\,d\,a_1$, comme si la poutre était simplement posée sur deux appuis. Sa surface, dite *surface simple des moments*, pourra toujours être remplacée par un rectangle $= \mu_n\, l$ (μ_n étant le moment moyen), que nous considérons comme une charge positive agissant en G, centre de gravité de la surface simple des moments.

Les moments μ_1, μ_2, engendrent le long de la poutre des moments décroissants représentés par les ordonnées des triangles ayant pour surfaces :

$$1/2\ \mu_1\, l \text{ et } 1/2\ \mu_2\, l,$$

surfaces que nous considérons comme des charges négatives agissant à leurs centres de gravité G_1, G_2, lesquels sont toujours situés sur les verticales, dites *trisectrices*, parce qu'elles divisent la travée l en 3 parties égales.

Les trois charges fictives qui serviraient à construire le 2ᵉ polygone rectiligne (fig. 151 *bis*) ab, ca, bd (si ca et bd étaient connues), sont donc :

$$\mu_n l, \quad \frac{1}{2}\mu_1 l, \quad \text{et } \frac{1}{2}\mu_2 l, \quad \text{la 2e distance polaire étant EI.}$$

On en déduirait le *second funiculaire* à 4 côtés $AUOVA_1$.

Si, dans le cas général de plusieurs travées inégales, on rapporte ces quantités à une base commune λ, on a alors :

$$\mu_n \frac{l}{\lambda}, \quad \frac{1}{2}\mu_1 \frac{l}{\lambda}, \quad \frac{1}{2}\mu_2 \frac{l}{\lambda} \quad \text{et} \quad \frac{EI}{\lambda},$$

l, étant la longueur de la travée considérée, λ sera quelconque.

Si les travées extrêmes d'une poutre sont égales à l_1, celles intermédiaires étant égales à l, ou si toutes les travées sont égales à l, on fera $\lambda = l$. Dans ce dernier cas, les quantités ci-dessus se réduisent à :

$$\mu_n, \quad \frac{1}{2}\mu_1, \quad \frac{1}{2}\mu_2 \quad \text{et} \quad \frac{EI}{l}.$$

Quant à la 2ᵉ distance polaire, nous la prendrons $= 1/6\,\lambda$; il en résultera, comme nous le verrons, une grande simplicité.

Supposons connues les tangentes sur appuis AU, VA_1. Voici comment on trace les 2 autres côtés du 2ᵉ funiculaire : on portera la longueur $\mu \frac{l}{\lambda}$, qui représente la charge totale (l étant la longueur de la travée considérée) sur deux verticales menées aux distances $1/6\,\lambda$ de chaque côté de O, pris sur la verticale de G, puis on mène les *diagonales*, qui, prolongées, donnent, mn, mn, sur les verticales menées à $1/2\, l$ de O.

Si maintenant on prend sur les trisectrices $UU' = uu'$ et $VV' = vv'$, les lignes U'V et V'U doivent se couper en O. OU et OV sont les 2ᵉ et 3ᵉ côtés du 2ᵉ funiculaire.

Ces côtés prolongés déterminent les moments μ_1, μ_2, comme nous le verrons.

Échelle actuelle de l'élastique. — Nous avons divisé $\mu\, l$, ou, ce qui est la même chose, $\Sigma \mu\, dx$, ainsi que EI, par λ, ce qui ne change pas la valeur des ordonnées de l'élastique. On a alors :

$$Y = \sum \frac{\mu\, dx . x}{\lambda \left(\frac{EI}{\lambda}\right)}.$$

Et puisque les longueurs x et λ sont à la même échelle, $1 : n$, on a :

$$\frac{1}{K} = \frac{n''}{m}, \quad \frac{1}{n''} \text{ étant ici l'échelle de } \left(\frac{EI}{\lambda}\right).$$

Mais $EI : \lambda$ est représenté par $\lambda : 6$. On a donc :

$$\frac{1}{n''} \times \frac{EI}{\lambda} = \frac{\lambda}{6}; \quad \text{d'où} \quad n'' = \frac{6\,EI}{\lambda^2} \quad \text{et} \quad \frac{1}{K} = \frac{6\,EI}{m\lambda^2}.$$

Telle est l'échelle des ordonnées de l'élastique ou du 2ᵉ funiculaire dans la poutre continue, 1 : m étant l'échelle des moments; c'est aussi à cette échelle 1 : K que seront représentées les différences de niveau des appuis, puisque une dénivellation n'est autre chose qu'une déformation de l'élastique, qui est toujours représentée par le 2ᵉ funiculaire. Si l'on se donne 1 : K, on en déduit pour l'échelle des moments :

$$\frac{1}{m}=\frac{\lambda^2}{6\,\mathrm{K\,E\,I}}.$$

Valeur des moments sur appuis. — Si nous prolongeons les côtés O U et O V, *les longueurs* y_1, y_2, *interceptées sur les verticales des appuis, sont proportionnelles aux moments sur appuis.*

En effet, traçons le 2ᵉ polygone rectiligne (échelle double) $ab=\mu_n\frac{l}{\lambda}$.

Si nous menons avec une distance polaire 1/6 λ les rayons 1, 2, 3, 4, parallèles aux 4 côtés A_1U, UO, OV, VA_2 du 2ᵉ funiculaire, on aura :

$$ac=\frac{1}{2}\mu_1\frac{l}{\lambda} \quad \text{et} \quad bd=\frac{1}{2}\mu_2\frac{l}{\lambda}.$$

On voit facilement les triangles semblables qui donnent :

$$y_1:\frac{1}{2}\mu_1\frac{l}{\lambda}::\frac{1}{3}l:\frac{1}{6}\lambda. \qquad \text{Donc,} \quad y_1=\mu_1\left(\frac{l}{\lambda}\right)^2.$$

$$y_2:\frac{1}{2}\mu_2\frac{l}{\lambda}::\frac{1}{3}l:\frac{1}{6}\lambda. \qquad \text{Donc,} \quad y_2=\mu_2\left(\frac{l}{\lambda}\right)^2.$$

Si, à des distances de U et de V égales à $1/3\,\lambda\left(\frac{\lambda}{l}\right)$ (au lieu de $1/3\,l$), on mène les verticales y', y'', on trouve : $y_1=\mu$ et $y''=\mu_2$.

Enfin si l'on a fait $\lambda=l$, on aura : $y_1=\mu_1$ et $y_2=\mu_2$.

Donc, *quand toutes les travées ou seulement les travées intermédiaires sont égales à* $l=\lambda$, *les ordonnées sur appuis sont égales aux moments sur ces appuis.*

Lignes diagonales. — Au lieu de porter $\mu_n\left(\frac{l}{\lambda}\right)$ à la distance $\left(\frac{\lambda}{6}\right)$, il est plus exact de déterminer la distance mn de ces diagonales sur les verticales situées aux distances 1/2 l du centre de gravité de la surface simple des moments. On a par les triangles semblables que l'on voit facilement sur les fig. 151 et 151 *bis*.

$$mn:\mu_n\frac{l}{\lambda}::\frac{1}{2}l:\frac{1}{6}\lambda, \qquad \text{d'où} \quad mn=3\mu_n\left(\frac{l}{\lambda}\right)^2.$$

Quelle que soit donc la disposition des charges, mn sera connu quand on aura déterminé μ_n, moment moyen, et la verticale passant par le centre de gravité G de la surface simple des moments.

Cas d'une charge uniforme p (fig. 153). — Dans ce cas, G est au milieu de l ; la surface simple des moments est limitée par une parabole dont la flèche $CD=1/8\,pl^2$.

La géométrie donne pour la surface simple des moments :

$$\mu_n l = \frac{2}{3} \times \frac{1}{8} pl^2 l, \quad \text{d'où} \quad \mu_n = \frac{1}{12} pl^2 \quad \text{et} \quad mn = \frac{1}{4} pl^2 \left(\frac{l}{\lambda}\right)^2.$$

Pour $\lambda = l$, on voit que mn = deux fois la flèche de la parabole = CE.

Cas d'une charge P (fig. 152). — La surface simple des moments est le triangle ADB ; $\mu_n = 1/2$ CD ; le centre de gravité G est tel que, m étant le milieu de A B, on a :

Fig. 152.

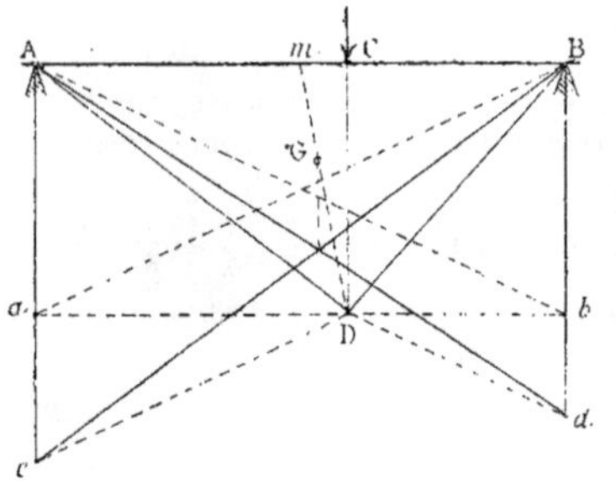

$$m\,G = 1/3\, m\,D.$$

Les diagonales se traceraient comme précédemment en portant aux distances $1/2\, l$ de la verticale de G les hauteurs,

$$mn = 1{,}5\ CD \left(\frac{l}{\lambda}\right)^2.$$

Pour $\lambda = l$, on opérerait comme suit :

Par le sommet D, on mène ab parallèle à AB, puis Dd et Dc parallèles à Ab et Ba. Ad et Bc sont les diagonales cherchées : leur point de croisement se trouve sur la verticale de G.

Si P est au milieu de A B, $\quad$ Ac = Bd = $3\,\mu_n = 1{,}5$ C D.

Moments en tous points. — Les moments sur appuis μ_1 et μ_2 étant déterminés, si l'on porte (fig. 151) $Aa = y_1 = \mu_1$ et $A_1 a_1 = y_2 = \mu_2$, la ligne de fermeture AA_1 divise la surface simple des moments en moments positifs et moments négatifs.

Cas d'une charge uniforme (fig. 153). — Supposons déterminés les moments sur appuis et prenons l'horizontale des appuis A, A_1 pour ligne de fermeture ; portons $Aa = \mu_1$, $A_1 a_1 = \mu_2$ et joignons a, a_1. Nous savons que le premier funiculaire, ou la surface simple des moments, relatif à la poutre simple, doit être tracé par rapport à cette ligne $a\,a^1$. Dans le cas présent, ce polygone est une parabole dont la flèche, prise dans l'axe de la travée, est : CD = 1/2 CE = $1/8\, pl^2$. On la tracera donc directement ou en construisant le polygone des charges, et les ordonnées des surfaces hachurées représenteront les moments en chaque point.

Efforts tranchants. — Le funiculaire étant tracé, on déterminera graphiquement les F en remontant au 1er polygone des charges. Si (fig. 153) ab représente la charge totale dans une travée quelconque, on mènera par a et b des parallèles aux côtés extrêmes du funiculaire ; on déterminera ainsi le pôle o et la distance polaire H. Si alors on mène le rayon parallèle à la ligne de fermeture, on aura, pour les efforts tranchants, ou réactions sur les appuis : $ac = F_0$ et $cb = F_1$, à l'échelle de ab. On en déduirait les F, en tous points, d'après la disposition des charges.

Cas d'une charge uniforme (fig. 153). — Si, en général, on prend pour unité de moment, $p\lambda^2$, représenté par une longueur $= m$, et pour unité de charge, $p\lambda$, représenté par une longueur $= n$, la distance polaire H aura pour valeur :

$$H = \frac{n}{m}\lambda.$$

Ainsi, pour $\lambda = l$, si l'on prend $n = ab = CD = 1/8\, pl^2 = 1/8\ m$, on a :

$$H = 1/8\ l.$$

sur la figure on a pris $ab > CD$ et par suite $H > {}^1/_8\, l$, pour rendre le tracé plus clair.

Cette distance polaire H étant déterminée, on opère comme suit :

On porte les points o' et o'' sur la ligne de fermeture, à droite de A et de A_1 et à une distance horizontale H de ces points, puis on mène par o' et o'' des parallèles aux tangentes extrêmes du funiculaire ; elles déterminent sur les verticales des appuis les efforts tranchants F_0 et F_1. La ligne ff_1 est le lieu des F en tous points, elle passe au milieu de AA_1.

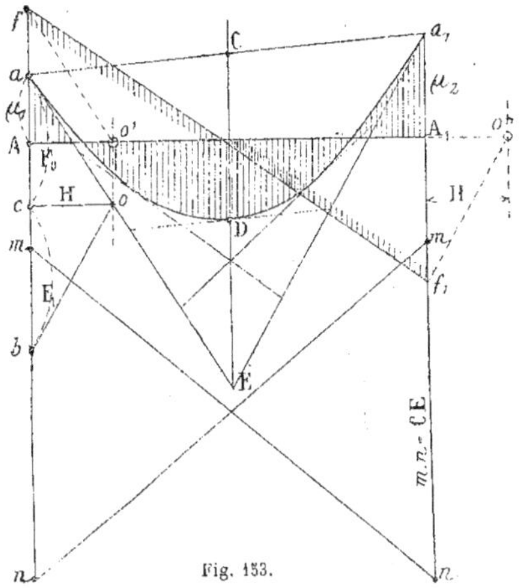

Fig. 153.

Poutre encastrée à chaque bout. — Si les angles d'encastrement sont les mêmes aux deux extrémités (que la poutre soit oblique ou horizontale), les rayons co, do (fig. 151 *bis*) se confondent, et, puisque $\lambda = l$, on a : $1/2\,\mu_1 + 1/2\,\mu_2 = \mu_n$.

Fig. 154.

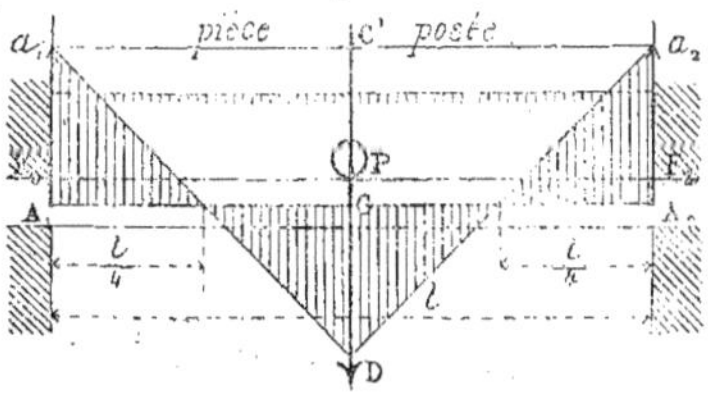

Fig. 155.

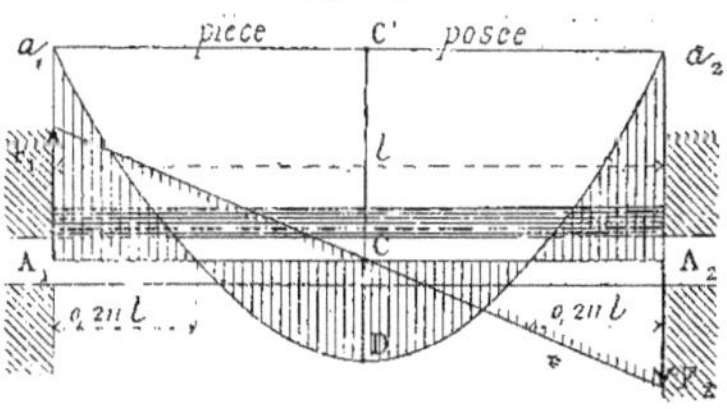

On en conclut que *les surfaces des moments situées de chaque côté de la ligne de fermeture dans le premier funiculaire sont égales entre elles.*

Si, de plus, les charges sont symétriques, on a : $\mu_1 + \mu_2 = 2\,\mu_n$ ou $\mu_1 = \mu_2 = \mu_n$.

Il devient facile de passer de la pièce posée à la pièce encastrée.

Une charge P au milieu (fig. 154). — $a_1 D a_2$ étant la surface simple des moments, la ligne de fermeture $A_1 A_2$ est parallèle à $a_1 a_2$ et passe en C, milieu de C'D.

Fig. 156.

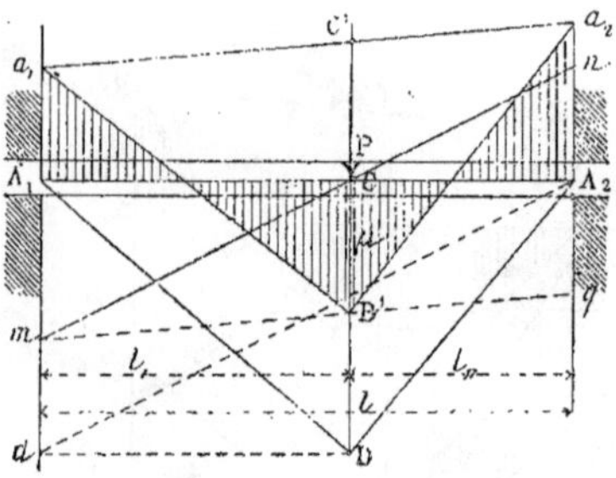

Une charge uniforme p (fig. 155). — La surface simple des moments est un segment parabolique $a_1 D a$, dont la flèche est :

$$C'D = 1/8\ pl^2.$$

Le moment moyen a pour valeur :

$$\mu_n = 2/3\ C'D' = 1/12\ pl^2 = \mu_1 = \mu_2$$

la ligne de fermeture $A_1 A_2$, parallèle à $a_1 a_2$, passe en C, tel que $C'C = 2\ CD$.

Une charge P quelconque (fig. 156). $A_1 D A_2$ étant la surface simple on a : $\mu_1 + \mu_2 = 2\ \mu_n = CD$; mais $\mu_1 : \mu_2 :: l_{//} : l'$. On en déduit le tracé donné (fig. 152).

On prend $A_1 d = CD$, puis, par C, on mène une parallèle à $A_2 d$; on a alors $A_1 m = \mu_2$, que l'on porte en $A_2 a_2$, et $A_2 n = \mu_1$, que l'on porte en $A_1 a_1$. On mène $a_1 a_2$ et on prend $C'D' = CD$. Les surfaces hachurées donnent les moments.

Fig. 157.

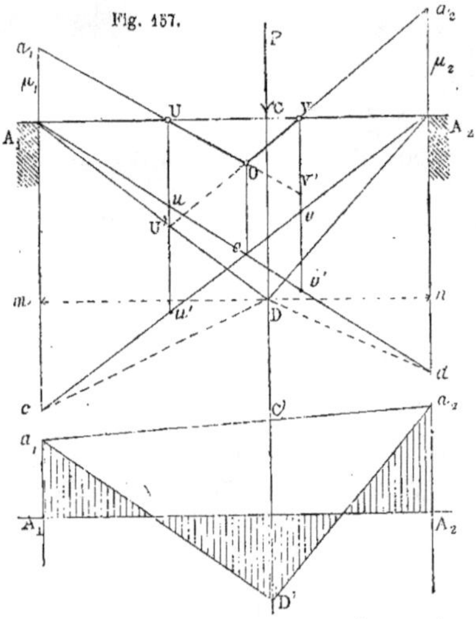

Fig. 158.

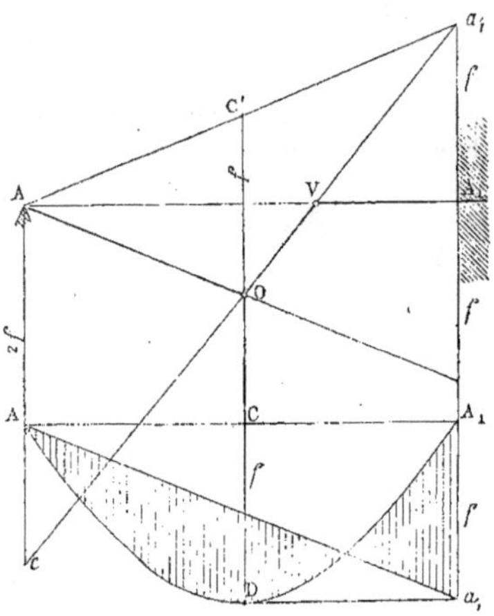

On arriverait au même résultat en traçant le 2e funiculaire comme suit :

Soit (fig. 157) $A_1 DA_2$ la surface simple des moments dus à P (poutre horizontale).

Traçons les tangentes horizontales $A_1 U$, $A_2 V$, limitées aux trisectrices; traçons les diagonales $A_1 d$, $A_2 c$; prenons maintenant $UU' = uu'$ et $VV' = vv'$. Les lignes U'V et V'U doivent se couper en O sur la verticale de o, et leurs prolongements déterminent sur les appuis les moments $\mu_1 = A_1 a_1$ et $\mu_2 = A_2 a_2$. Joignons $a_1 a_2$ et prenons $C'D' = CD$. Les lignes $a_2 D' a_1$ et $A_1 A_2$ déterminent les μ (surfaces hachurées).

Poutre encastrée en A_1 reposant en A (fig. 158). — La tangente à l'encastrement $A_1 V$ est horizontale, et puisque en A, $\mu = 0$, le point U se confond avec A.

Il suffit donc de prendre $Ac =$ la distance des diagonales sur la verticale de A, la ligne cV déterminera le 2e côté OV du 2e funiculaire, et OA sera le 1er côté.

Le côté OV prolongé donne : $\mu_1 = A_1 a_1 = 1/2\ Ac$.

CHARGE UNIFORME p. — Alors $Ac = mn = 2f = 1/4\ pl^2$, et $\mu_1 = 1/8\ pl^2$, moment de la pièce posée. Si donc ADA_1 est la surface simple des moments, il suffit de prendre $A_1 a_1 = CD$ et de mener Aa_1 pour avoir les moments en tous points (surfaces hachurées).

Complément de méthode pour la poutre continue.

Par suite de la continuité de la poutre, les tangentes sur piles sont communes à deux travées contiguës.

TRAVÉE NON CHARGÉE (fig. 159). — Le 2e funiculaire n'aura que 3 côtés.

Si les tangentes sur piles AU, A_1V sont connues, UV sera le 3e côté compris entre les trisectrices ; en le prolongeant, on détermine sur les verticales des appuis des longueurs Aa, $A_1 a_1$, égales ou proportionnelles aux moments sur ces appuis.

Fig. 159.

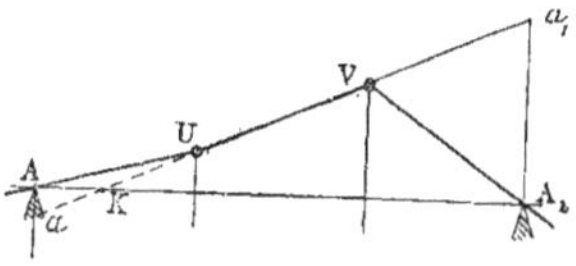

Le point K, où ce 3e côté coupe la ligne des appuis, est évidemment le point d'inflexion, celui pour lequel $\mu = 0$.

Fig. 160.

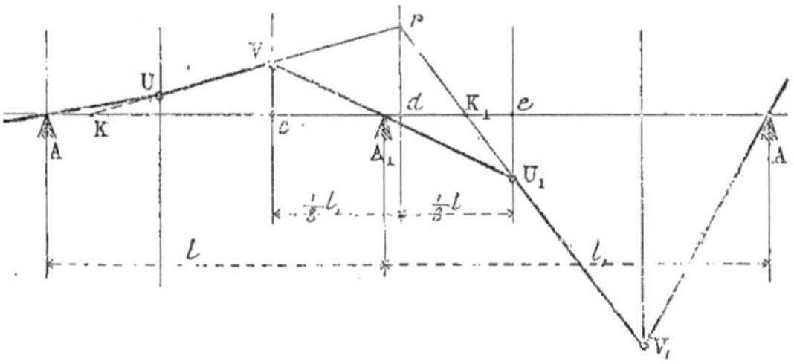

DEUX TRAVÉES NON CHARGÉES (fig. 160). — Nous supposons le 2e funiculaire déterminé par les moments sur les appuis. Ces moments engendrent des surfaces de charge triangulaires dont les centres de gravité ou lignes d'action sont sur les trisectrices. Le côté UV étant connu dans une travée, il détermine le côté $U_1 V_1$ de l'autre travée.

Ces deux côtés prolongés se rencontrent en r, point de passage de la résultante des charges qui agissent aux deux sommets voisins. $1/2\, \mu_1 l$ en V et $1/2\, \mu_1 l_1$ en U_1.

Cette résultante verticale partage donc $ce = 1/3\,(l + l_1)$ en parties inversement proportionnelles à ces charges ou à l et l_1. On aura donc :

$$cd = 1/3\, l_1, \text{ et } de = 1/3\, l. \text{ D'où } cd : de :: l_1 : l.$$

Cette verticale passant par r s'appelle la *contre-verticale sur pile* (1).
Si $l = l_1$, cette ligne passe par l'appui A_1.
Les points d'inflexion K, K_1, ou $\mu = o$, donnent encore :

$$\left.\begin{array}{ll} & Kc : Kd :: Vc : rd \\ & K_1e : K_1d :: U_1e : rd \\ \text{mais} & U_1e : Vc :: A_1e : A_1c :: l_1 : l \end{array}\right\} \text{ D'où } \quad \frac{Kc}{Kd} l_1 = \frac{K_1c}{K_1d} l.$$

Il suit de là que le point K détermine K_1. Alors, si, pour des charges variables dans les autres travées, le point K d'une travée non chargée ne varie pas, le côté UV des divers polygones tournant autour de K, le point K_1 ne variera pas non plus, et le côté U_1V_1 tournera autour de ce point K. Ces points s'appellent *points fixes*.

Ces relations sont encore vraies pour toutes les lignes passant par A_1 et ayant même projection horizontale KK_1.

Donc, *si* K *se déplace suivant une verticale*, K_1 *se déplacera aussi suivant une verticale.*

Tracé des points fixes (fig. 161). — Ce qui précède permet de les déterminer en prenant pour premier point d'inflexion celui des appuis extrêmes où $\mu = o$.

Fig. 161.

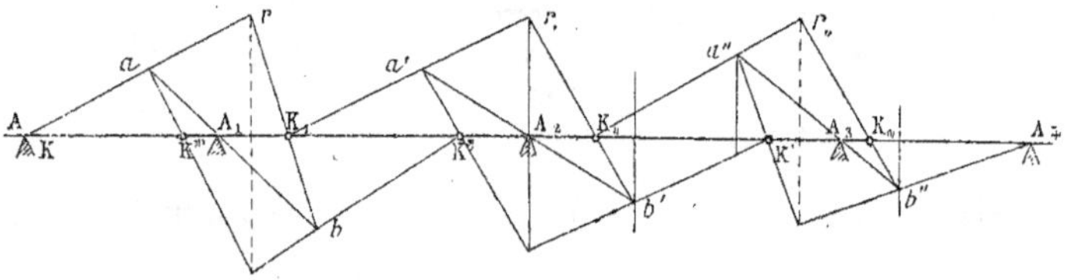

Menons par A une ligne quelconque rencontrant la trisectrice en a et la contre-verticale en r ; menons aA_1 jusqu'à la trisectrice en b, puis joignons rb, qui coupe A_1A_2 en K_1, qui est un point fixe.

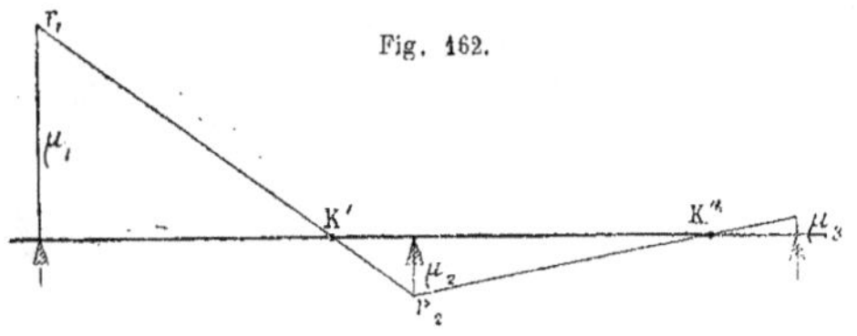

Fig. 162.

En partant de ce point, on mène K_1r_1, puis de a' sur la trisectrice on mène $a'A_2b'$, et enfin r_1b' donne $K_{,,}$, et ainsi de suite.

En partant de A_4, on procède de même, et l'on obtient les points K′, K″, K‴.

Si les travées sont symétriques, les points fixes le sont aussi, et cette seconde construction est inutile. S'il y a encastrement en A, le point fixe K est reporté au tiers de la travée sur la ligne des appuis et la construction des points fixes s'opère de même.

Plusieurs travées non chargées (fig. 162). — Ces points fixes étant connus, dès

(1) Nous préférons cette appellation donnée par le traducteur de Winkler, à celles de *Verticale auxiliaire* ou *antiverticale*, créées par de récents auteurs.

que l'on connaîtra un moment sur pile μ_1, on en déduira les moments sur les autres piles des travées non chargées ; il suffira de joindre r_1 K' pour avoir μ_2, puis r_2 K'' pour avoir μ_3, et ainsi de suite.

UNE TRAVÉE CHARGÉE (fig. 163). — On prouverait, comme précédemment, que les côtés UV, OU_1 prolongés se rencontrent en r sur la contre-verticale de l'appui A_1.

De même OV_1 et $U_{\prime\prime}V_{\prime\prime}$ se rencontrent en r' sur la contre-verticale de A_2 ; et si les appuis sont en ligne droite, il résulte de la construction précédente des points fixes que K_1 et K' sont les points fixes correspondants à K et $K_{\prime\prime}$. Donc, *lorsque les appuis sont sur une même droite, les côtés* OU_1, OV_1 *du* 2e *funiculaire passent par les points fixes* K_1, K'.

Fig. 163.

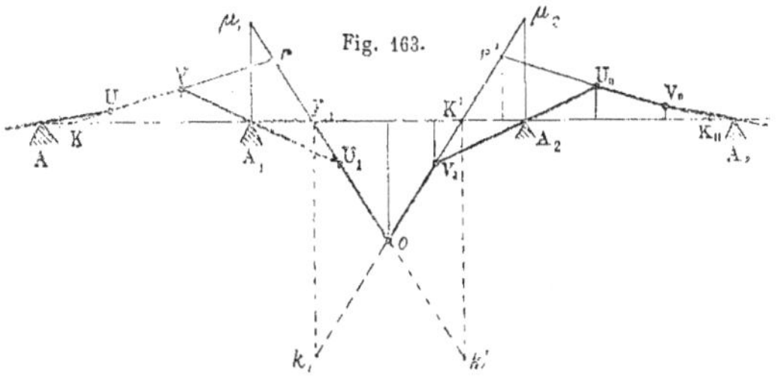

Il sera donc facile, pour une position connue des points fixes et une surcharge donnée, de construire le 2e funiculaire, en prenant les longueurs K_1k_1 et $K'k'$ égales aux longueurs interceptées par les diagonales sur ces verticales prolongées.

Les lignes $k'K_1$ et k_1K' prolongées donnent aussi, comme nous le savons, les moments sur les appuis A_1, A_2.

DEUX TRAVÉES INÉGALES CHARGÉES (fig. 164). — On établirait comme précédemment, que les côtés OV et O_1U_1 se rencontrent en r sur la contre-verticale de l'appui A_1.

Menons par A_1 une droite k_1A_1e. On trouverait, comme précédemment que :

$$\frac{k_1c}{k_1d}l_1 = \frac{k_{\prime\prime}e}{k_{\prime\prime}d}l.$$

Fig. 164.

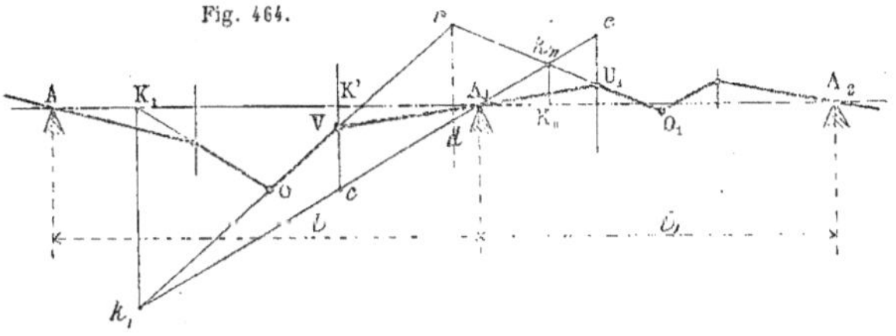

Donc, si k_1 est sur la verticale du point fixe K_1, $k_{\prime\prime}$ est aussi sur la verticale de K''. Il en résulte que *les points d'intersection* k_1, $k_{\prime\prime}$ *des verticales des points fixes avec les côtés* OV, O_1U_1, *contigus à l'appui* A_1, *se trouvent sur une même droite qui passe en* A_1.

3. Poutre à quatre travées. Charges uniformes (Pl. I). — Nous pouvons maintenant résumer la méthode graphique en l'appliquant à quelques cas usuels. Pour la poutre sur cinq appuis, nous ferons une application numérique.

Les travées extrêmes $l_1 = 32$ m. portent une charge $p_1 = 2000$ kg, et les travées intermédiaires $l = 40$ m. portent une charge $p = 1250$ kg. — $l_1 = 0,8\ l$.

1° Traçons (fig. A) les trisectrices, les contre-verticales et les points fixes, qui, par suite de la symétrie des travées, sont aussi symétriques.

2° Traçons (fig. B) les diagonales. Pour les travées extrêmes l_1, en faisant

$$\lambda = l = 40, \text{ on a : } mn = \frac{1}{4} p_1 l_1^2 \left(\frac{l_1}{l}\right)^2 = 0,25 \times 0,64 p_1 l_1^2 = 0,16 p_1 l_1^2,$$

et pour les travées intermédiaires l, on a : $mn = 0,25\ pl^2$.

(Si $p = p_1$, on aura (1re et 4e travées) : $mn = 0,16 \times 0,64\ pl^2 = 0,1024\ pl^2$). Ce qui donne :

1re et 4e travées, $mn = 0,16 \times 2000 \times \overline{32}^2 = 377680$, à l'échelle $\frac{1}{10000}$, soit 32 mm.

2e et 3e — $mn = 0,25 \times 1250 \times \overline{40}^2 = 500000$, — id. — 50 mm.

3° Portons (fig. C) $Ak = mn$ correspondant, et menons kA_1k_1. k_1 est sur la verticale du point fixe K_1. Prenons $k_1 i_1 = m'n'$ correspondant, et menons $i_1 A_2 k_{//}$. $k_{//}$ est sur la verticale du point fixe $K_{//}$. Enfin, prenons $k_{//} i_{//} = m'n'$ correspondant, et menons $i_{//} A_3 k_{///}$. $k_{///}$ est sur la verticale du point fixe $K_{///}$.

Les mêmes constructions, en partant de $A_{//}$, déterminent k', k'', k'''.

Moments. — Si maintenant nous menons kk''' et $j_1 k_1$, ces lignes doivent se rencontrer en r sur la contre-verticale et on a : $A_1 a_1 = \mu_1 = 20500$ mèt. kilog.

L'ordonnée y, portée à la distance de V, égale à

$$x = \frac{1}{3} \lambda \frac{\lambda}{l} = \frac{1}{3} 40 \left(\frac{40}{32}\right) = 16\ ^m/_m, 65$$

est aussi égale à μ_1.

Comme 1re vérification, les points V et U_1, sur les trisectrices, doivent se trouver sur une même droite passant par A_1. La 2e vérification consiste à compléter le 2e funiculaire. On prend $k''' j = m'n'$ correspondant; Aj doit rencontrer kV en o sur la verticale du centre de gravité de la surface simple des moments, et, dans le cas d'une charge p_1 au milieu de la travée.

Continuons le tracé. Menons $i_1 k''$ et $j_{//} k_{//}$. Ces lignes doivent se rencontrer sur la verticale de A_2, qui se confond avec la contre-verticale $A_2 a_2 = \mu_2 = 150000$. Les points V_1, $U_{//}$ doivent se trouver sur la droite passant par A_2. On continuerait de même ce tracé pour déterminer μ_3 ; ici $\mu_3 = \mu_1$.

Enfin, si l'on porte (fig. D) ces trois moments sur les appuis et si l'on mène Aa_1, $a_1 a_2$, etc., il suffira de porter 1re travée, $C'E = 1/4\, p_1 l_1^2 = 514000$, soit, à l'échelle ci-dessus, $51\ ^m/_m,4$; et $C_1' E_1 = 1/4\, pl^2 = 500000$, soit, à l'échelle ci-dessus, 50 mm. Nous aurons ainsi les tangentes extrêmes, et, par suite, les paraboles des μ.

Pour toute autre charge, on tracerait les diagonales correspondantes et l'on en déduirait par le même tracé les moments sur appuis.

Efforts tranchants. — Nous les déterminerons comme il est dit page 145.

Prenons l'unité de moments :

$$p\lambda^2 = 1250 \times 1600 = 2000000, \text{ soit, à l'échelle } \frac{1}{10000}, \quad m = 200 \text{ mm.}$$

Prenons l'unité de charge :

$$p\lambda = 1250 \times 40 = 50\,000, \quad \text{soit, à l'échelle } \frac{1}{1000}, \quad n = 50 \text{ mm.}$$

La distance polaire sera : $$H = \frac{n}{m}\lambda = \frac{50}{200} \times 40 = 10 \text{ millim.}$$

Si nous portons cette distance H sur la ligne de fermeture à droite de chaque appui, et si, des pôles *o* ainsi déterminés, nous menons des parallèles aux tangentes extrêmes dans chaque travée, nous aurons les efforts tranchants sur piles.

Fig. 165.

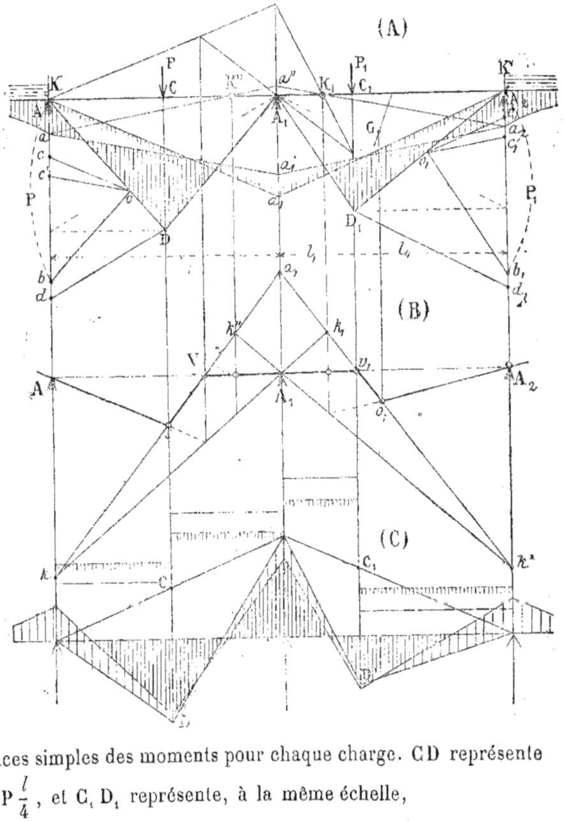

Poutres à deux travées. Charges concentrées (fig. 165). — Soit une poutre transversale de pont, route, supportée en trois points également distants et portant une charge P au milieu de la 1re travée et une charge P_1 au 1/3 de la 2e.

1° Traçons les trisectrices, les points fixes et leurs verticales. Les travées étant égales, les points fixes K″ et K_1 sont symétriques, et les points K et K′ sont sur les appuis A_1 et A_2 ; les contre-verticales passent par l'appui du milieu A_1.

2° Traçons les surfaces simples des moments pour chaque charge. CD représente à une échelle donnée, $P\frac{l}{4}$, et $C_1 D_1$ représente, à la même échelle,

$$P_1 \frac{l_1 l_{11}}{l}, \text{ expression dans laquelle } l_1 = \frac{1}{3} l \text{ et } l_{11} = \frac{2}{3} l.$$

3° Traçons les lignes diagonales. Il nous suffit ici de déterminer Ad, que nous portons en Ak (fig. 165-B), et $A_2 d_1$, que nous portons en $A_2 k'$.

4° Enfin, menons $k A_1$ jusqu'en k_1 sur la verticale du point fixe K_1,

et $k' A_1$ id. k'' id. id. id. id. K''.

Moments. — Menons maintenant $k k''$ et $k' k_1$. Ces deux lignes doivent se croiser en a_1 sur la verticale de A_1, et l'ordonnée $A_1 a_1$ représente μ_1 à l'échelle de CD.

Les points V et U_1 sur les trisectrices doivent se trouver sur une même ligne droite passant par A_1, c'est ma 2e vérification du tracé.

Si nous portons ce moment μ_1 en $A_1 a_1$ (fig. A), les lignes de fermeture $A a_1$, $a_1 A_2$, déterminent avec les triangles des surfaces simples des moments, les moments réels, positifs et négatifs, sur la poutre continue.

Cas particulier. — La même poutre se prolonge en porte-à-faux hors des appuis portant des trottoirs. Soit p la charge par mètre sur ces trottoirs et l leur largeur. Les moments seront représentés par une parabole. Les moments en A et A_2 sont : $1/2 pl^2 =$ $A a = A_2 a_2$. Ces moments engendrent sur l'appui A_1 un moment de sens opposé, déterminé en menant aK'' ou $a_2 K_1$. Le moment négatif en A_1 est donc égal à $2 \times A_1 a''$. En portant cette quantité en $a^1 a''^1$, les lignes de fermeture $a a_1'$ et $a_1' a_2$ déterminent les nouveaux moments en chaque point de la poutre (surfaces hachurées en partie seulement sur la figure). — Il sera facile de tracer les surfaces des moments en ramenant à l'horizontale les lignes de fermeture (fig. C).

Efforts tranchants. — On les détermine graphiquement en remontant au polygone des charges. Prenons $= Ab = P$; menons bo parallèle à DA_1; puis, par le pôle o ainsi déterminé, menons les rayons oc, oc' parallèles aux lignes de fermeture $A a_1$ et $a a'_1$. On a, pour le 1er cas, $Ac = F_0$ et $cb = F_1$; et, dans le 2e cas, $Ac' = F_0$ et $c' b = F_1$. En opérant de même pour la charge P_1 de la deuxième travée, on obtient, pour les deux cas, les F'_1 en A_1 et F_2 en A_2. Ces efforts tranchants, pris en valeur absolue et portés fig. C, sont représentés par les horizontales; celles se rapportant au cas des trottoirs sont en partie hachurées.

La charge sur les appuis A et A_2 sera : F_0 et F_2, plus la charge due aux trottoirs.

La charge sur l'appui milieu A_1 sera : $F_1 + F_1'$.

Cas général (Pl. II). — Une poutre encastrée en A repose sur 3 appuis, A_1, A_2, A_3, inégalement espacés et situés à des niveaux différents; elle se termine en A_3 ou se prolonge en porte-à-faux au delà de A.

La travée l reçoit une charge uniforme p par mètre; celle l_1 reçoit des charges concentrées P, P, P; celle $l_{\prime\prime}$ reçoit une charge unique P, et nous savons tracer les surfaces simples des moments.

Quant à la portion de poutre en porte-à-faux, quelle que soit la répartition des charges qu'elle reçoit, nous savons déterminer le moment qu'elles engendrent sur l'appui A_3, soit $A_3 a_3$ ce moment.

Comme on le voit, ce cas réunit tous ceux qui se présentent généralement.

Diagonales. — Prenons $\lambda = 50$. Pour la 1re travée, on a : $mn = 2f\left(\frac{60}{50}\right)^2 = 2{,}88\,f$.

Pour la 2e travée, $\lambda = l_1$, on a : $mn = 3\,\mu_{,,}$, que nous portons aux distances $\frac{1}{2}l_1$ de la verticale passant par le centre de gravité de la surface simple des moments.

Pour la 3e travée, $mn = 1{,}5\,\mathrm{CD}\left(\frac{4}{5}\right)^2 = 0{,}96\,\mathrm{CD}$, que nous portons aux distances $1/2\ l_{,,}$ de la verticale du centre de gravité G.

Nous avons vu que l'échelle des dénivellations dépend de celles des moments, et réciproquement. On a, en prenant $\lambda = 50$:

$$\frac{1}{\mathrm{K}} = \frac{1}{m}\,\frac{6\mathrm{EI}}{\lambda^2} \quad \text{ou} \quad \frac{1}{m} = \frac{1}{\mathrm{K}}\,\frac{\lambda^2}{6\mathrm{EI}}.$$

Mais le moment d'inertie I est inconnu, puisque le but de ce chapitre est précisément de déterminer les moments μ pour en calculer les valeurs de I et par suite déterminer les dimensions de la poutre.

Il faut donc faire une première épure en prenant, comme précédemment, les appuis de niveau, et en déduire les valeurs de I. Puis on prendra la valeur moyenne de I et l'on calculera $\frac{1}{\mathrm{K}}$ si on se donne $\frac{1}{m}$ avec $\lambda = 50$, et vice versa.

Nous pourrons alors tracer sur l'épure les appuis A_1, A_2 (fig. C) et les premiers polygones ou surfaces simples des moments (fig. B).

Points fixes. — Traçons (fig. A) les contre-verticales, les trisectrices et les points fixes. Puisqu'il y a encastrement en A, le 1er point fixe K est déterminé par la trisectrice. Nous avons rapporté ces lignes et celles des points fixes sur la ligne XX et fig. C ; celles des points fixes sont prolongées pour couper les diagonales en $m'n'$.

Ces tracés préliminaires étant faits, traçons le 2e funiculaire.

Prenons $\mathrm{U}k = m'n'$ correspondant ; menons $k\mathrm{A}_1$ jusqu'en k_1 sur la verticale de K_1.

Prenons $k_1 i_1 = m'n'$ correspondant ; menons $i_1\mathrm{A}_2$ jusqu'en $k_{,,}$ sur la verticale de $\mathrm{K}_{,,}$. Opérons de même en partant de A_3. Nous aurons les lignes $k_3\,k'$ passant par A_2, $g_1\,k''$ passant par A_1.

Moments. — Maintenant, joignons k et k'', j_1 et k_1. Ces lignes, prolongées, doivent se couper sur la contre-verticale et $\mathrm{A}_1\,a_1 = \mu_1 = y$, puisque $l = \lambda$. De même i_1k' et $k_3k_{,,}$ prolongées se coupent sur la contre-verticale et $\mathrm{A}_2\,a_2 = \mu_2 = y_1$. Enfin, en prenant $k''j = m'n'$ correspondant et menant $j\mathrm{U}$ prolongé jusqu'en a, nous aurons $\mathrm{A}a =$ le moment à l'encastrement. Nous savons quelles sont les autres vérifications que nous donne le tracé complet du 2e funiculaire.

Si nous portons ces moments sur appuis dans la fig. B, nous aurons les lignes de fermeture a, a_1, a_2, A_3 et, par suite, les moments en chaque point (surfaces hachurées).

S'il existe des charges au delà de A_3, elles engendrent sur cet appui un moment $= \mathrm{A}_3\,a_3$ qui, à son tour, engendre sur les autres appuis des moments alternativement négatifs et positifs. En définitive, les lignes de fermeture sont : $a'\,a_1'$, $a_2'\,a_3$...

Les efforts tranchants se détermineraient facilement en remontant au 1er funiculaire. Nous ne les avons pas tracés pour ne pas surcharger la figure.

Poutre à trois travées inégales (Pl. III). — Charge uniforme p sur toute la poutre. Traçons (A) les trisectrices, les contre-verticales et les points fixes. Nous ne tracerons pas en entier le 2e funiculaire, mais seulement les lignes nécessaires pour déterminer les moments sur appuis. C'est ainsi que nous n'avons besoin que des points fixes K_1 et $K_{//}$.

Traçons les lignes diagonales pour la travée du milieu, en faisant $\lambda = l = 60$ m.,

on a : $A_1 n_1 = A_2 n_1 = \frac{1}{4} p \times \overline{60}^2 = 900\,p$; pour les travées extrêmes, $l_1 = 50$ m. ;

on a : $A\,n\,A_3 n = \frac{1}{4} p\, l_1^2 \left(\frac{l_1}{l}\right)^2 = \frac{p}{4} \times 2500 \left(\frac{5}{6}\right)^2 = 430\,p.$

Actuellement prenons (B) $Ak = A_3 k_3 = An$; menons (lignes pleines) $k A_1 k_1$ et $k_3 A_2 k''$. Les point $k_1 k''$ sont déterminés par les verticales des points fixes. Si maintenant nous prenons $k_1 i_1 = k'' j_1 = m'\ n'$ (longueur interceptée par les diagonales), et si nous menons $i_1 k''$ jusqu'en a_2 et $j_1 k_1$ jusqu'en a_1, nous aurons : $A_1\ a_1 = \mu_1$ et $A_2 a_2 = \mu_2$.

Portons (fig. C) les valeurs de μ_1 et μ_2 sur les appuis, et prenons, pour la travée du milieu, $C'D = 1/8\,pl^2 = 1/8\,p \times 3600 = 450\,p$; pour les travées extrêmes portons :

$$C'D = 1/8\,pl_1^2 = 1/8\,p \times 250 = 31{,}25\,p.$$

En menant les tangentes extrêmes ($C'E = 2\,C'D$), on déterminera les paraboles des moments (traits pleins et surfaces hachurées).

Dénivellation des appuis. — Les différences de niveau des appuis sont représentées à la même échelle que les ordonnées de l'élastique, soit à l'échelle

$$\frac{1}{K} = \frac{6\,EI}{m\lambda^2}.$$

Supposons que, par suite de dilatation des piles métalliques, de tassements ou d'erreur, etc., l'appui A_1 soit relevé de $0^m,03$ et l'appui A_2 abaissé de $0^m,04$; le moment d'inertie moyen de la poutre est 0,01, l'échelle des moments est $\frac{1}{m} = \frac{1}{1.300.000}$.

Nous aurons, pour l'échelle des ordonnées de l'élastique ou des dénivellations :

$$\frac{1}{K} = \frac{6\,EI}{m\lambda^2} = \frac{6 \times 16 \times 10^9 \times 0{,}01}{1.300.000 \times 3600} = \frac{96}{468} = 0{,}2.$$

Traçons donc sur l'épure (fig. B) A_1' relevé de $0{,}03 \times 0{,}2 = 6$ millim. et A'_2 abaissé de $0{,}04 \times 0{,}2 = 8$ millim. Faisons par rapport à ces appuis exactement le même tracé (lignes pointillées) que précédemment, et nous aurons μ_1' et μ_2' pour les moments sur appuis. Ces moments, rapportés fig. C, donnent les paraboles (lignes pointillées).

On voit avec quelle simplicité la méthode graphique permet de se rendre compte des effets d'une dénivellation des appuis.

QUATRIÈME PARTIE

CALCULS DES ARCS

MÉTHODES ANALYTIQUES ET GRAPHIQUES

CHAPITRE X

CALCULS DES ARCS

MÉTHODE ANALYTIQUE

Un arc est une pièce ayant une courbure plane, située dans le plan des forces et dont la hauteur, normale à la courbe moyenne, est faible par rapport à la distance des appuis.

Quand on donne à un arc (fig. 166), une large base, on n'est jamais certain du point ou passe la réaction de l'appui. Supposons qu'au moment du montage la base (fig. *a*) repose exactement sur l'appui; cet arc métallique étant élastique et dilatable, la surcharge, jointe à un abaissement de température, produiront un abaissement de l'arc et un baillement du joint à l'extrados (fig. *b*). Si le calage a été fait sous une surcharge et à basse température, l'enlèvement de cette surcharge joint à une élévation de température produiront un bâillement du joint à l'intrados (fig. *c*).

Fig. 166.

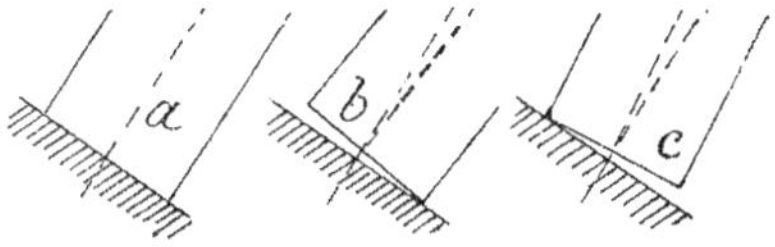

La même incertitude règne pour le point ou passe la poussée dans la section de l'arc à la clef.

En construisant les arcs avec rotules aux naissances et à la clef on a levé toutes les incertitudes, les réactions et résultantes des charges sur l'arc, passent par les axes des articulations.

ARC A TROIS ARTICULATIONS

Un arc ainsi constitué se calcule par la statique simple. Sa résistance n'est pas influencée par les variations de température; en effet, par suite de l'articulation à la clef, l'allongement ou le raccourcissement de chaque moitié de l'arc a pour résultat de relever ou d'abaisser un peu cette articulation ; la poussée varie avec la hauteur h de la clef, mais d'une si faible quantité qu'il est inutile d'en tenir compte.

Charge unique P (fig. 167). — Supposons l'arc réduit à sa fibre moyenne, nous voulons déterminer en une section quelconque : le moment fléchissant, la compression normale à la section et l'effort tranchant, résultant des charges.

Réaction des appuis. — Quelle que soit la charge sur la moitié A C de l'arc, la réaction T_1 de l'appui B est évidemment dirigée suivant la corde B C. Le point E ou T_1 rencontre la verticale de P, détermine la direction A E de la réaction T de l'appui A. En effet, ces réactions T et T_1 devant faire équilibre à P, doivent avoir une résultante égale et opposée à P.

Les appuis A et B étant de niveau, les composantes horizontales H de ces réactions T et T_1 sont égales et opposées, c'est la poussée de l'arc.

Fig. 167.

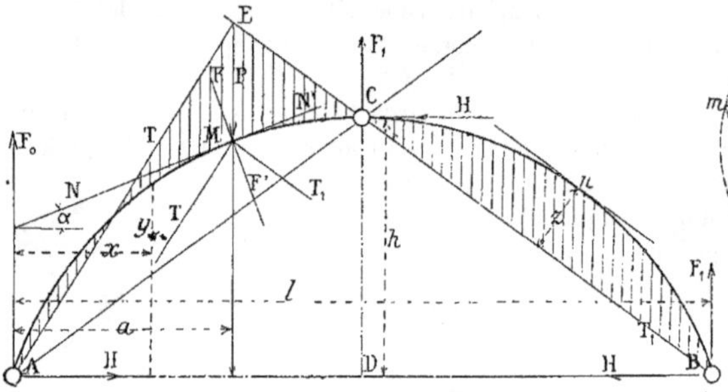

Fig. 168.

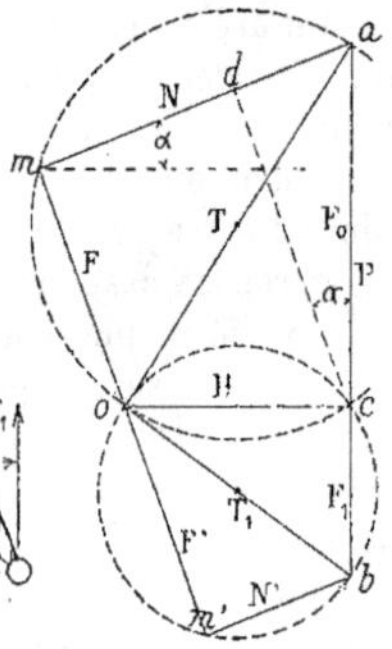

Les composantes verticales F_0 et F_1 sur ces appuis ont la même valeur que pour une poutre simple, on a :

$$H = P\frac{a}{h}; \qquad F_0 = P\frac{l-a}{l}; \qquad F_1 = P - F_0.$$

F_0 est constant de A en M, F_1 est constant de B en M.

Les réactions sur appuis ont pour valeur :

$$T = \sqrt{F_0^2 + H^2}; \qquad T_1 = \sqrt{F_1^2 + H^2}.$$

Moments. Surface des moments. Échelle. — Pour tout point dont les coordonnées par rapport à un appui A ou B, sont x et y, on a :

$$\text{de A à M,} \quad \mu = F_0 x - H y.$$
$$\text{B à M,} \quad \mu_1 = F_1 x - H y.$$

Au point M, $\mu = \mu_1$; au point C ; $\mu_1 = o = F_1 \frac{l}{2} - H h$.

Pour l'arc B C non chargé, les moments peuvent encore s'écrire :

$$\mu_1 = T_1 z;$$

le maximum ayant lieu au point n dont la tangente est parallèle à T_1.

Si la charge P se déplace sur le demi-arc, le lieu des points E est toujours sur le prolongement de B C.

Les termes $F_0 x$, $F_1 x$, ne sont autre chose que les moments qui se produiraient dans une poutre simple de longueur l, ils sont représentés par les ordonnées du triangle AEB ; tandis que les termes négatifs Hy, sont représentés par les ordonnées de l'arc. Les moments réels μ, μ_1..... sont donc représentés par les ordonnées de la surface hachurée.

Puisque au point C le moment Hh est représenté par h, si $1 : n$ est l'échelle des longueurs, l'échelle des moments sera :

$$\frac{1}{m} = Hh : \frac{h}{n} = nH.$$

Soit : échelle des longueurs $1/n = 1/20$, et $H = 20000^k$, on aura :

$$1 : m = 20 \times 2000 = 40000 ;$$

c'est-à-dire que 1 m. représente un moment = 40000 k. m. ou 1 centim. représente un moment de 400 k. m., et 1 m/m représente 40 k. m.

Remarque. — La surface des moments varie moins dans un arc que dans une poutre droite, pour une même charge. Lors donc que l'on admet que dans un arc le moment d'inertie est constant, cette hypothèse qui a suffi pour la poutre droite, suffit a fortiori pour l'arc.

Diagramme des efforts (fig. 168). — Traçons une verticale ab représentant à une échelle donnée la charge P ; par ses extrémités menons des parallèles à T et T_1, nous déterminerons ainsi le pôle o. On a alors à la même échelle que P :

$$oc = H, \quad ac = F_0 ; \quad cb = F_1 ; \quad ao = T ; \quad ob = T_1.$$

En une section quelconque de AM, la compression normale N et l'effort tranchant F, qui lui est perpendiculaire, ont pour résultante T; pour la section immédiatement à gauche de M, si on mène de a une parallèle à N et de O une parallèle à F, perpendiculaire sur la première, on a, $am =$ et N $om =$ F; pour toute autre section entre A et M le lieu des points m est sur la circonférence décrite sur $ao = T$ comme diamètre.

Pour la section immédiatement à droite de M, on décompose T_1 en $bm' = N'$ et $om' = F'$ et le lieu des points m' est sur le cercle ayant T_1 comme diamètre.

Toutes les forces agissant en M forment bien un polygone fermé $abm'ma$, ce qui devait être puisqu'il y a équilibre (voir *Graphostatique*).

Si on appelle α l'angle de N sur l'horizon, on a :

$$N = ad + dm = F \sin\alpha + H \cos\alpha,$$
$$F = cd - de = F_0 \cos\alpha - H \sin\alpha.$$

Dans le cas de plusieurs charges, puisque leurs effets s'ajoutent, il suffit de calculer les actions de chaque charge et de les ajouter.

Nous donnerons le tracé des réactions totales, compressions, etc., dans ce cas, à la page 203.

Charge uniforme par mètre de la corde (V. fig. 176). — C'est le cas d'un arc portant un plancher ou un tablier de pont. Soit p la charge uniforme comprenant le poids propre et la surcharge, par mètre de la corde $2l$ de l'arc ; on a alors : $F_0 = F_1 = pl$.

Au point C, la composante verticale est nulle, il ne s'y produit que la poussée horizontale H. La résultante des charges pl sur la moitié de l'arc, agissant au milieu de l, on a :

$$H h = p l \frac{l}{2} = p \frac{l^2}{2} \qquad \text{d'où} \qquad H = p \frac{l^2}{2h}.$$

Le moment en un point quelconque m, dont les coordonnées sont x et y par rapport à l'appui A, sera :

$$\mu = plx - px\frac{x}{2} - Hy = px\left(l - \frac{x}{2}\right) - Hy.$$

Le premier terme est le moment qui aurait lieu dans une poutre droite dont la portée serait $2l$ et portant la charge p par mètre, ce moment est représenté par les ordonnées d'une parabole ; le second terme ou moment négatif de H est représenté par les ordonnées y de l'arc.

Le moment μ est donc représenté par les portions d'ordonnées comprises entre ces deux courbes. Le moment étant nul en C, puisqu'il y a une articulation, la parabole passe évidemment en ce point C.

La compression N et l'effort tranchant F s'obtiendront comme précédemment ; pour une section quelconque dont les ordonnées sont x et y, on aura :

$$N = p(l - x)\sin\alpha + H\cos\alpha,$$
$$F = p(l - x)\cos\alpha - H\sin\alpha.$$

A la clef, au point C, pour $x = l$, et $\alpha = o$, on a bien : $N = H$ et $F = o$.

Section des membrures de l'arc (fig. 169). — Connaissant le moment de flexion μ et la compression normale N en chaque section, si on se donne a priori la section totale S des membrures de l'arc on vérifie que le coefficient de travail du métal R par millim. carré est admissible, par la relation :

$$R = \frac{v}{I}\mu \pm \frac{N}{S} ;$$

le signe + s'applique à la membrure comprimée par la flexion, et le signe — à la membrure tendue par cette flexion. Dans l'arc qui nous occupe, la membrure d'intrados est toujours comprimée tandis, que la membrure d'extrados est toujours tendue; c'est donc la membrure d'intrados qui est la plus fatiguée et qui doit avoir la plus grande section.

Si la hauteur de l'arc b (fig. 169) est grande comparativement à l'épaisseur des tables ou membrures, on a en appelant S_1 la section d'une table :

Fig. 169.

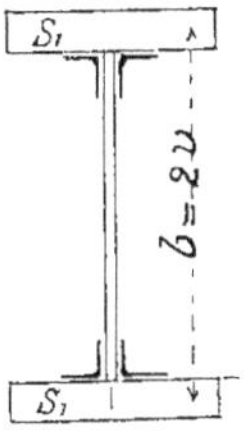

$$I = 2\,S_1 \left(\frac{b}{2}\right)^2 \text{ et } v = \frac{b}{2}, \text{ d'où, } \frac{I}{v} = S_1 b.$$

La relation ci-dessus devient alors :

$$R = \frac{\mu}{S_1 b} \pm \frac{N}{2\,S_1} \qquad R\,S_1 = \frac{\mu}{b} \pm \frac{N}{2}.$$

Cette dernière relation permet de déterminer la section S_1 de chaque table, pour une valeur donnée de R, et en faisant R constant on constituera un arc d'égale résistance.

Arc parabolique. — Si pour la charge p par mètre de corde on donne à l'arc la forme d'une parabole, les moments de flexion et les efforts tranchants seront nuls. F_0 et H ont les mêmes valeurs que ci-dessus.

Dans chaque section il se produira simplement une compression $N = T$, et $N = H$ à la clef C; la section de l'arc sera : $S = N : R$, R étant le coefficient de travail du métal.

ARC CONTINU, ÉLASTIQUE

Nous supposons l'arc articulé sur les appuis. Tout arc métallique est plus ou moins élastique, déformable. Si donc les appuis sont de niveau et si on néglige le frottement sur ces appuis, les charges ou la réaction verticale qu'elles engendrent sur un appui auront pour effet d'ouvrir l'arc et, par suite, d'agrandir la corde. Pour empêcher cette déformation, il faut que l'appui oppose une résistance égale et opposée à la poussée qu'exerce l'arc. La réaction verticale F_0 se calcule par la statique : cette réaction et la poussée H sont les composantes de la réaction totale de l'appui. Quand donc on connaîtra H, toutes les forces extérieures seront connues et le calcul des moments, de la compression et de l'effort tranchant en une section quelconque de l'arc, ne présentera aucune difficulté.

Fig. 170.

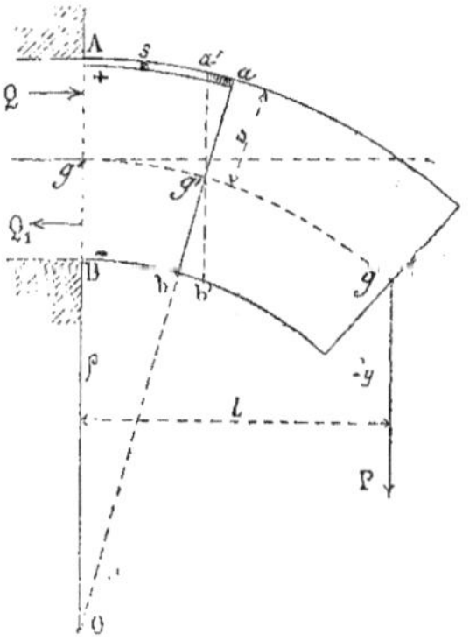

Tout le calcul des arcs élastiques se réduit à déterminer la poussée.

Déformation horizontale. — Si on exprime la déformation élastique horizontale, en fonction des forces extérieures F_0 et H, puis, qu'on l'égale à zéro, on en déduira la valeur de la poussée H ; nous résumons la théorie.

L'ensemble des forces agissant sur un arc engendre, en chaque section de cet arc : 1° Un moment fléchissant μ ; 2° Une compression normale N ; 3° Un effort tranchant F. On néglige la déformation très faible due à la compression et à l'effort tranchant, il suffit, de considérer la déformation due au moment fléchissant.

En nous reportant à la page 3 (flexion plane), nous savons que le moment fléchissant μ (fig. 170) fait tourner la section ab en $a'b'$. L'angle de rotation se mesure par l'arc décrit à l'unité de distance, c'est-à-dire en divisant l'arc élémentaire aa' par le rayon correspondant v. On a, d'après les notations connues :

$$\alpha = \frac{aa'}{v} = \frac{i}{v} gg' = \frac{i}{v} ds.$$

Un point m de l'arc (fig. 171), subira donc un déplacement angulaire $mm' = Am \times \alpha$, mm' étant perpendiculaire sur Am. La projection horizontale de ce déplacement s'obtient en considérant les triangles semblables $mm'n$ et Amo : et puisque $mo = y$ l'ordonnée primitive du point m de l'arc, on a :

Fig. 171.

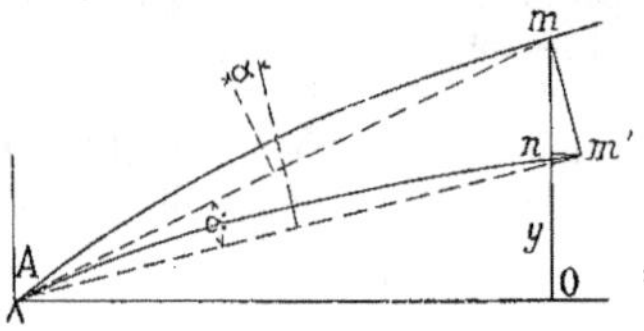

$$m'n : mm' :: y : Am, \qquad \text{d'où } m'n = mm' \frac{y}{Am} = y \times \alpha.$$

En prenant pour α la valeur ci-dessus et puisque $\frac{i}{v} = \frac{\mu}{EI}$, on a enfin :

$$m'n = \frac{i}{v} ds\, y = \frac{\mu}{EI} \cdot y \cdot ds.$$

Le déplacement total u pour l'arc entier dont la projection est l, sera la somme intégrale des déplacements élémentaires :

$$u = \int_0^l \frac{\mu}{EI} \cdot y \cdot ds.$$

Si l'arc est formé d'une même matière, le coefficient d'élasticité E est constant, si de plus on admet, comme pour la poutre continue, que la section, la hauteur, et par suite le moment d'inertie I est constant, ces deux quantités E et I sortent du signe de l'intégration et on a :

$$u\,EI = \int_0^l \mu \cdot y \cdot ds. \qquad (a)$$

Enfin si au lieu d'éléments infiniment petits, ds, nous divisons l'arc en un certain nombre de parties égales de longueur s, on remplacera le signe $\int$ par le signe Σ, et puisque la déformation ou l'allongement de la corde doit être nul par suite de la résistance des appuis, on a, en définitive :

$$\sum_0^l \mu \cdot y \cdot s = 0. \qquad (b)$$

Calcul de la poussée H dans l'arc à 2 rotules portant une charge unique P (fig. 172). — Dans ces conditions les réactions totales des appuis, qui font équilibre à P, se rencontrent encore sur la verticale de P. Les réactions verticales sur les appuis étant connues, les réactions totales le seront aussi quand on connaîtra la poussée H. Pour cela il faut exprimer μ dans la relation (b), en fonction des réactions F_0, F_1 et de H.

La charge P est aux distances a et $l - a$ des appuis. On a donc :

$$F_0 = P \frac{l-a}{a}, \qquad \text{et} \quad F_1 = P \frac{a}{l}.$$

Pour toute section de la portion a de l'arc, y étant l'ordonnée du milieu de cette section, le moment est :

$$\mu = F_0\, x - H\, y = P \frac{l-a}{l} x - H\, y,$$

Pour toute section de la portion $(l - a)$ de l'arc, on a :

$$\mu = F_1 (l - x) - H\, y = P \frac{a}{l} (l - x) - H\, y.$$

Ces moments sont représentés par les ordonnées de la surface hachurée.

La relation (b) peut s'écrire sous la forme suivante :

$$\sum_0^l \mu \cdot y \cdot s = \sum_0^a \mu\, y\, s + \sum_a^l \mu\, y\, s = 0.$$

Substituant dans cette équation les valeurs de μ en chaque portion a et $l - a$, on a :

$$\sum_0^a P \frac{l-a}{l} x \cdot y \cdot s + \sum_a^l P \frac{a}{l} (l - x) y \cdot s - \sum_0^l H y^2 s = 0. \qquad (c)$$

Fig. 172.

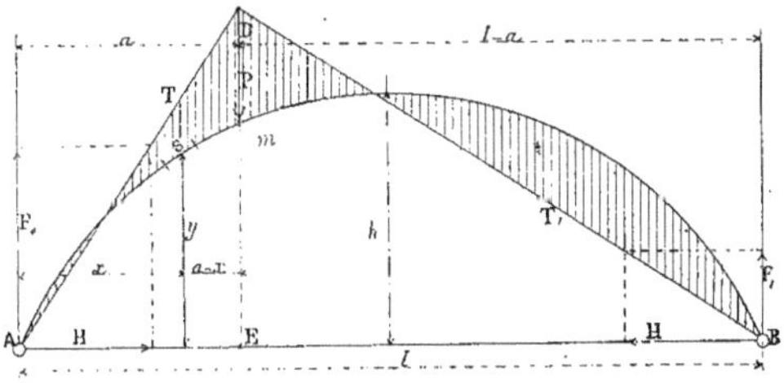

D'où on tire pour la poussée H, constante pour une même charge, en remarquant que le facteur s commun à tous les termes disparaît :

$$H = P \frac{\frac{l-a}{l} \sum_0^a x \cdot y \cdot + \frac{a}{l} \sum_a^l (l - x) y}{\sum_0^l y^2}. \qquad (d)$$

Le numérateur de cette expression peut s'écrire comme suit :

$$a\sum_0^l \frac{l-x}{l}y-\sum_0^a\left(\frac{l-x}{l}a-\frac{l-a}{l}x\right)y,$$

ou, toutes réductions faites dans la parenthèse :

$$a\sum_0^l \frac{l-x}{l}y-\sum_0^a(a-x)y,$$

et enfin, il vient pour expression de la poussée :

$$H=P\frac{a\sum_0^l \frac{l-x}{l}y-\sum_0^a(a-x)y}{\sum_0^l y^2}. \qquad (e)$$

Théorème de J. Rothlisberger (1). — Si l'on considère chaque ordonnée y comme représentant une charge fictive sur une poutre simple ayant la longueur l de la corde de l'arc, on voit de suite que le premier terme sous le signe Σ_0^l n'est autre chose que la réaction sur l'appui de gauche, résultant de ces charges fictives y ; cette réaction multipliée par a, c'est son moment par rapport au point m d'application de la charge P. Le second terme sous le signe Σ_0^a est le moment des y par rapport à ce même point m. Si donc on désigne par My le moment des ordonnées y, comprises de A à m, considérées comme des charges fictives appliquées à la corde de l'arc, la relation ci-dessus peut s'écrire :

$$H=P\frac{My}{\sum_0^l y^2}.$$

Telle est la relation très remarquable de la poussée, donnée par M. J. Röthlisberger et qu'il a exprimée par le théorème suivant :

Dans un arc symétrique à deux pivots, la poussée due à une charge verticale P *est égale à cette charge multipliée par le moment statique* (My de A à m) *des ordonnées de l'arc appliquées à sa corde, et divisée par la somme des carrés des ordonnées de l'arc entier* (Σy^2).

Cette méthode de calcul de la poussée est indépendante de la forme de l'arc, et nous l'appliquerons bientôt.

Poussée H' due à l'élévation de la température. — Il est intéressant de pouvoir déterminer l'accroissement de la poussée correspondant à une élévation de la température par rapport à celle existant au moment du clavage de l'arc.

Soit $\delta = 0{,}000012$, le coefficient de dilatation du fer ;

τ, l'élévation de la température en degrés. s longueur d'un élément,

En nous reportant aux relations (a) et (c) et en faisant $P=0$, le déplacement horizontale u, dû à l'élévation de température sera :

$$u\,EI = l\delta\tau\,EI = H'\,\Sigma\overline{y}^2 s,$$

d'où

$$H' = \delta\tau E\frac{lI}{s\,\Sigma y^2}.$$

(1) Calcul de la poussée de l'arc élastique à deux pivots, par J. Röthlisberger. — *Revue polytechnique*, Schweizerische bauzeitung, 1887.

S, étant la section totale de l'arc, h la demi-hauteur de cette section on a : $I = Sh^2$. Si nous prenons $E = 18000000$ tonnes par m. carré, et enfin si nous supposons une élévation de température $\tau = 30°$, on aura :

$$H' = 6480 \frac{l S h^2}{s \Sigma y^2} \quad \text{en tonnes,} \qquad (f)$$

relation facile à calculer, puisque toutes les quantités sont des dimensions de l'arc.

Ces dimensions étant prises en mètres la poussée H sera exprimée en tonnes de 1000 k.

Actuellement, en une section quelconque de l'arc, les composantes N et F de cette poussée H' étant toujours perpendiculaires l'une à l'autre, seront toujours inscrites dans le demi-cercle tracé sur H' comme diamètre (fig. 173), Ces forces N et F sont à ajouter à celles qui résultent des charges, pour avoir les efforts totaux en chaque section.

Cette poussée H' agissant horizontalement aux rotules, produit en chaque section de l'arc dont l'ordonnée est y, un moment négatif $H'y$ qui s'ajoute algébriquement au moment produit par les charges. Ce moment $H'y$ est évidemment maximum à la clef.

Calcul de la poussée d'un arc parabolique portant une charge unique P. — Le calcul direct de la poussée dans un arc parabolique présente un certain intérêt parce que les arcs circulaires surbaissés, dont la flèche est faible par rapport à la portée, peuvent être assimilés à un arc parabolique, avec une approximation bien suffisante en pratique.

Si dans la relation (e) on remplace le signe Σ par celui $\int$, et multipliant par dx, on a :

$$H = P \frac{\frac{l-a}{l} \int_0^a y x dx + \frac{a}{l} \int_0^l y (l-x) dx}{\int_0^l y^2 dx}.$$

Fig. 173.

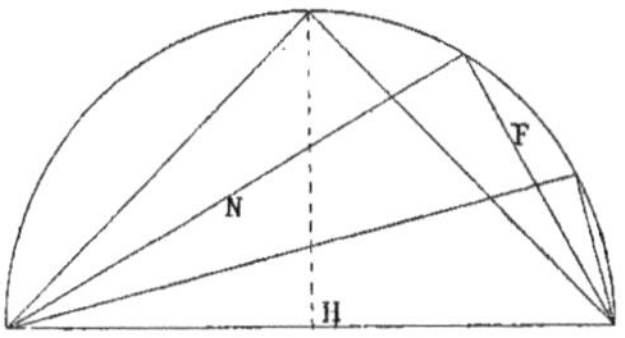

Dans un arc parabolique dont la flèche est h, on a :

$$y = 4 \frac{h}{l^2} (lx - x^2) \cdot$$

En substituant et effectuant les intégrales, on a :

$$\frac{l-a}{l} \int_0^a y \cdot x \cdot dx = \frac{4h}{12 l^2} \frac{l-a}{l} (4a^3 l - 3a^4);$$

$$\frac{a}{l} \int_0^l y (l-x) dx = \frac{4h}{12 l^2} \frac{a}{l} (l^4 - 6a^2 l^2 + 8a^3 l - 3a^4);$$

$$\int_0^l y^2 dx = \frac{8}{15} h^2 l;$$

en mettant ces valeurs dans l'expression ci-dessus de H, il vient :

$$H = P \frac{5a}{8hl^3} (l-a)(l^2 + al - a^2). \qquad (g)$$

C'est la relation donnée par M. le professeur Weyrauch ; relation facile à calculer puisque toutes les quantités sont des dimensions de l'arc et le poids P est donné.

Charge mobile. Ligne des réactions des appuis (fig. 174). — Si la charge P se déplace sur l'arc, le lieu des points D de concours des réactions des appuis se trouve sur une courbe A'B', appelée par Winckler : *Ligne des réactions des appuis*. Elle est facile à tracer, on a en effet :

$$DE : a :: F_0 : H \quad \text{ou} \quad DE = a\frac{F_0}{H}.$$

Pour un arc surbaissé assimilable à la parabole, la valeur de H est donnée par la relation (g) précédente, et on a $F_0 = \dfrac{P(l-a)}{l}$, substituant, il vient :

$$DE = \frac{8}{5}\frac{hl^2}{(l^2 + al - a^2)}.$$

Pour $a =$	0	1/8 l	1/4 l	3/4 l	1/2 l
on a $DE = h \times$	1,6	1,442	1,348	1,298	1,28

Cette courbe A'B' est indépendante de la valeur absolue de P, une fois tracée, elle

Fig. 174.

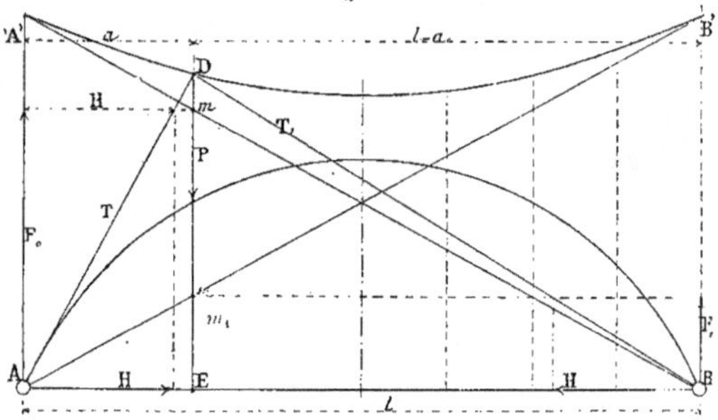

permet de trouver de suite pour une charge quelconque, toutes les forces extérieures. Pour $a = o$, on a : $F_0 = P$. Si on représente P par l'ordonnée AA', et qu'on mène BA' qui coupe la verticale P au point m, on a :

$$mE : P :: l - a : l, \quad \text{d'où} \quad mE = P\frac{l-a}{l} = F_0.$$

Si $BB' = P$, la ligne AB' coupe la verticale de P en m_1 tel que $m_1 F = F_1$.

Connaissant F_0 et la direction de T, on aura la poussée H en complétant le parallélogramme ; H est représentée par la portion de l'horizontale, menée du point m, qui est découpée par les directions de F_0 et T, à la même que P représenté par AA'.

Moment de flexion. Compression. Effort tranchant. — Connaissant la réaction verticale F_0 et la poussée horizontale H sur l'appui A, on calculera la réaction totale T sur l'arc, à la naissance ; la compression normale N pour une section faisant l'angle α sur l'horizon, le moment fléchissant μ pour une section dont les coordonnées sont x, y ; et enfin l'effort tranchant F dans cette section par les relations :

$$T = F_{2}\sqrt{{}_{0} + H^{2}} \qquad \mu = F_0\,x - H\,y$$

$$N = F_0 \sin\alpha + H \cos\alpha \qquad F = F_0 \cos\alpha + H \sin\alpha.$$

On tiendra compte s'il y a lieu de l'élévation de la température, comme précédemment. La section de l'arc se calcule exactement comme pour l'arc précédent.

Application de la relation (e). — Cette relation est :

$$H = P\,\frac{a\sum_0^l \frac{l-x}{l}\,y - \sum_0^a (a-x)\,y}{\sum_0^l y^2}.$$

Fig. 175.

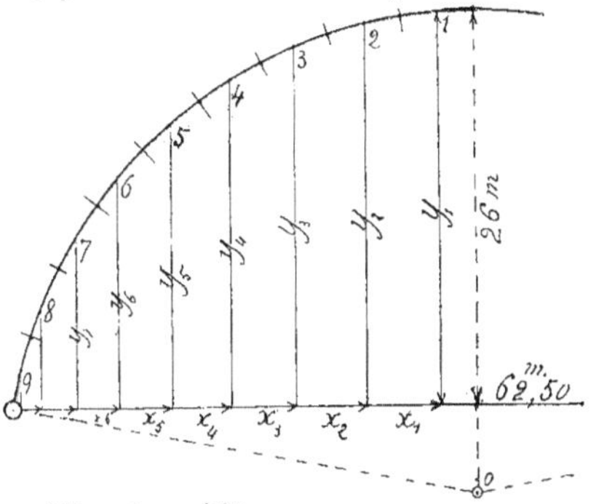

Nous rapportons cette application telle qu'elle a été faite par M. Röthlisberger, mais en détaillant les calculs.

Soit fig. 175 un arc de $62^m,50$ de corde; de 26 m. de flèche; divisé en 18 tronçons d'égale longueur, pour lesquels on a relevé sur le dessin l'ordonnée moyenne y et l'abscisse correspondante x. La hauteur de l'arc est supposée constante.

On a aussi relevé les $(a - x)$ en faisant $a = x$; enfin connaissant les y, on calcule les $\overline{y}^2$.

L'arc étant symétrique il suffit d'en considérer la moitié.

$x_1 = 28^m,42$		$y_1 = 25^m,91$	$y_1^2 = 671,33$
$x_2 = 23,62$	$x_1 - x_2 = 4,80$	$y_2 = 25,16$	$y_2^2 = 633,03$
$x_3 = 18,92$	$x_1 - x_3 = 9,50$	$y_3 = 23,64$	$y_3^2 = 558,85$
$x_4 = 14,52$	$x_1 - x_4 = 13,90$	$y_4 = 21,40$	$y_4^2 = 457,96$
$x_5 = 10,52$	$x_1 - x_5 = 17,90$	$y_5 = 18,50$	$y_5^2 = 342,25$
$x_6 = 7,04$	$x_1 - x_6 = 21,30$	$y_6 = 15,00$	$y_6^2 = 225,00$
$x_7 = 4,15$	$x_1 - x_7 = 24,20$	$y_7 = 11,00$	$y_7^2 = 121,00$
$x_8 = 1,92$	$x_1 - x_8 = 26,5$	$y_8 = 6,58$	$y_8^2 = 31,13$
$x_9 = 0,40$	$x_1 - x_9 = 28,0$	$y_9 = 1,89$	$y_9^2 = 3,57$
		Total 149,08	total 3044,12

Pour l'arc entier, on a donc, au dénominateur :

$$\sum_0^l y^2 = 3044 \times 2 = 6088.$$

Les ordonnées y étant considérées comme des charges appliquées à l'extrémité de leurs abscisses, leur réaction sur l'appui F_0, sera égale à la moitié de la somme des y pour l'arc entier,

soit : $$F_0 = \Sigma y = 149.$$

Les moments statiques M_1 à M_9, de ces charges fictives y, pris successivement par rapport au point milieu de chaque tronçon, s'obtiennent comme suit : Dans le calcul du moment M_1, le terme négatif $\Sigma_0^a (a - x) y$, s'obtient en faisant $a = x_1$. On a :

$$\left.\begin{array}{l}
y_2\ (x_1 - x_2) = 25,16 \times 4,8 = 126,76 \\
y_3\ (x_1 - x_3) = 23,64 \times 9,5 = 224,58 \\
y_4\ (x_1 - x_4) = 21,4 \times 13,9 = 297,46 \\
y_5\ (x_1 - x_5) = 18,5 \times 17,9 = 331 \\
y_6\ (x_1 - x_6) = 15 \times 21,3 = 120 \\
y_7\ (x_1 - x_7) = 11 \times 24 = 266 \\
y_8\ (x_1 - x_8) = 6,58 \times 16,5 = 174,37 \\
y_9\ (x_1 - x_9) = 1,89 \times 28 = 53
\end{array}\right\} = 1793.$$

On calculerait de même les autres termes négatifs en faisant successivement $a = x_2$; $a = x_3$: ..... $a = x_9$.

On a enfin pour les moments en 1, 2, 3.... 9 :

$M_1 = 149,08 \times 28,42 - 1793 = 2443$	$H_1 = 0,400$
$M_2 = 149,08 \times 23,62 - 1196 = 2325$	$H_2 = 0,380$
$M_3 = 149,08 \times 18,92 - 737 = 2083$	$H_3 = 0,339$
$M_4 = 149,08 \times 14,52 - 410 = 1755$	$H_4 = 0,2873$
$M_5 = 149,08 \times 10,52 - 198 = 1370$	$H_5 = 0,2243$
$M_6 = 149,08 \times 7,04 - 78 = 971$	$H_6 = 0,1590$
$M_7 = 149,08 \times 4,15 - 21,8 = 597$	$H_7 = 0,0977$
$M_8 = 149,08 \times 1,92 - 2,9 = 283$	$H_8 = 0,0464$
$M_9 = 149,08 \times 0,40 \quad 59,6$	$H_9 = 0,0097$
	Total 1,945

Enfin en divisant ces moments par $\Sigma y^2 = 6088$, on obtient les coefficients H_1 à H_9 de la poussée. Cette poussée s'obtient en multipliant ces coefficients par la charge P sur chaque tronçon.

Si les 9 tronçons portent une charge $P = 1000^k$ la poussée $H = 1945^k$.

Si l'arc est entièrement chargé de 18^t, la poussée $H = 3890^k$.

Par cette méthode le calcul d'un arc est aussi simple que celui d'une poutre droite.

Application au Pont du Douro. Pl. XXIX. — Cet ouvrage a été établi en 1875 près Porto (Portugal) pour M. Eiffel (E. C. P.).

La distance des articulations = 160 m., la flèche ou montée = $42^m,50$.

Cette arche est constituée par deux arcs inclinés l'un sur l'autre, de façon à offrir une large base sur les culées. Chaque arc est formé de panneaux à membrures droites à deux diagonales avec montants verticaux, fortement entretoisés au droit des montants et contreventés à l'intrados et à l'extrados (1).

Calculons la poussée par la relation (*e*).

L'arc étant symétrique, il suffit d'en considérer la moitié que nous divisons en 10 tronçons. Un tracé à grande échelle a donné les x et les y comme suit :

$x_1 = 2^m,7$	6	$y_1 = 4$	$y_1^2 = 16$
$x_2 = 8,7$	6,6	$y_2 = 11$	$y_2^2 = 121$
$x_3 = 15,3$	7,4	$y_3 = 18$	$y_3^2 = 324$
$x_4 = 22,7$	7,8	$y_4 = 24$	$y_4^2 = 576$
$x_5 = 30,5$	8,3	$y_5 = 29$	$y_5^2 = 841$
$x_6 = 38,8$	8,7	$y_6 = 33,4$	$y_6^2 = 1115$
$x_7 = 47,5$	9,10	$y_7 = 37$	$y_7^2 = 1369$
$x_8 = 56,6$	9,3	$y_8 = 40$	$y_8^2 = 1600$
$x_9 = 65,9$	9,4	$y_9 = 41,6$	$y_9^2 = 1730$
$x_{10} = 75,3$		$y_{10} = 42,5$	$y_{10}^2 = 1806$
		280,5	9498 soit 9500.

Pour l'arc entier, on a donc $\Sigma y^2 = 9500 \times 2 = 19000$

La réaction sur l'appui est la demi somme des y ou $F_0 = 280$.

Nous calculons maintenant les moments My pour chaque charge y, puis en les divisant par 19000, nous avons les coefficients H_1 à H_{10}

$M_1 = 280 \times 2,7$	$= 756$	$H_1 = 0,040$	
$M_2 = 280 \times 8,7 - (4 \times 6)$	$= 2412$	$H_2 = 0,127$	
$M_3 = 280 \times 15,3 - (4 \times 12,6 + 11 \times 6,6)$	$= 4161$	$H_3 = 0,219$	
$M_4 = 280 \times 22,7 - 367$	$= 5989$	$H_4 = 0,315$	
$M_5 = 280 \times 30,5 - 811$	$= 7739$	$H_5 = 0,407$	
$M_6 = 280 \times 38,8 - 1525$	$= 9339$	$H_6 = 0,491$	$= 4,139.$
$M_7 = 280 \times 47,5 - 2564$	$= 10736$	$H_7 = 0,565$	
$M_8 = 280 \times 56,6 - 3897$	$= 11861$	$H_8 = 0,624$	
$M_9 = 280 \times 65,9 - 5814$	$= 12638$	$H_9 = 0,665$	
$M_{10} = 280 \times 75,3 -$	$= 13036$	$H_{10} = 0,686$	

Poussée sous la charge permanente. — Le poids de l'arc a été évalué à 40000^k pour chacun des 10 tronçons du demi arc. La poussée pour l'arc entier est donc :

$H_1 = 40000 \times 4,139 \times 2 = 331120$ }
On a trouvé par la méthode ordinaire, 341336 } diff. 10216 = 3 %.

Poussée sous la surcharge totale. — Cette surcharge a été évaluée à 4000^k par mètre courant. La partie centrale *a b* du tablier, correspondant aux cinq panneaux supérieurs, et formant une longueur de 52 m., peut être considérée comme une poutre

(1) Nous empruntons les données au mémoire de M. Seyrig. — *Bulletin de la Société des Ingénieurs civils de France*, 1878.

à 5 travées ou plus simplement on peut considérer la surcharge comme également répartie sur chaque montant de l'arc.

On a donc : $P_2 = P_3 = 40000 \times 10{,}40 = 41600^k$,

$P_1 = 40000 \times 5{,}20 = 20800.$

De chaque côté de cette partie centrale *a b* se prolongent des poutres à 4 et 5 travées. Pour simplifier le calcul on peut considérer la partie *b c* comme une poutre encastrée en *c* et reposant librement en *b*. La réaction en *c* est :

$$P_1' = \frac{3}{8} pl = \frac{3}{8} 4000 \times 28{,}75 = 43125 \text{ k.}$$

Sur l'appui *b* on a donc en tout $P_1 + P_1' = 20800 + 43125 = 63925.$

Sur l'appui *c* on aura : au maximum :

$$P = \frac{5}{8} pl + 0{,}5 pl = 1{,}125 \times 4000 \times 28{,}75 = 129725 \text{ k.}$$

Toutes les surcharges P-P_1-P_2-P_3 sont donc connues.

Nous supposons les charges P_1-P_2-P_3 des montants comme agissant sur les lignes de division 8-9 et 10, quoiqu'il y ait une petite différence, cela augmentera un peu la poussée. Nous admettons aussi que la charge $P = 130000^k$ en chiffre rond, se répartit également sur les divisions 4 et 5. On a donc en appliquant les coefficients H_4-H_5-H_8-H_9 et H_{10} précédents :

Au point 4. . . .	65000 × 0,315	= 20475		
5. . . .	65000 × 0,407	= 26455		
8. . . .	64000 × 0,624	= 39936		144961.
9. . . .	43000 × 0,665	= 28595		
10. . . .	43000 × 0,685	= 29500		
$P + P_1 + P_1' + P_2 + P_3 =$	280000			

Soit pour l'arc entier 289922^k; M. Seyrig a trouvé 280700^k.

Nous trouvons donc 1/28 en plus, soit 3,6 % en plus.

La poussée sur un arc simple sera $H = 0{,}5\,(331000 + 289900) = 310450^k$.

La réaction verticale F_0 = la moitié de l'arc $+ 0{,}5\,(P + P_1 + P' + P_2 + P_3)$

$$F_0 = 200000 + 140000 = 340000^{kg}.$$

Application au Pont de Garabit. Pl. XXIX. — Cet ouvrage a été établi en 1880 par M. Eiffel, sur la ligne de Marvejols à Neussargues (1).

L'arche centrale, dont la ligne moyenne est une parabole, est constituée encore par deux arcs inclinés l'un sur l'autre et articulés aux naissances. La distance horizontale des arcs qui, à la clef et à l'extrados est de $6^m,25$, atteint 20^m aux articulations des naissances. La portée de l'arche $l = 165^m$; la flèche moyenne $h = 65^m$.

Les petites palées, près de la clef, font corps avec le tablier.

Ce tablier est constitué par des poutres simples interrompues au droit des palées.

(1) Mémoire de M. Eiffel. — *Bulletin de la Société des Ingénieurs civils*, 1880.

On supprime ainsi la fatigue que produisent dans un tablier continu les déformations verticales de l'arc, sous une charge non symétrique.

L'arc parabolique portant une charge uniforme suivant sa corde, ne subit que la compression. Les moments fléchissants sont dus aux charges isolées produites par le tablier sur les grandes palées.

Calcul de la poussée, arc parabolique (fig. 176). — Le poids propre de l'arc est évalué à $p = 4000$ k. par mètre de la corde. Sous ce poids uniforme l'arc ne subissant aucun moment de flexion la poussée H' se calcule par la relation :

$$H' = p\frac{l^2}{2h}, \quad \text{ou ici :} \quad H' = 4000\,\frac{\overline{82{,}5}^2}{2 \times 65} = 209260 \text{ k.}$$

La surcharge est encore : $p = 4000$ k. par mètre du tablier. Ce tablier étant formé de poutres simples, les charges P et P' sont les suivantes :

Sur petites palées :

$P = 4000 \times 24{,}67 = 98700$ k.

Sur grandes palées :

$P_1 = 4000 \times 38{,}31 = 153240$ k.

La poussée pour chaque charge se calcule par la relation (g)

$$H = 0{,}625\,P\,\frac{a^3}{h\,l^3}\,(l - a)\,(l^2 - a\,l - a^2)$$

$l = 165$ — $l^2 = 27200$

— $l^3 = 449200$ — $h = 65$

— $hl^3 = 292000000$

Fig. 176.

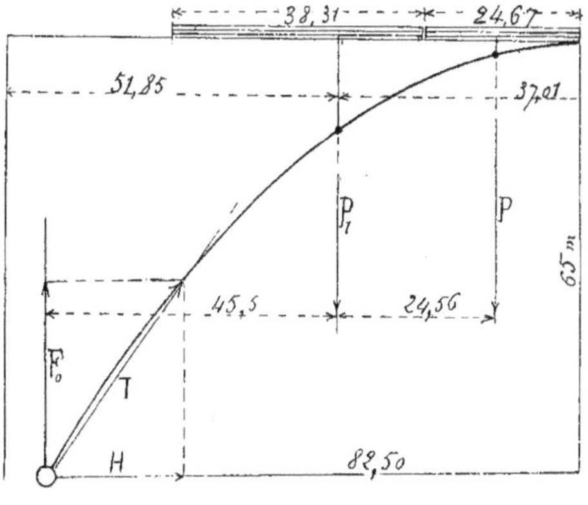

Petites palées, — $a = 70{,}16$ — $a^2 = 4922$ — $l\text{-}a = 95$ — $al = 11576$.

$$H_1 = 0{,}625 \times 98700\,\frac{70{,}16}{292000000} \times 95\,(27200 + 11576 - 4922) = 49670 \text{ k.}$$

Grandes palées, — $a = 4{,}55$ — $a^2 = 2070$ — $l\text{-}a = 119$ — $al = 7500$.

$$H_{11} = 0{,}625 \times 153240\,\frac{45{,}5}{292000000} \times 119\,(27200 + 7500 - 2070) = 57950\,\cdot$$

Pour l'arche entière il faut doubler ces poussées $H_1 + H_{11}$ et ajouter H'.

La poussée pour un arc simple sera $H_1 + H_{11} + \frac{H'}{2}$ ·

Soit : $H = 49670 + 57950 + 104630 = 212250$ k.

La réaction totale sur l'appui : $F_0 = 4000 \times 82{,}5 + P + P_1 = 581940$ et pour un arc seul $F_0 = 290970$.

On aura maintenant pour la réaction totale de l'appui :

$$T = \sqrt{F_0^2 + H^2}.$$

Pour toute section de A à m, la poussée H est constante, mais la composante verticale va en diminuant; pour une section à la distance x de l'appui, le poids de l'arc étant p par mètre de la corde, la composante verticale est $(F_0 - px)$.

Si donc on trace le polygone rectiligne des charges de l'arc : les p_x, P_1 et P de A en B, en divisant l'arc en un certain nombre de panneaux, si on mène les rayons d'un pôle à la distance H menée à la base du polygone des charges, puisqu'on trace de A à B le funiculaire correspondant, la surface comprise entre ce funiculaire est la courbe moyenne de l'arc, représentera les moments de flexion. Enfin on calculera la section des membrures et des diagonales de l'arc comme pour l'arc précédent.

Voici les coefficients de travail du métal sous les charges :					
	Charge permanente,	membrures $R = 2^k$;		treillis	$R = 1^k$
	Surcharge totale,	—	$= 2$	»	$= 1$
	Action du vent,	—	$= 2$	»	$= 3$

FERME DES ANNEXES, EXP^{ON} 1878 (Pl. XXVIII)

Dans le cas d'une charge uniforme p par mètre, la seule à considérer dans les fermes de charpente, nous savons que le funiculaire des moments est une parabole, comme pour une poutre droite. Or, la condition de l'équilibre de l'arc est :

$$\int \frac{\mu}{I} y \, ds = 0.$$

Cette intégrale étant prise pour l'arc entier, il faut évidemment, pour qu'elle soit nulle, que μ change de signe, c'est-à-dire que la parabole passant par les appuis ou $\mu = 0$, coupe l'arc en 2 points. Soit K ce point pour une demi-ferme.

Remplaçons $\frac{\mu}{I}$ par son égal $\frac{R}{v}$ ou $\frac{R}{h}$, $h = 2v$ et si nous supposons R constant on aura pour l'arc entier :

$$\int_a^c \frac{y\,ds}{h} = \int_a^k \frac{y\,ds}{h} - \int_k^c \frac{y\,ds}{h} = 0 \qquad \text{où} \qquad \int_a^k \frac{y\,ds}{h} = \int_k^c \frac{y\,ds}{h}.$$

M. M. Lévy, a résolu cette intégrale en considérant comme droites les lignes moyennes $AB = H_1$ du pilier et BC de l'arbalétrier. Appelant h la hauteur moyenne de l'arbalétrier, h_1 celle du pilier, enfin en faisant $Cc = H$ et $Ac = l$, on a :

$$\text{Hauteur du point } K = 0{,}707 \sqrt{H^2 + H_1^2 \left(1 - \frac{h}{h_1} \times \frac{H - H_1}{l}\right)}.$$

Ces quantités peuvent être exprimées en mètres ou relevées sur l'épure en millimètres, on a ainsi, sur notre dessin fait au 1/100e :

$$H = 112; \quad H_1 = 60; \quad l = 117; \quad h = 6; \quad h_1 = 7$$

d'où :

$$\text{Hauteur de } K = 0{,}707 \sqrt{\overline{112}^2 + \overline{60}^2 \left(1 - \frac{6}{7} \times \frac{52}{117}\right)} = 86 \text{ m/m}.$$

Cette hauteur, que nous retrouverons par la méthode graphique, est exactement celle qui a été trouvée a posteriori par MM. Molinos et Seyrig, mais par une série de calculs laborieux et en considérant le moment d'inertie en chaque section (1).

Ce point K étant déterminé, voici comment on trace la parabole (2).

On calcule la distance $C'c = x_1$ ou l'abscisse du sommet de la parabole au dessus du point A, d'après l'équation de la parabole. Soit $y_1 =$ Ac l'ordonnée de A, x et y les coordonnées du point K ;

Les carrés des ordonnées, y^2, y_1^2 *sont entre eux comme leurs abscisses* x, x_1 :

$$y_1^2 : y^2 :: x_1 : x \qquad \text{ou} \qquad y^2 - y^2 : y_1^2 :: x_1 - x : x_1.$$

d'où :

$$x_1 = y_1^2 \frac{x_1 - x}{y_1^2 - y^2}.$$

En relevant les données sur le dessin on trouve $(x_1 - x) = 86$; $y_1 = 117$, $y = 65$, d'où :

$$x_1 = C'c = \overline{117}^2 \times \frac{86}{\overline{117}^2 - \overline{65}^2} = 124^m,4.$$

La verticale Dd passant au milieu de Ac, étant la direction de la résultante de la charge totale pl sur la demi-ferme, si nous menons une horizontale de C', elle déterminera le point D et par suite la direction AD de la réaction en A. Ces lignes C'D et AD sont les tangentes extrêmes de la parabole que nous pouvons tracer.

Si donc, Dd représente la charge totale, C'D = 0,5 l représente la poussée H, d'où (cette lettre H désignait précédemment la hauteur Cc, mais il n'y a pas de confusion possible) :

$$H : pl :: \frac{2}{l} : C'c \qquad \text{ou} \qquad H = p\frac{l^2}{2C'c} = p\frac{\overline{117}^2}{2 \times 124{,}4} = 54{,}76 \times p.$$

Voici les poids de cette ferme :	Ossature métallique = 15 k. Pannes et voliges = 33 Tuiles métalliques = 8 Surcharge de neige = 44	100 k.

L'écartement des fermes étant de 5^m; $p = 500$ k. et $H = 54{,}76 \times 500 = 27380$ k.

La parabole ou courbe des pressions étant tracée nous en déduirons, comme pour l'arc articulé, la compression normale N, l'effort tranchant F et le moment fléchissant réel en un point quelconque, puis la section d'une membrure en prenant h ou h_1 pour hauteur de l'arc, par la relation :

$$RS = \frac{N}{2} \pm \frac{\mu}{h}.$$

Si on fait R constant, on constituera une ferme d'égale résistance.

---

(1) *Bulletin de la Soc. des Ingénieurs civils*, année 1879.

(2) La détermination qui suit est, croyons-nous, plus simple que celle donnée par M. M. Lévy dans sa *Statique graphique*.

ARC ENCASTRÉ

Principe. — Les deux extrémités d'un arc étant encastrées, la tangente à la fibre neutre en ces points ne varie pas, quelles que soient les charges. L'arc étant en équilibre sous les charges qui le sollicitent et les couples correspondant aux moments d'encastrement, la rotation en une section quelconque est nulle. On a donc :

$$\frac{i}{v} ds = \frac{\mu . ds}{\mathrm{EI}} = 0.$$

De plus, le déplacement vertical et celui horizontal sont aussi nuls. On a donc, en faisant les sommes intégrales pour l'arc entier, et en considérant E et I comme constants, les trois conditions :

$$\int \mu . ds = 0 ; \qquad \int \mu . ds\, x = 0 ; \qquad \int \mu . ds\, y = 0.$$

Or, si nous considérons encore les $\mu . ds$ comme des charges fictives, ces relations signifient que l'arc encastré est en équilibre *astatique*. La 1re signifie que la somme de ces charges agissant verticalement est nulle. $\int \mu . ds x$, signifie que la somme des flexions dans le sens vertical est nul, ce qui est évident en raison de la symétrie, comme cela aurait lieu pour une poutre droite égale à la corde de l'arc.

La dernière relation est la même que pour l'arc articulé, elle signifie, comme nous le savons, que la somme des flexions dans le sens horizontal ou pour une poutre fictive égale à la flèche de l'arc, est nulle.

Application. — Ferme encastrée. Pl. XXVIII. — Dans une ferme soumise à une charge uniforme, la courbe des pressions ou des moments est une parabole.

Puisque le pilier de la ferme est encastré, cette parabole coupera la courbe moyenne à une certaine hauteur AK_1 dont l'ordonnée représente le moment d'encastrement, et pour que la première condition ci-dessus puisse être satisfaite, μ devra changer de signe de K_1 en C, donc la parabole coupera encore la courbe moyenne en un certain point K. Ces points une fois connus, la parabole sera déterminée.

La seconde des relations précédentes est satisfaite par la symétrie de l'arc et des charges. Pour la 1re et la 3e conditions, si, comme précédemment, on remplace μ par sa valeur en fonction de R, I et $v = 0{,}5h$:

$$\mu = \mathrm{R}\frac{\mathrm{I}}{v} = \mathrm{R}\frac{\mathrm{I}}{0{,}5h}.$$

Ces relations deviennent, en prenant les sommes pour l'arc entier et en négligeant les constantes R, I et 0,5 :

la 1re : $\int_o^{k_1} \frac{y\,ds}{h} - \int_k^{k} \frac{y\,ds}{h} + \int_k^{c} \frac{y\,ds}{h} = 0$; la 3me : $\int_o^{k'} \frac{ds}{h} - \int_k^{k'} \frac{ds}{h} + \int_k^{c} \frac{ds}{h} = 0.$

Ce sont ces intégrales que M. M. Lévy a résolues, en posant $h_1 = h \sin i$, h_1 hauteur moyenne transversale du pilier, h la hauteur moyenne transversale de l'arbalétrier et i l'angle de son inclinaison à l'horizon, ou inclinaison de la toiture. On trouve alors pour les distances verticales des points K_1 et K :

$$AK_1 = 0{,}25\ Cc; \qquad ck = 0{,}75\ Cc; \qquad \text{ou} \quad k_1 k = 0{,}5\ Cc.$$

Cc, hauteur de la courbe moyenne sur l'axe, k_1 et k projections de K_1 et K.

Les points K_1 et K étant connus, on déterminera le sommet de la parabole comme page 173. En relevant sur le dessin les coordonnées $y = 98$, $y_1 = 133$, $x_1 - x = 87$ de ces points, par rapport à l'axe Cc de la ferme pris pour axe des x, on a :

$$x_1 = y_1^2 \frac{x_1 - x}{y_1^2 - y^2} \qquad \text{d'où} \quad x_1 = \overline{133}^2 \frac{87}{\overline{133}^2 - \overline{98}^2} = 190 \text{ m/m}.$$

Telle est la hauteur verticale x_1 du sommet C' de la parabole, au-dessus de K_1.

Actuellement du point C' on mènera une horizontale qui, rencontrant en D la verticale Dd direction de la résultante de la charge élevée sur le milieu de la demi-portée Ac, détermine la direction K_1D de la tangente en K_1 à la parabole. Cette courbe étant tracée on opérera exactement comme pour l'arc articulé de 110 mètres ; on évaluera les poids de la couverture, des pannes, puis celui de l'arbalétrier compté jusqu'à la bissectrice, c'est-à-dire sans le pilier. On fera un tracé analogue à celui de la pl. XXVII, qui donnera la compression normale N et l'effort tranchant F en chaque section voulue, puis en se donnant R on déduira la section S_1 d'une membrure de la relation :

$$R S_1 = \frac{\mu}{h} \pm \frac{N}{2},$$

h étant la distance des centres de gravité des sections des membrures au point considéré, distance que l'on prendra, un peu inférieure à la hauteur totale de l'arc.

Si la hauteur de l'arc est faible et qu'on se donne sa section totale = S, on pourra calculer le moment d'inertie I, et en déduire le coefficient R de travail du métal, par la relation :

$$R = \frac{N'}{S} \pm \mu \frac{v}{I}; \qquad v \text{ étant la demi-hauteur de la section.}$$

Voici quelques données relatives aux fermes de l'exposition de 1878.

Poids par mètre de projection horizontale	de la couverture métallique et voliges.	27 k.	= 120 k.
	de l'ossature sans le pilier	52	
	surcharge de neige	41	

L'écartement de deux fermes étant de 15 mètres, le poids par mètre courant est $p = 120 \times 15 = 1800$ kil. et le poids total, $1800 \times 17{,}7 = 31860$ kil.

La poussée horizontale a alors pour valeur :

$$H = 31860 \frac{K_1 d}{x_1} = 31860 \frac{66{,}5}{190} = 11150 \text{ k}.$$

Cette poussée déterminera le moment μ en chaque point du pilier.

Au point K_1 où ce moment est nul, la section du pilier résistera à la compression normale N, composée de la charge supérieure 31860 kil., plus le poids propre du pilier au dessus de K_1.

Tous ces calculs n'offrent plus aucune difficulté.

CHAPITRE XI

CALCUL DES ARCS

MÉTHODES GRAPHIQUES

Arc circulaire à 3 articulations (1).

Charge uniforme. — Dans le cas d'une charge uniforme suivant la corde de l'arc (fig. 177), la courbe des forces extérieures ou limitative de la surface des moments est une parabole et cette courbe passe par les articulations de l'arc, elle est donc facile à tracer.

Fig. 177.

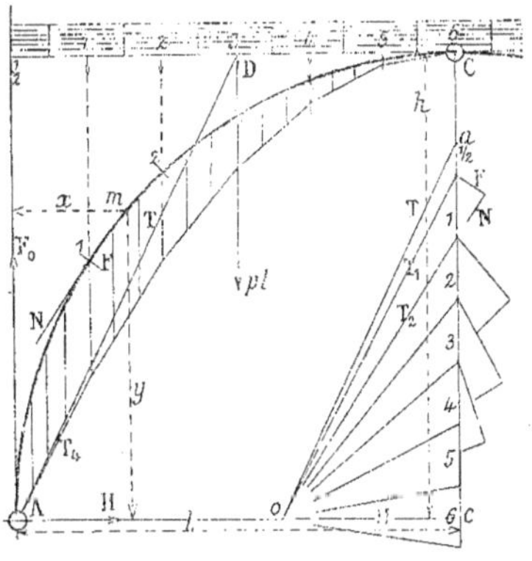

Nous savons que la résultante pl, de la charge uniforme sur la moitié de l'arc, passe au milieu de l, et qu'elle est équilibrée par les réactions en A et en C : or la réaction en C est horizontale, cette direction détermine, sur la verticale élevée au milieu de l, le point D et par suite la direction AD de la réaction en A. Les lignes CD et AD sont les tangentes extrêmes de la parabole et peuvent servir à la tracer comme nous le savons. Si maintenant nous représentons à une échelle donnée, la charge pl sur le demi arc par la longueur ac et si nous menons de a une parallèle à AD et de C une parallèle à CD nous aurons à l'échelle adoptée, $ao = \mathrm{T}$ et $oc = \mathrm{H}$.

Au lieu de tracer la parabole par ses tangentes extrêmes, on se contente souvent du polygone inscrit. Pour le tracer divisons la longueur l en un certain nombre de parties égales (6 sur notre figure), portons de a en c les charges 1/2, 1, 2, 3.... correspondantes aux verticales de chaque division, puis traçons les rayons au pôle o, enfin en partant de A ou de C nous tracerons le funiculaire dont les côtés sont parallèles à ces rayons. Les ordonnées de la surface hachurée représentent les moments à l'échelle $n\mathrm{H}$ comme nous le savons, on a : $\mathrm{F}_0 l = \mathrm{H}h$ et $\mu = \mathrm{F}_0 x - \mathrm{H}y$.

(1) Nous reparlerons de l'arc portant des charges concentrées quelconques, à la page 203.

Compression. Effort tranchant. — Chaque rayon concourant au pôle *o* représente en direction et en intensité, à l'échelle de *ab*, la résultante de translation T_1 — T_2..., qui agit en chacune des sections 1, 2,... déterminées par les divisions de l'arc, de toutes les forces agissant à gauche de ces sections. Ainsi pour la section 1, T_1 est la résultante de T réaction de l'appui et de la charge 1/2 qui agissent à sa gauche. Si donc en cette section 1 on décompose T_1 suivant la tangente à l'arc et suivant une perpendiculaire à cette tangente, on aura la compression N normale à la section et l'effort tranchant F dans cette même section. On opérerait de même pour toutes les autres sections. Au point C, F=0,5 les charges 1, 2.., 6 étant égales à 1 et N=H; au point A, $N=F_0=ac$.

Section des membrures. — Connaissant le moment de flexion μ, représenté en chaque section par l'ordonnée comprise entre le polygone et la courbe moyenne de l'arc, ainsi que la composante normale N, et connaissant aussi la hauteur *b* de l'arc, on calculera la section S_1 de chaque membrure, pour le coefficient de travail R du métal, que l'on se donne, par la relation déjà indiquée (page 160) :

$$R\,S_1 = \frac{\mu}{b} \pm \frac{N}{2}\,.$$

Barres du treillis formant l'âme de l'arc. — De même que dans les poutres droites, on calcule la section de l'âme pleine pour résister à l'effort tranchant F, en comptant sur un coefficient de résistance au cisaillement du métal égal aux 0,8 du coefficient de résistance à la traction de ce métal.

Fig. 178.

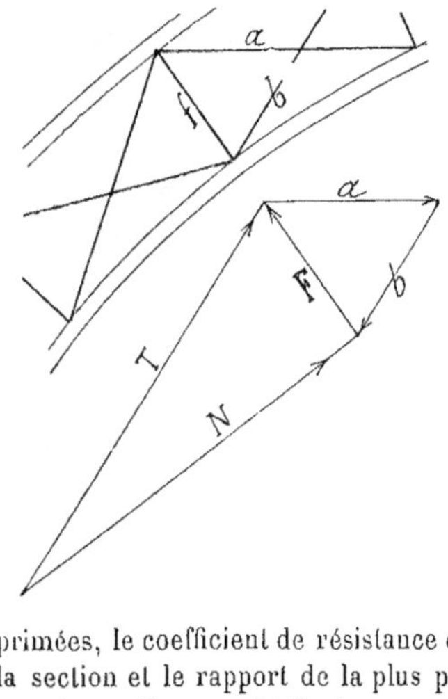

Dans les arcs d'une certaine dimension, l'âme, est constituée par des barres en diagonales.

Considérons une section quelconque de la figure 177 et reproduisons (fig. 178) le triangle des forces T, N, F, qui agissent sur cette section de l'arc. La partie de gauche de l'arc exerce donc sur la partie de droite, un effort F dirigé suivant la flèche. Les tensions des barres *a* et *b*, qui résistent à cet effort tranchant, se déterminent en décomposant F, suivant les directions de ces barres ; *b* mesure la compression que subit la barre *b* et *a* mesure la tension de la barre *a*.

Si le treillis est double les tensions des barres seront réduites de moitié.

Nota. — Dans les membrures et barres comprimées, le coefficient de résistance du métal doit être déterminé d'après la forme de la section et le rapport de la plus petite dimension transversale à la longueur de la membrure d'un nœud à l'autre.

Cette membrure étant continue pourra être considérée comme encastrée (V. tableau page 78). C'est donc par un petit tâtonnement que sa section sera déterminée.

Cas de charges inégales. — Le poids mort d'une ferme varie évidemment d'un panneau à l'autre, il diminue du piédroit à la clef. De même le poids de la couverture peut varier, notamment quand il y a des parties vitrées et un lanterneau, etc. On détermine alors la résultante des charges verticales en traçant le funiculaire, comme nous le ferons Pl. XXXIV; le point de croisement des côtes extrêmes du funiculaire détermine la position de la résultante.

Surcharge sur un seul côté de la ferme (fig. 179). — Cette surcharge

Fig. 179.

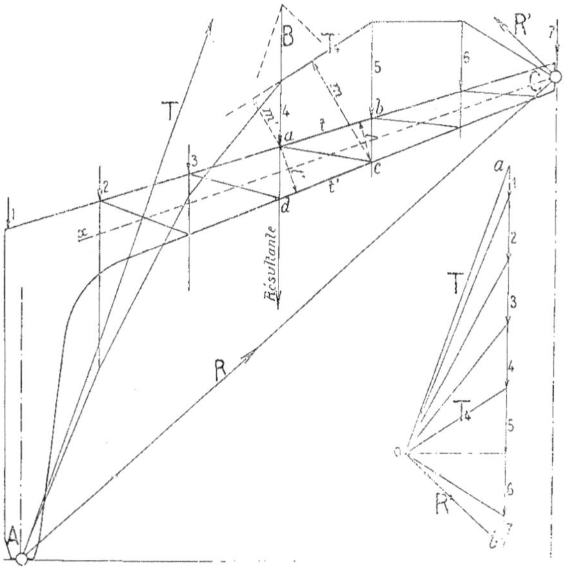

peut résulter de l'action du vent, elle est alors uniforme et la résultante passe au milieu de la toiture ; la réaction R' de la ferme de droite étant dirigée suivant la ligne qui joint les articulations CA' de cette ferme, le point B se trouve déterminé, la direction de la réaction T en A est donc AB. (Le point B a été abaissé sur la figure.)

Si maintenant on porte sur une verticale ab les charges sur chaque nœud, à une échelle déterminée, que de a on mène une parallèle à AB et de b une parallèle à CB, les longueurs ao et ob donnent, à l'échelle adoptée, l'intensité des réactions en A et en C; l'horizontale menée du pôle o donne de même la poussée.

Si enfin on mène les rayons au pôle o et si on trace le polygone correspondant AC on aura la direction et l'intensité de la force extérieure agissant dans chaque section ou chaque panneau.

Le calcul de la section pleine de l'arc, pour ce cas, ou le calcul du travail du métal, en plus du travail dû au poids total, se fait comme précédemment. Pour un système triangulaire le calcul des tensions supplémentaires des membrures se ferait comme pour la ferme Pl. XXXV (fig. 1).

APPLICATIONS

Arc de 110 m. de la Galerie des Machines (fig. 180). Planche XXVII. — Les fermes de cette galerie sont constituées par deux arcs articulés aux naissances et à la clef. La portée est de 110^{m},60 et la montée ou hauteur de l'articulation de la clef est de 45 m., l'espacement des fermes $= 21^{m},50$.

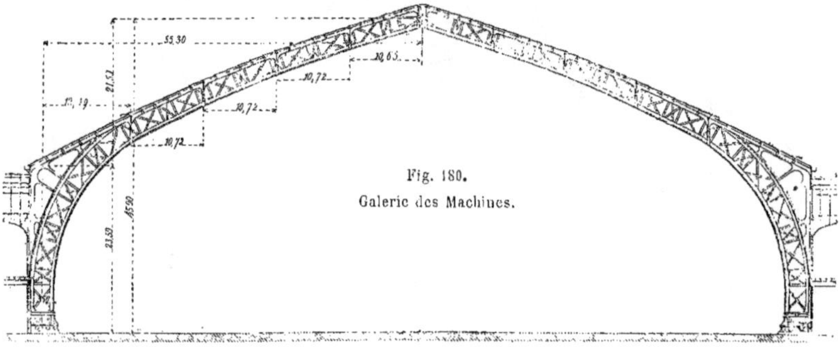

Fig. 180.
Galerie des Machines.

Ces dimensions, ainsi que la silhouette de l'arc ont été arrêtées en principe par M. Duterte l'un des architectes de l'exposition de 1889. M. Contamin, ingénieur du contrôle des constructions métalliques, en dressa un avant-projet, et la construction fut adjugée aux Sociétés de Fives-Lille et des anciens établissements Cail.

C'est dans les bureaux de la Cie de Fives-Lille, sous la direction de M. Lantrac (A-M), ingénieur des constructions métalliques, que les plans d'exécution ont été dressés.

Le poids par mètre carré de la charpente s'est élevé à 170^{k} environ, au prix de 0 fr. 42 ; soit 70 fr. le mètre carré couvert.

Ces fermes sont entretoisées, par chaque demi-arc, et pour la partie supérieure, par cinq poutres disposées verticalement afin d'éviter la flexion transversale. Ces cinq poutres-entretoises reçoivent des poutrelles parallèles à l'arc qui supportent les pannes.

Les travées 1 à 5 sont vitrées, celles 5-6 est couverte en zinc avec double voligeage. Les montants intérieurs de l'arc, à âme pleine (V. membrures d'intrados, panneaux 14 à 0) laissent un passage pour qu'un homme puisse monter dans l'arc jusqu'au sommet.

En résumé l'arc supporte, aux points d'attache des entretoises, des charges concentrées, plus, entre ces points, cinq petites charges provenant des pannes.

L'arc est divisé en grands et petits panneaux et c'est sur la diagonale verticale de ces petits panneaux que sont fixées les poutres-entretoises. On n'a pas tenu compte du poids des constructions adossées à l'extérieur des piliers de l'arc. Enfin le tympan triangulaire adossé à chaque demi-arc ne compte pas dans la résistance de cet arc.

Le poids propre de la construction, pour la volée ou partie supérieure de l'arc, non compris le pilier à partir de la bissectrice de l'angle du tympan, y compris la couverture en vitrage, a été évalué 120^k par m. carré de la projection horizontale, en y ajoutant 50^k pour la neige, soit 170^k par m. carré; ce qui donne par mètre courant de de la corde de l'arc :

$$170 \times 21,5 = 3655 \text{ k., en chiffre rond, } 3600 \text{ k.}$$

Calcul graphique des efforts dans l'arc. — Il résulte de ce poids de 3600 k. par mètre, les charges suivantes aux points 1 à 6.

1 — 3600 (5,03 + 0,59) = 20170^k	4 — 3600 × 10,72 = 38590
2 — 3600 (5,03 + 5,36) = 37400	5 — 3600 (5,36 + 6,245) = 41770
3 — 3600 × 10,72) = 38590	6 — 3600 × 6,244 = 22480.

Actuellement nous n'avons qu'à tracer le polygone des charges, puis ceux des efforts intérieurs comme précédemment fig. 177.

A cet effet portons, fig. 1, pl. XXVII, sur la verticale *ac*, les charges 6 à 1 ci-dessus, à l'échelle de 1 $^m/_m$ par 1000 k., leur somme = 199000 k. Cette charge agit au milieu de la corde de l'arc, soit sur la verticale du point D fig. 2. Menons donc par l'articulation C de la clef une horizontale CD qui représente la poussée H, et joignons l'articulation A du pied de l'arc au point D, la ligne AD est la direction de la réaction T de l'appui A. Enfin menons dans la fig. 2 *co* parallèle à CD et *ao* parallèle à AD, nous aurons à l'échelle des charges : H = 122000 k. et T = 232000 k.

Menons du pôle *o* les rayons pour chaque charge, et traçons fig. 2 le funiculaire correspondant, qui est inscrit à la parabole qui correspondrait à une charge uniformément répartie. Chaque rayon (fig. 1) concourant au pôle *o* représente en chaque section la résultante de translation T_1-T_2-T_3..... ou résultante de la poussée H et de la réaction verticale sur l'appui.

Compression. Effort tranchant. — Si maintenant de chaque extrémité de ces forces T_1-T_2-T_3 ..... nous menons une parallèle et une perpendiculaire aux sections auxquelles ces forces s'appliquent, nous aurons pour chaque section la composante normale ou de compression N_1 à N_{16} et l'effort tranchant F_2 à F_{16}.

Enfin si sur des extrémités de ces efforts tranchants on mène des parallèles aux diagonales du panneau suivant on aura les efforts dans ces diagonales.

Moments de flexion. — Nous savons que le moment de flexion est représenté par les ordonnées comprises entre la courbe moyenne de l'arc et le funiculaire. Au point B ce moment est nul ; de A en B il est négatif, l'intrados est comprimé, l'extrados est tendu ; de B en C c'est l'inverse, l'extrados est comprimé et l'intrados tendu.

L'échelle des moments $= n\text{H}, \frac{1}{n}$ échelle des longueurs $= \frac{1}{250}$, d'où échelle des moments $= 122000 \times 250 = 30.500.000$ ou $1\ ^{m}/_{m}$ représente un moment de 30500 k. m.

Sections des membrures. — Actuellement on calculera la section S_1 d'une membrure par les relations suivantes, b étant la hauteur de la section totale :

Membrures comprimées $\left\{ \text{R}\,S_1 = \frac{\mu}{b} + \frac{N}{2} : \right.$ Membrures tendues $\left\{ \text{R}\,S_1 = \frac{\mu}{b} - \frac{N}{2}. \right.$

Au point M de l'arc ou la tangente à la courbe moyenne est parallèle à T_1, on a :

$$N = T_1 = 215000 \text{ k.} \quad \text{et } N : 2 = 107500 \text{ k.}$$

Le moment fléchissant est maximum ; l'effort tranchant $F = 0$.

Ce moment μ est représenté par l'ordonnée du point M comprise entre la courbe moyenne de l'arc et le funiculaire, égale à $59\ ^{m}/_{m}$.

La hauteur de l'arc est $3^{m},75$, on a donc :

$$\mu = 30500 \times 59 = 1799500, \quad \text{et} \quad \frac{\mu}{b} = \frac{1799500}{3{,}75} = 474500.$$

Pour tenir compte de la résistance moindre que présente la membrure d'intrados, courbe et chargée par bout, on a admis : $R = 7$ k. à l'intrados et $R = 8$ k. à l'extrados tendu. On a donc :

à l'intrados, $\quad \text{R}\,S_1 = 474500 + 107500 = 582000$

$$S_1 = \frac{582000}{7} = 83300\ ^{m}/_{m} \text{ c.},$$

à l'extrados, $\quad \text{R}\,S_1 = 474500 - 107500 = 367000$

$$S_1 = \frac{367000}{8} = 45875\ ^{m}/_{m} \text{ c.}$$

Les sections adoptées pour ces membrures sont les suivantes :

Intrados	table	900 × 68 = 61200	
	2 cornières 160 —	90 — 13 = 6170	
	2 id. 100 —	100 — 12 = 4520	Total 86090 m/m c.
	2 nervures	450 × 10 = 9000	au lieu de 83300
	2 cornières 100 —	70 — 10 = 3200	
	2 plats	100 × 10 = 2000	Différence 2790 = 3 %
Extrados	table	770 × 30 = 23100	
	4 cornières 100 —	100 — 12 = 9040	Total 46340 m/m c.
	2 nervures	450 × 10 = 9000	au lieu de 45875
	2 cornières 100 —	70 × 19 = 3200	
	2 plats	100 × 10 = 2000	Différence 465 = 1 %

Les cornières extérieures aux tables d'extrados ne comptent pas pour la résistance, elles appartiennent au tympan. Nos calculs concordent avec ceux des constructeurs.

Au milieu du panneau 16, on a :

$$N_{16} : 2 = 203500 : 2 = 101750,$$

$$\frac{\mu}{3,75} = \frac{30500 \times 50}{3,75} = 406660.$$

Intrados : $$S_1 = \frac{406660 + 101750}{7} = 72630; \quad \text{on a fait } S_1 = 73640.$$

Extrados : $$S_1 = \frac{406660 - 101750}{8} = 38100; \quad \text{on a fait } S_1 = 35750.$$

Encore ici nos calculs correspondent bien à ceux des constructeurs.

On continuerait aussi facilement le calcul de toutes les sections.

Remarque. — Il n'est pas utile de multiplier par trop le calcul des sections, parce que ces sections ne peuvent varier que de l'épaisseur d'une tôle ; cette épaisseur ne peut pas être trop mince, surtout à l'intrados, pour ne pas être sujette à se plisser entre deux rangées de rivets.

Dans l'arc qui nous occupe la plus faible épaisseur de tôle est à l'intrados de 10 m/m : et à l'extrados de 7 m/m.

Voici les épaisseurs des tables dans les divers panneaux.

Panneaux	intrados 900	extrados 770	Panneaux	intrados 900	extrados 770
0-1-2	8 m/m	8 m/m	15	45 à 56	25
3-4-5	8	16	16-17	56	23 à 30
1/2 6-7-8	10	16	18-1/2 22	68	30 à 23
9 10 1/2 11	17	16	1/2 22	56	16
1/2 11 12 13	23 à 34	16	23	45	16-8
14	34 à 45	23	24	23	8

Les tôles sont toutes rabotées sur les champs des joints.

De la compression des membrures courbes d'intrados. — La membrure d'intrados d'un panneau est une pièce encastrée (fig. 181) et chargée par bout, sa résistance diminue à mesure que le rapport de sa longueur l à sa plus petite dimension d augmente. On a ici : $l = 3^m,60$ et $d = 0,51$.

D'après ce que nous avons dit page 78, de la résistance des pièces encastrées, au lieu des formules compliquées de Love ou Rankine nous emploierons la relation simple suivante ; en assimilant la section qui nous occupe à la plus faible section, celle en croix, on a pour la résistance à la rupture par centimètre carré :

$$\frac{P}{S} = 3600 - 55\frac{l}{d} = 3600 - 55\frac{3,60}{0,51} = 3215.$$

Le rapport 3215 : 3600 = 0,87, la perte de résistance = 0,13 ; ce qui signifie que le travail du fer est augmenté de 0,13, il est donc :

$$7 + (0,13 \times 7) = 7 + 0,91 = 7^k,90.$$

L'effort de compression Q que subit une membrure courbe, est tangent à la courbe moyenne, il produit un moment fléchissant dans la section ab du milieu de la membrure. Pour simplifier le calcul nous admettons que Q agit suivant la corde de la pièce courbe, son bras de levier est la flèche $f = 0^m,08$, pour la section M de l'arc ; on a aussi pour cette section et en chiffre rond $Q = 600000$ k ; $I : v = 16400$ en centim.

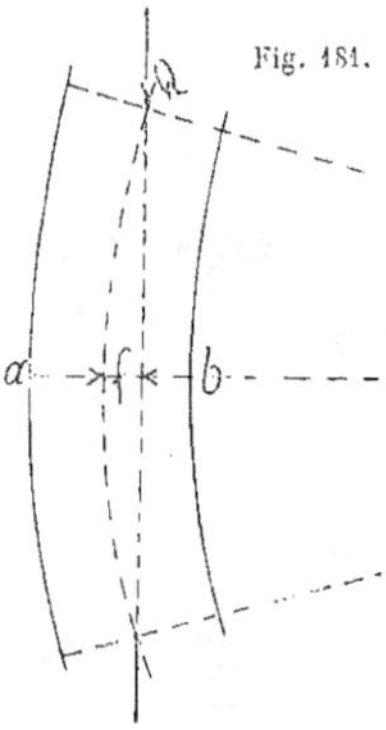

Fig. 181.

D'où $$R_1 = \frac{v}{I}\mu = \frac{600000 \times 0,08}{16400} = 3 \text{ k. environ.}$$

Le travail maximum du fer dans la membrure d'intrados est donc :

$$7^k,90 + 3 = 10^k,90.$$

Ce travail de près de 11 k. serait encore admissible pour des charges statiques ; en réalité il ne sera jamais atteint, parce que la surcharge de 50 k. pour la neige se produira rarement et en second lieu parce que la résistance du tympan qui a été négligée est pourtant réelle et soulage la section M.

Tensions des diagonales. — L'âme ou le treillis est double. Dans la section M l'effort tranchant est nul. Nous considérons la résultante de translation T_1 comme constante du panneau 19 au panneau 15. Alors, au milieu du panneau 16, si nous décomposons T_1 suivant la tangente à la courbe moyenne de l'arc et une perpendiculaire à cette tangente, nous obtenons (fig. 1) pour la compression normale, $N_{16} = 203500$ et pour l'effort tranchant, $F_{16} = 68000$ k.

Si nous décomposons F_{16} suivant les diagonales, en menant par les extrémités de F_{16} des parallèles à ces diagonales, nous trouvons pour leur tension $\pm$ 49000 k., et comme elles sont doubles, chacune supporte $\pm$ 24500 k.

Cette même résultante T_1 donne au panneau 15 : $N_{15} = 192500$ et $F_{15} = 93000$, qui décomposé suivant les barres du treillis donne $\pm$ 54000 k. pour leur tension. Ces diagonales (15) sont à âme pleine, comme les montants et comme toutes les diagonales des petits panneaux, à cause de l'attache des poutres verticales formant entretoises (sauf l'ouverture pour le passage d'un homme).

Au panneau 12, la tension des diagonales due à F_{12} est $\pm$ 55000 k., soit pour chaque âme et pour $R = 7^k$ par $^m/_m$ c., une section égale à $27500 : 7 = 3930$ $^m/_m$. On a adopté jusqu'à ce panneau 12 un fer T de 200-100-14, section = 4000 $^m/_m$.

Au panneau 8, la tension des diagonales = 35500, soit pour chaque âme et pour 7^k par $^m/_m$ c., une section $= 17750 : 7 = 2536$ $^m/_m$. On a adopté pour tous les panneaux 11 à 1 des fers T de 170-90-11, soit une section = 2850 $^m/_m$.

Nos calculs sont donc d'accord avec l'exécution, étant entendu qu'on doit prendre les fers à T existants dans le commerce.

Au panneau 24 du pilier l'effort tranchant est horizontal et $F_{24} = H = 122000$ k., la tension des diagonales est $\pm$ 93000 k. et comme la section de chacune est de 5000 m/m le travail du métal est : R = 46500 : 5000 = $9^k,30$.

Actuellement on peut calculer le poids de la volée et vérifier si le poids de 199000 k. est suffisant.

Pilier ou pied de l'arc. — Toute section du pied de l'arc inférieure à M, supporte : 1° le poids de la volée et toiture soit : 199000 k.; 2° le poids du tympan évalué à 8000 k.; 3° la charge, ossature et neige correspondant à la demi-largeur du pilier (à gauche de la verticale); cette demi-largeur est de 1,85, que nous portons avec le chéneau à $2^m,50$, soit un poids de $3600 \times 2.50 = 9000$ k.; 4° le poids propre de ce pilier, que l'on peut évaluer à 6000 k. pour un grand panneau et 3000 pour un petit, en tout 30000 k.; 5° du poids des constructions à gauche du pilier qui s'appuient sur lui, en les évaluant à 90000 k. Le poids total sur l'articulation du pied A est donc : $199 + 8 + 9 + 30 + 90 = 336$ tonnes.

Au panneau 22 on aurait N_{22} et F_{22} et ainsi de suite.

Ferme articulée de $51^m,30$. Palais de 1889 (Pl. XXVIII).

La surface de la couverture ou la courbe d'extrados de l'arc, est circulaire au rayon de 91,45; la courbe d'intrados est une ellipse. Le poids de l'ossature supérieure, non compris le pilier, a été évaluée à 90 à 100 par m. c. plus 40 à 50^k de neige, en tout 140^k par m. c.

La distance des axes des articulations des piliers est de $51^m,30$; la hauteur de l'articulation de la clef est : $28^m,875$; enfin la distance entre deux fermes est $18^m,10$.

La charge par mètre de la corde est : $140 \times 18,10 = 2534^k = p$.

La charge totale sur la demi-ferme $= 2534 \times 25,65 = 65000^k = pl$.

$$\text{La poussée horizontale} :: H = \frac{65000 \times 12,825}{28,875} = 28870 .$$

Par suite d'une erreur dans la construction des massifs de culée, cette poussée a dû être équilibrée par deux tirants reliant les plaques de fondation des rotules.

Le calcul des différentes sections de l'arc se ferait facilement en suivant la même marche que pour l'arc précédent de 110 m.

Ferme à 3 articulations de la Nelle Gare du Caire Par MM. Daydé et Pillé (A.-M.). Pl. XXXV à XXXVII.

Les dessins de ces fermes nous ont été très gracieusement communiqués par les constructeurs, nos distingués camarades (1).

(1) Nous donnerons ailleurs les détails de construction de ces fermes, qui n'ont pu trouver place ici.

Ces fermes ont une portée de 43 m. entre les axes des articulations des piédroits; l'articulation de la clef est à 18^{m},45 au-dessus des articulations inférieures. La distance hors des piédroits est de 43^{m},65. L'espacement des fermes est de 10^{m}. Les piédroits sont fortement entretoisés sur les façades par des sablières qui assurent la verticalité de ces pieds.

Les volées de ces fermes sont entretoisées par des pannes verticales à treillis et à membrure inférieure courbe, portant directement la couverture. Il y a une panne à chaque montant vertical, sauf sous le lanterneau. Les montants de ce lanterneau vitré, sont espacés de 8^{m},50, et les fermettes qui supportent le vitrage sont sans tirant, elles sont espacées de 3^{m},33, c'est-à-dire qu'elles divisent en 3 l'espace entre deux fermes. Les pannes qui les supportent sont étudiées pour résister à la charge et à la poussée horizontale qui résulte de ce que ces fermettes sont sans tirant; elles sont assez robustes pour assurer la position verticale des fermes qui ne sont plus entretoisées dans la largeur du lanterneau.

Sur chaque versant existe une partie vitrée occupant 3 espacements de pannes. En dehors des vitrages, la couverture est formée de tôles ondulées de 1$^{m}/_{m}$ 1/2 d'épaisseur non compris la galvanisation, fixées par des boulons à crochet.

Dans les travées extrêmes, où il n'y a pas de lanterneau, existe un contreventement robuste qui assure le parallélisme des fermes; ce contreventement est lié aux pannes, au passage, de façon à s'opposer à toute déformation dans le plan des versants.

L'assemblage des pannes sur les fermes constitue un encastrement, ce qui permet de considérer les pannes comme des poutres continues.

Les fermes ont été construites avec les flèches nécessaires dans les différents sens, pour que leur forme soit celle prévue, sous l'action du poids mort.

Calcul des fermes courantes. Pl. XXXV. — Les charges qui entrent dans ces calculs comprennent : 1° Le poids propre d'une demi-ferme qui est de 8980 k. (à cause de la symétrie il suffit de considérer une demi-ferme). On a déterminé le poids de tous les éléments entre les nœuds et on a admis que chaque élément transmet la moitié de son poids sur chacun des nœuds adjacents. Ces poids sont écrits sur la fig. 1 comme suit :

1° *Intrados* — 250 — 130 — 140 — 230 — 320 — 420 — 540 — 850 — 550 — 320 — 260 — — 220 — 180 — 150 — 100 — 70 — 70.

2° *Extrados* — 140 — 80 — 110 — 150 — 210 — 310 — 320 — 230 — 410 — 290 — 240 — — 210 — 170 — 150 — 270 — 290 — 180 — 140 — 50 — 350.

2° Le poids propre de la couverture qui s'établit comme suit :

Panne de bordure à l'extrémité des consoles	panne.	86	220, soit 230^{k}.
	1/2 poids des consoles	50	
	tôle ondulée $10 \times 0{,}6 \times 14$ . . . =	84	
Sablière	la sablière	812	1100^{k}.
	1/2 poids des consoles	50	
	tôle ondulée $1{,}7 \times 10 \times 1{,}4$ . . . =	238	

Panne sous tôle	la panne.	210	525 soit 530k.
	tôle 2,25 × 10 × 14	= 315	
Panne sous vitrage	la panne.	195	690
	colonnettes en fonte 4 × 7.5 . . .	30	
	pannes sur colonnettes 10 × 8 . .	80	
	fers à vitrage 25 × 2,25 × 2,89 . .	162	
	verre 2,25 × 10 × 10	522	

Le chéneau, poids = 330k, agit au même point (6me montant) qu'une panne sans vitrage, en ce point la charge est : 690 + 330 = 1020 k.

Panne supportant le lanterneau	la panne	580	737 soit 750 k.
	tôle — 1,12 × 10 × 14.	157	

Les efforts transmis par le lanterneau sont indiqués au point L;

ils sont :	verticalement.	6300
	horizontalement poussée	2230

3° La surcharge due au vent, comptée à raison de 62k par mètre carré.

Sur la panne bordure	62 × 10 × 0,6	= 372k soit 400 ;
Sur la sablière	62 × 10 × 1,7	= 1050 ;
Sur chaque panne courante	62 × 10 × 2,25	= 1400 ;
Sur la panne d'appui du lanterneau		700k.

Toutes ces charges sont inscrites sur la fig. 1, pl. XXXIV.

Polygone des forces extérieures. — Pour tracer ce polygone, il faut d'abord déterminer la direction de la résultante verticale de toutes les charges. A cet effet formons (fig. 2) le polygone rectiligne *ab* de ces charges (33630k) et menons les rayons à un pôle *o* quelconque; traçons le funiculaire correspondant et enfin prolongeons les côtés extrêmes de ce funiculaire; leur point de rencontre R détermine la position de la résultante des charges. Or, la poussée horizontale H à la clef C et la force extérieure T passant par l'appui A, doivent faire équilibre à cette résultante; si donc on mène de C une horizontale, elle coupe la résultante verticale au point B qui détermine la direcion A B de la réaction T. Actuellement prenons le point A pour pôle, menons de ce point une horizontale, puis coupons la direction de T, au-dessus de cette horizontale, à une hauteur D E = *ab*, représentant à l'échelle adoptée la charge totale 33630, nous déterminons ainsi les longueurs représentant la réaction T = 37500 k. et la poussée H = 16680.

Sur la verticale D E portons les charges sur chaque verticale, prises de gauche à droite sur la fig. 1. Menons les rayons au pôle A, et enfin traçons le funiculaire A*abcd efghi* C, dont les côtés donnent la position des forces extérieures agissant sur l'arc, tandis que les longueurs des rayons correspondants donnent l'intensité de ces forces.

Calcul de la tension des membrures. — Considérons le panneau *mm' nn'*, la position de la force extérieure agissant dans ce panneau est *a b*, son intensité est $T_2 = 29500$ k. Cette force tend à ouvrir l'angle $mn'm'$, tandis que le côté mm' de la membrure s'y oppose. Si donc on prend les moments autour du nœud n' où la rotation tend à se produire on a :

$$29500 \frac{3,50}{1,8} = 57360, \quad \text{traction de } mm'.$$

Cette force T_2 tend aussi à fermer l'angle nmn', tandis que le côté nn' de la membrure s'y oppose. Si on prend les moments autour de m on a :

$$29500 \frac{6,05}{2,25} = 79300, \text{ compression de } nn'.$$

Le diagramme Pl. XXXVII donne pour ces membrures, 57500 pour la traction de *mm* et 80200 pour la compression de nn'. Les différences de ces chiffres proviennnent de ce que, à petite échelle, les longueurs sont un peu approximatives. On procéderait de même pour les autres panneaux.

Le polygone passant au nœud g, il est évident que la tension de la barre qui lui est opposée sera nulle, pour la charge totale. Il n'en serait pas de même si un seul côté de la ferme était surchargée.

Diagramme des tensions dans les barres. Pl. XXXVII. — Si on trace le polygone des charges verticales, de la poussée horizontale au sommet C et de la réaction T au pied A, qui font équilibre à ces charges, on pourra, en passant d'un nœud à l'autre, tracer le diagramme des tensions de toutes les barres, comme nous l'avons déjà fait pour différents systèmes de charpentes à éléments triangulaires. Indiquons, en partie du moins, la marche à suivre dans ce tracé. Si on part de l'articulation du pied la réaction T se décompose d'abord suivant les directions des barres a et b et détermine ainsi les tensions de ces barres; la tension a se décompose suivant l'horizontale c et la verticale 1 ; passons au nœud b, la résultante des tensions connues b et c détermine les tensions des barres 9 et 34 partant du même nœud; les tensions 34 et 1 déterminent celles des barres 2 et 35 ; les tensions 9 et 35 déterminent celles des barres 36 et 10 partant du même nœud... et ainsi de suite en allant d'un nœud à l'autre, en remontant le piédroit, etc...

On peut aussi partir de l'articulation du faîtage, où la force extérieure est la poussée horizontale H.

Cette force H se décompose d'abord suivant les directions a' et b'. Au nœud supérieur a' agit une charge verticale p, la résultante de a' et de b' se décompose suivant les directions des barres 33 et 56. Au nœud inférieur, la résultante de b' et de 56 se décompose suivant les directions des barres 23 et 65.

Au deuxième nœud supérieur, la résultante de la charge p' sur ce nœud et de la tension 65, se décompose suivant les directions des barres 32 et 55.

Au deuxième nœud inférieur la résultante des tensions 55 et 23, se décompose suivant les directions des barres 22 et 64.

Au troisième nœud supérieur, la charge verticale p'' et la tension 64 déterminent les tensions 31 et 54 des barres correspondantes.

Au troisième nœud inférieur, les tensions 54 et 22 ont même résultante que les tensions 63 et $21 = o$. Ce dernier résultat : $21 = o$ était déjà indiqué Pl. XXXVI par le passage de la force extérieure au nœud opposé à 21.

On opérera de même pour les autres barres, en passant successivement d'un nœud à l'autre et en tenant compte de la charge en chaque nœud.

On remarquera que pour la barre 46 qui subit la plus forte compression, cette compression est sensiblement la résultante des tractions 8 et 24 de l'extrados, ou des compressions 14 et 15 de l'intrados.

Pour les parties courbes de l'intrados, membrures 14-15, on calculera la tension maximum R du métal à l'extrados de la courbure, comme précédemment (page 184).

Fermettes du lanterneau. Pl. XXXVI. — La surcharge en chaque point *a*, *b*, *c*, *d*, a été calculée pour la portée de 10^{m}, en comptant sur une pression due au vent de 62^{k} par m. carré; en y ajoutant le poids mort, on a les charges suivantes :

				Surcharge	Poids mort	Ch. totale
en (*a*)	surcharge —	$10 \times 1,065 \times 62 = 660$	soit	680	370	1050
(*b*)	—	$10 \times 2,13 \times 62 = 1320$		1320	700	2030
(*c*)	—	$10 \times 1,90 \times 62 = 1178$		1180	1190	2370
(*d*)	—	$10 \times 0,90 \times 62 = 558$	soit	560	230	790
				Charge totale		6240^{k}

La fermette est considérée comme articulée en *a*, au niveau de l'arête supérieure des arbalétriers. Le tracé du funiculaire est fait au bas de la planche et en prolongeant les côtés extrêmes on détermine en R la position de la résultante de ces charges, laquelle est égale à 6240^{k}.

La direction horizontale de la poussée en *a*, détermine le point *m* par où doit passer la réaction, qui passe aussi au point *n* du piédroit.

Actuellement on mène l'horizontale du point *n* et on intercale entre cette ligne et celle *nm* prolongée, une verticale représentant à l'échelle adoptée ($18\ {}^{m}/_{m}$ pour 1000^{k}) la charge totale 6240^{k}; à cette échelle la poussée horizontale est $H = 2230^{k}$, et à l'échelle des longueurs $H = 1^{m},34$. On porte sur cette verticale les charges aux points *a*, *b*, *c*, *d*, on mène les rayons 1, 2, 3, au point *n* pris pour pôle et on trace le polygone des forces extérieures *a*, *b' c' d'* : le point *d'* a été relevé sur notre épure.

Comme il y a 3 fermettes par intervalle de 10^{m} des grandes fermes, les forces indiquées sur l'épure doivent être divisées par 3.

Calculs de flexion. — Les ordonnées de ce polygone *a*, *b'*, *c'*, *d'*, mesurées par rapport à la ligne *ad* de l'arbalétrier, donnent les moments à l'échelle des charges multipliée par la poussée H en mètre $= 1^{m},34$:

Échelle des moments : $1^{mill.},8$ pour $100 \times 1,34 = 134^{km}$ ou 1 m/m pour $74^{km},4$.

Pour les sections AB — CD — EF, on applique la relation :

$$R = \frac{v}{I}\mu + \frac{N}{S},$$

N compression normale, S surface de la section composée de 4 cornières $50 \times 50 \times 5$, plus les âmes comme ci-après. Ces calculs sont indiqués au tableau suivant :

Section	μ	N	Ame	$1 : v$	S	R
A B	327	793	130×5	151	2530	$2,4 + 0,3 = 2^{k},7$
C D	920	943	220×5	174	2630	$5,2 + 0,3 = 5,5$
E F	770	2100	200×5	174	2630	$4,4 + 0,7 = 5,1$

Calcul des triangles. — Le polygone *a b' c' d'* donne la position des forces extérieures. A droite du piédroit la force extérieure est $3750 : 3 = 1250$.

A gauche du piédroit, la force extérieure est celle en *d*, $790 : 3 = 263$, on a compté sur 283. On a donc, pour les tensions des barres :

barre *c e*	$\frac{1250 \times 1,24}{0,38} = 4078$		barre *c f*	$\frac{283 \times 1,30}{0,33} = 1113$
— *e i*	$\frac{1250 \times 1,69}{0,45} = -4690$		— *f g*	$\frac{283 \times 1,60}{0,47} = -963$
— *h i*	$\frac{1250 \times 1,69}{0,44} = -4800$		— *g h*	$\frac{283 \times 1,60}{0,44} = -1030$
— *c i*	.... $= -2300$		— *g c*	...... $= -830$

Arc à 3 articulations. Charges uniformes inégales (fig. 182).

MÉTHODE DE EDDY

Supposons un arc circulaire. Divisons la corde en un certain nombre de parties égales, soit en douze parties, et menons des verticales par les points de division. Maintenant supposons qu'on connaisse la charge totale (poids mort et surcharge) et qu'elle s'étende sur les deux tiers de l'arc à gauche, tandis que le dernier tiers à droite ne porte qu'une charge moitié de la première. Représentons par p la charge totale sur chaque verticale et par p' la charge sur les verticales de la portion moins chargée. Portons sur une verticale quelconque à gauche les charges 6/2, 5, 4, 3, 2, 1, agissant aux points de division de la moitié gauche de l'arc et sur une verticale à droite, également éloignée de l'axe, les charges 6/2, 7, 8, 9, 10, 11 de la moitié droite de l'arc, la charge 7 est égale à $1/2\,(p + p')$.

Cela revient au même que si nous portions les charges sur une même verticale mais la figure est plus simple. Maintenant prenons le point D pour pôle, traçons les rayons en chaque point de division des charges, puis, partant encore du point D ou de tout autre point sur l'axe de l'arc, traçons les deux portions D A′ et D B′ du funiculaire. La ligne Dc' parallèle à la ligne de fermeture A′B′ du funiculaire divise en c' la ligne des charges (supposées tracées sur une même verticale) en deux parties qui sont les réactions des appuis. Toute cette construction nous est bien connue.

C'est ce funiculaire A′D B′ qui devrait passer par les trois points A, C, B, de l'arc,

Fig. 182.

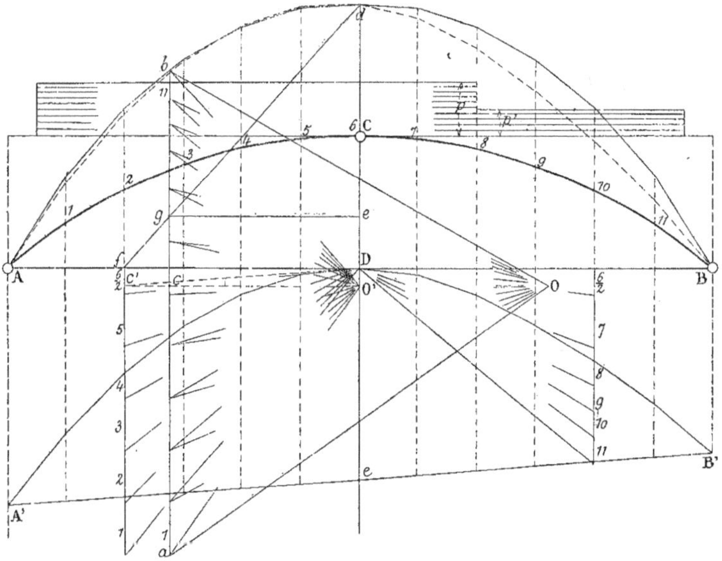

puisque en ces points le moment est nul. Pour obtenir ce résultat, il faudrait réduire toutes les ordonnées du funiculaire A′D B′ dans le rapport C D : D e, ce qui s'obtiendrait en augmentant dans la proportion inverse la distance polaire adoptée D f. Mais pour opérer plus exactement, si l'arc est surbaissé, augmentons d'abord toutes ses ordonnées dans la même proportion, en doublant ces ordonnées de l'arc nous le remplaçons par le polygone elliptique AdB. Il sera facile de tenir compte de cette amplification.

Actuellement c'est par les trois points A, d, B, que doit passer le funiculaire des charges A′D B′ ; pour cela il faut augmenter toutes ses ordonnées dans la proportion dD : De ; ce qui s'obtiendra en réduisant la distance polaire dans la proportion inverse.

Pour obtenir cette réduction menons la ligne df à l'extrémité de f la distance polaire première ; prenons sur l'axe $de' = De$ et menons par e' une horizontale qui coupera df en un point g tel que $e'g$ est la nouvelle distance polaire demandée. On a en effet :

$$e'g : Df :: De : Dd.$$

Portons donc sur une verticale ab passant par le point g les charges précédentes et puisque la nouvelle ligne de fermeture devra être horizontale le nouveau pôle sera en o' sur l'horizontale menée par le point c', la nouvelle distance polaire sera co' et les réactions des appuis seront ca sur l'appui A et cb sur l'appui B. Menons les rayons au pôle o', puis en partant de A ou de B traçons le funiculaire correspondant à ces rayons. Si l'épure est exacte ce funiculaire passera en d.

Cette construction est évidemment applicable à un arc de forme quelconque symétrique ou non et dont l'articulation intermédiaire ne serait pas placée dans l'axe.

Les moments fléchissants sont représentés par les portions d'ordonnées comprises entre le funiculaire tracé en éléments et l'arc amplifié, à l'échelle n H.

Actuellement pour avoir en chaque section de l'arc ACB la résultante de translation réelle et par suite la compression normale et l'effort tranchant il faut, puisque, les ordonnées de l'arc ont été doublées, doubler aussi la distance polaire, prenons donc $co = 2co'$. Les rayons menés des points de la ligne ab au nouveau pôle o représentent donc les résultantes de translation en chaque section de l'arc réel et fourniraient comme précédemment la compression normale et l'effort tranchant. La poussée réelle de l'arc est représentée par oc. L'échelle à laquelle ces forces sont représentées sera celle adoptée pour les charges.

La poussée, la compression atteignent leur valeur maximum quand la surcharge règne sur l'arc entier.

On voit que tout ce tracé peut se faire sans connaître la valeur absolue des charges, il suffirait de connaître le rapport de ces charges ou $p : p'$. Tant que ce rapport ne change pas, l'épure peut servir pour des charges quelconques en changeant simplement l'échelle.

ARC CONTINU ÉLASTIQUE

MÉTHODE GRAPHIQUE DE EDDY

Principe de la méthode. — Cette méthode très générale (1) s'applique, comme nous le verrons, à un arc quelconque, circulaire, elliptique, ogival, etc., portant des charges quelconques.

---

(1) La *Méthode générale pour la détermination graphique de la poussée*, donnée par M. M. Lévy dans son ouvrage : *La statistique graphique*, 1887, n'est autre chose que la *méthode* que *M. Eddy*, professeur à Cincinnati, a indiquée dans son ouvrage : *Researches in graphical statics*. New York 1878 et que nous résumons ici.

Elle est entièrement basée sur ce que nous savons déjà des méthodes graphiques.

La condition d'équilibre, pour un arc dont E et I sont constants est :

$$\int \mu . ds . y = 0.$$

Nous savons que le moment fléchissant μ se compose :

1° D'un moment positif représenté par les ordonnées d'un funiculaire semblable à celui d'une poutre droite fictive égale à la corde de l'arc ; mais en prenant pour distance polaire ou force horizontale, agissant suivant la ligne de fermeture de ce funiculaire, non pas une force quelconque, mais précisément la poussée horizontale H due à l'élasticité de l'arc.

2° D'un moment négatif, qui est le produit de cette même poussée horizontale H agissant suivant la ligne de poussée de l'arc, par les ordonnées mêmes de l'arc.

Pour un arc articulé aux appuis, la ligne de poussée passe par ces appuis.

De sorte que, si y est une ordonnée de l'arc et y_0 celle du funiculaire de la poutre droite, au même point, le moment en ce point est :

$$\mu = H (y_0 - y).$$

Maintenant, traçons, avec une distance polaire quelconque H', un funiculaire correspondant aux charges de l'arc et à une poutre droite égale à sa corde. Le moment au même point que précédemment, de cette poutre fictive est représenté par l'ordonnée y' du funiculaire multipliée par la distance polaire H'. Il est égal au moment positif précédent. Donc :

$$H'y' = H y_0, \qquad \text{d'où} \qquad \mu = H'y' - Hy ;$$

Mettons cette valeur de μ dans l'équation d'équilibre et remplaçons $\int$ par Σ ; on a :

$$\Sigma (H'y' - Hy) y \, ds = 0 \qquad \text{ou} \qquad H' \Sigma y' ds \times y = H \Sigma y ds \times y.$$

La distance polaire ou poussée H, ou une ordonnée y_0 du funiculaire ont donc pour valeur :

$$H = H' \frac{\Sigma y' \, ds \times y}{\Sigma y \, ds \times y}, \qquad \text{et} \qquad y_0 = y' \frac{\Sigma y \, ds \times y}{\Sigma y' ds \times y}.$$

Il s'agit donc de déterminer deux longueurs proportionnelles aux termes du coefficient de H' ou de y'.

Or si on considère (v. chap. IX), les surfaces de moments comme des surfaces de charges.

$\Sigma y' ds \times y$ est la somme des moments de charges fictives $y' ds$ représentées par la surface du funiculaire arbitraire, agissant horizontalement aux extrémités des ordonnées y de l'arc ;

$\Sigma y ds \times y$ est la somme des moments des charges fictives $y ds$, représentées par la surface des moments négatifs ou de l'arc même, agissant horizontalement aux extrémités des ordonnées y de l'arc.

Si donc on forme les polygones rectilignes de ces charges fictives et leurs rayons, puis qu'on trace les funiculaires correspondants, on aura les *seconds polygones funicu-*

laires dont les ordonnées représentent les flexions ou déplacements horizontaux des divers points de l'arc. Et si on prend, pour ces deux funiculaires, une même distance polaire, leurs ordonnées maximum, ou les flexions seront dans le rapport des deux termes du coefficient de H'. Enfin, si cette distance polaire est égale à la flèche de l'arc, la flexion totale sera la même que celle d'une poutre verticale fictive égale à la flèche de cet arc.

Si la charge que l'on considère est appliquée directement sur l'arc, comme pour une toiture, en divisant l'arc en parties égales de longueur ds, les charges fictives yds ou $y'ds$ seront proportionnelles aux y ou y'. Mais si, comme dans le cas des ponts, on considère une charge répartie suivant une horizontale ou la corde de l'arc, et si alors on divise cette corde en parties égales de longueur dx, ce sont les charges fictives représentées par les tranches $y'dx$ des surfaces des moments, qui sont proportionnelles aux y. C'est cette dernière hypothèse que nous admettrons.

Application à un arc circulaire (Pl. XXX). — Soit ABC la courbe moyenne de l'arc, divisons sa corde en 12 parties égales par exemple. Soit p la charge totale par mètre (poids mort et surcharge) que nous supposons régner à gauche sur les 2/3 de la portée. Représentons la charge totale $P = pdx$ sur chaque ordonnée d'une division, par 16 m/m et la charge $Q = qdx$ (poids mort seul) régnant sur le 1/3 de droite, par 8 m/m. Traçons, avec une distance polaire quelconque, le funiculaire de ces charges ; pour cela prenons par exemple le pôle o sur l'axe et les distances polaires $om = om' = H' = 1/3$ AB. Sur la verticale mn portons les charges situées à gauche de l'axe, la première sera $6/2 = 1/2$ P, c'est la moitié de la charge sur l'ordonnée CD, puis les charges 5 à 1 égales à P. Sur la verticale $m'n'$, portons les charges situées à droite de l'axe, la première sera $6/2 = 1/2$ P, la charge $7 = P$; $8 = 0{,}5\ (P + Q)$, puis, $9 = 10 = 11 = Q$: Enfin menons les rayons au pôle commun o. Cette façon d'opérer revient au même que si nous avions porté toutes les charges sur la même verticale. Pour tracer le funiculaire, partons encore du point o comme origine et traçons successivement, à gauche les divers côtés parallèles aux rayons de gauche, puis à droite les divers côtés parallèles aux rayons de droite. On obtient ainsi le funiculaire A'oB' dont la ligne de fermeture est évidemment A'B' puisque les moments sont nuls sur les appuis. Numérotons de y'_1 à y_{11} les ordonnées de ce funiculaire.

Nous considérons chaque tranche $y'dx$ de la surface de ce polygone, comme une charge fictive proportionnelle à l'ordonnée y' (puisque dx la largeur d'une division est constant), et agissant horizontalement à l'extrémité des ordonnées y de l'arc ACB.

Pour tracer les *seconds funiculaires* $\Sigma\, y'\, dx \times y$, il est préférable, si l'arc est surbaissé, d'amplifier toutes ses ordonnées dans un rapport constant ; sur notre épure nous les avons doublées, on a ainsi les ordonnées numérotées y_1 à y_{11} d'un polygone elliptique AcB. Il sera très simple de tenir compte de cette amplification.

Prenons la flèche amplifiée cD pour 2° distance polaire commune et portons les charges fictives y' à gauche et à droite de D. Pour limiter l'épure nous réduisons au quart les longueurs de ces ordonnées. Ainsi à droite et à gauche de D, portons D — 6 = 1/8 de y'_6 ; puis à gauche, 6 — 5 = 1/4 y'_5 ; 5 — 4 = 1/4 y'_4, et ainsi de suite, enfin, 2 — 1 = 1/4 y'_1. Portons à droite, 6 — 7 = 1/4 y'_7 et ainsi de suite, enfin 10 — 11 = 1/4 y_{11}. Menons les rayons (en éléments) au pôle c, puis partant de ce même point c comme origine des deux branches du 2e funiculaire, traçons les côtés de ce funiculaire parallèles aux rayons et limités aux horizontales menées par les points 1 à 11, des extrémités des y amplifiées. Nous obtenons ainsi les deux branches polygonales cf' et cf' (tracées en éléments), ff' représente $\Sigma y'\, dx \times y$.

Pour avoir $\Sigma y\, dx \times y$, nous procéderons de même, mais à cause de la symétrie de l'arc il suffit de considérer un côté, soit le côté gauche ; portons alors D — $66' = 1/8$ de y_6 puis $6_1 — 5_1 = 1/4\, y_5$; $5_1 — 4_1 = 1/4\, y_4$ et ainsi de suite, enfin $2_1 — 1_1 = 1/4\, y_1$; menons les rayons au même pôle c (lignes pleines) et traçons le funiculaire cf, on a donc à cause de la symétrie, $\Sigma y dx \times y = 2\,\mathrm{D}f$.

Si nous appelons z' la demi-longueur $f'f'$ et z la longueur Df on aura maintenant pour la poussée ou distance polaire réelle qui donnera le polygone des pressions ou des moments positifs.

$$\mathrm{H} = \mathrm{H}'\frac{z'}{z} = 0\,m\,\frac{z'}{z} \qquad \text{ou} \qquad y_0 = y'\,\frac{z}{z'}\,.$$

Pour obtenir graphiquement ces résultats, portons $od = \mathrm{D}f = z$, menons de d une horizontale jusqu'en e sur le polygone rectiligne des charges et menons le rayon eo; puis, prenons $od' = z'$ et menons une horizontale $d'e'$ qui coupe eo, en e', on aura évidemment $d'e = \mathrm{H}$. En effet :

$$de : d'e' :: od : od' \qquad \text{ou} \qquad \mathrm{H} : \mathrm{H}' :: z' : z \qquad \text{ou} \qquad y_0 : y' :: z : z'.$$

Maintenant rapportons sur la verticale ab passant par e', les charges mn et $m'n'$ et comme le funiculaire réel doit avoir sa ligne de fermeture horizontale, comme AB, menons (55) ok parallèle à A'B', l'horizontale du point k nous donne le pôle o_1. Menons les rayons à ce pôle, puis, en partant de A ou de B, nous trouvons les côtés successifs du funiculaire réel dont les ordonnées sont les y_0 et dont les distances verticales au polygone amplifié $(y_0 — y)$ sont proportionnelles aux moments fléchissants réels qui se produisent sur l'arc pour la répartition données des charges. On a donc enfin les moments $\mu = \mathrm{H}(y_0 — y)$ à l'échelle $n\,\mathrm{H}$, 1 : n étant l'échelle des longueurs.

Enfin pour avoir les pressions réelles sur l'arc, il faut, puisque ses ordonnées ont été doublées, doubler aussi la distance polaire ; on prendra donc $ko' = 2\,ko_1$. Les rayons menés du pôle o' représenteront alors à l'échelle des charges, l'intensité des résultantes de translation qui donneront N et F en chaque section.

Le calcul des sections de l'arc se fera maintenant comme d'ordinaire.

Application à la ferme de l'Annexe 1878 (Pl. XXX). — Soit A B C, la ligne moyenne de la demi-ferme que nous supposons de hauteur constante. Supposons la ferme entière chargée uniformément ; tout étant symétrique, il suffit de ne considérer qu'une moitié. Divisons la corde AD en 6 parties égales, y_1 à y_6 sont les ordonnées de la ligne moyenne, correspondantes à ces divisions. Formons le polygone rectiligne ac des charges 1 à 5, égales sur les ordonnées y_1 à y_5 et de 6/2 qui existe au faîte ; aa' étant la charge sur la verticale de A, $a'c$ est la charge totale sur la demi-ferme. Prenons un pôle o' sur l'horizontale de c, à une distance quelconque, menons les rayons et traçons le funiculaire correspondant Am, dont les ordonnées sont y'_1 à y'_6.

Maintenant portons à partir de D, 1/4 des ordonnées, soit $D - 6 = 1/4 \times 1/2\ y'_6$, $1/8\ y'_6$; $6 - 5 = 1/4\ y'_5$... puis en prenant C pour pôle traçons le 2ᵉ funiculaire Cf'.

En opérant de même pour les ordonnées y_6 à y_1 de l'arc, nous obtenons le 2ᵉ funiculaire Cf.

Actuellement les ordonnées y' doivent être augmentées dans le rapport de Df à Df' ; menons donc $f'm$ et par f menons une parallèle à $f'm$, elle nous donne C' pour sommet du funiculaire réel. Menons l'horizontale C'E qui coupe en E la résultante de la charge totale $pl = a'c$, puis menons de a' une parallèle à A E, elle détermine le pôle o. En menant les rayons de ce pôle, nous compléterons le funiculaire AC'. Enfin, en une section quelconque, on pourra déterminer N et F et par suite la section des membrures de la ferme, comme nous l'avons fait dans les applications précédentes.

Nous trouvons, par ce procédé, une hauteur C'D un peu plus faible que précédemment, cela tient au petit nombre de divisions (6 seulement) de la corde et à l'hypothèse de la hauteur constante de la section. Mais la différence est absolument insignifiante au point de vue pratique.

ARC ENCASTRÉ

MÉTHODE GRAPHIQUE DE EDDY

Principe de la méthode. — Nous avons dit page 193 que pour un arc encastré à ses deux extrémités, les seules conditions d'équilibre qu'il suffit de considérer sont :

$$\int \mu ds = 0; \qquad \int \mu dsy = 0.$$

La première signifie que la somme des charges fictives μds est nulle, c'est-à-dire que la surface des moments positifs est égale à celle des moments négatifs. C'est la même condition que pour une poutre droite encastrée aux deux bouts. (*Les surfaces des moments situées de chaque côté de la ligne de fermeture, dans le premier funiculaire sont égales entre elles.*) Mais ici la surface des moments se compose, comme pour l'arc précédent, de la surface des moments (ordonnées y_0) limitée par un funiculaire tracé comme pour une poutre droite encastrée, mais avec une distance polaire égale à la poussée élastique de l'arc; moins la surface des moments limitée par la courbe moyenne de l'arc même (ordonnées y).

Il faut donc déterminer dans chacune de ces deux surfaces composantes, la ligne de fermeture comme pour une poutre droite encastrée, puis en les superposant de telle façon que leurs lignes de fermeture coïncident, leurs différences, ou la surface de $\mu = H(y_0 - y)$ satisfera à la première condition $\int \mu ds = 0$.

Mais la surface des moments (y_0) nous est inconnue puisque nous ne connaissons pas la distance polaire ou poussée H. Pour la déterminer nous n'avons qu'à satisfaire à la seconde condition $\int \mu ds y = 0$. Or cette condition est la même que pour l'arc précédent. Si donc nous traçons encore un funiculaire des charges avec une distance polaire H' quelconque, et que nous tracions sa ligne de fermeture comme pour une poutre droite encastrée, nous aurons les ordonnées y' et en raisonnant comme précédemment on trouve les mêmes expressions pour H et y_0 :

$$H = H' \frac{\Sigma y' ds \times y}{\Sigma y ds \times y}, \quad \text{et} \quad y_0 = y' \frac{\Sigma y\, ds \times y}{\Sigma y' ds \times y}.$$

Nous emploierons donc le même procédé que précédemment pour déterminer deux lignes z, z' ayant le même rapport que le termes des coefficients de H' et de y'.

La méthode étant ainsi bien définie, sa mise en pratique se composera d'une série d'opérations simples que nous avons déjà effectuées séparément dans le chapitre III.

Application. — Arc circulaire (Pl. XXXI). — Soit ACB la courbe circulaire de l'arc encastré à établir. Nous avons pris, comme Eddy, les proportions de l'arc du pont Saint-Louis : portée 150 m., flèche 15 m., à l'échelle de 1/150.

Tracé du funiculaire arbitraire. — Divisons la corde AB en parties égales, 16 par exemple. Supposons que sur la moitié de gauche règne une charge totale (poids mort et surcharge) de p par mètre, et que la charge sur chaque point de division de l'arc soit représentée par 16 m/m. Sur la moitié de droite règne une charge q par mètre moitié de la précédente.

Maintenant, traçons un funiculaire de ces charges avec une distance polaire quelconque, prenons le pôle en D et pour distance polaire H' = AD = DB (il en résultera une simplification des opérations ultérieures), puis, portons sur la verticale de A, les charges qui règnent à gauche de l'arc sur les lignes de division de 8 à 1, la première charge à gauche, celle qui règne sur l'axe 8, est moitié des autres, elle est représentée à partir de A par une longueur de 8 m/m, les charges égales 7 à 1 sont représentées par des longueurs égales de 16 m/m. Portons de même sur la verticale de B les charges 8 à 15 qui règnent à droite de l'arc.

Menons les rayons du pôle D, puis, partant de ce même point D, pris pour sommet du funiculaire, traçons comme d'ordinaire les deux branches du funiculaire A' D B' dont les côtés successifs sont parallèles aux rayons précédents. Les charges p et q étant uniformes, chaque branche du funiculaire polygonal est inscrite dans une parabole, si alors Am représente la charge totale $p \times$ AD régnant à gauche, le point A' de la parabole doit être au milieu de Am. De même si B$m' = q \times$ BD, le point B' doit être au milieu de Bm'.

Actuellement, nous devons considérer ce polygone A'DB', comme appartenant à une poutre droite de longueur AB, et encastrée à ses deux extrémités; la surface des moments A′DB′A′, devra donc être partagée par une certaine ligne de fermeture de telle façon que la surface des moments positifs soit égale à celle des moments négatifs. Supposons pour le moment que cette ligne de fermeture soit connue et soit $a' b'$; alors la surface du rectangle A′ $a' b'$ B′ ou des moments négatifs résultant des encastrements des extrémités doit être égale à la surface A′ D B′ A′ ou des moments positifs.

Tracé de la ligne de fermeture $a' b'$. — Pour déterminer cette ligne de fermeture, nous procéderons comme au n° 69, en considérant les surfaces des moments comme des surfaces de charges. La surface du rectangle A′$a' b'$ B′, peut être considérée comme formée de deux triangles ayant pour bases, l'un A′a', l'autre B′ b', et une hauteur commune A B, leurs centres de gravité sont donc situés sur leurs verticales G G′ situées au 1/3 de leur hauteur A B à partir de chaque base.

A son tour, la surface polygonale A′D B′ A′ peut être considérée comme composée du triangle A′ D B′ dont le centre de gravité est sur la verticale de D; plus du secteur parabolique A′ D dont le centre de gravité est sur la verticale 12 au milieu de D B.

Toutes ces surfaces composantes, pour être comparables entre elles, doivent être rapportées à des triangles ou rectangles ayant une base commune. Prenons pour base commune la demi-portée A D, alors D d représentera la charge ou surface du triangle A′ D B ; portons cette longueur en ee' sur la verticale de son centre de gravité. La surface des secteurs paraboliques est égale à la base commune A D multipliée par les 2/3 de leur hauteur, ces surfaces sont donc représentées, à la même échelle que la précédente, par les hauteurs h que nous portons en ee_1 et h' que nous portons en $e'e_1'$.

Pour trouver la résultante de ces 3 charges, traçons un funiculaire avec une distance polaire quelconque, cette résultante passera par le point de concours des côtés extrêmes de ce polygone. Prenons donc o pour pôle, menons les rayons oe, oe_1, oe', oe_1' et puisque o est sur la verticale du poids h, oe_1 est aussi le prolongement du côté extrême du funiculaire, oe est le second côté, es parallèle à oe' sera le troisième côté, enfin sr parallèle à oe_1' sera le quatrième côté. La résultante de ces trois charges où le centre de gravité de la surface polygonale passe donc par r.

Or le centre de gravité du rectangle A′ $a' b'$ B′, que nous cherchons, passe aussi par cette verticale du point r, et sa surface ou la charge négative est aussi représentée par $e_1 e_1'$, puisque cette charge ou surface négative fait équilibre à la surface ou charge positive. Mais cette charge $e_1 e_1'$ ou surface du rectangle se compose des charges ou surfaces de deux triangles ayant même hauteur A B que le rectangle et dont les centres de gravité sont sur les verticales G et G′; par conséquent leurs surfaces, proportionnelles à leurs bases, sont en raison inverse de la distance de leur centre de gravité à la résultante. Pour obtenir ce résultat graphiquement, menons par e_1 l'horizontale ii', limitée aux verticales de G et G′, puis menons $e_1' j$, joignons j et i' qui coupe la verticale de r au point r'; en projetant r' en k on aura $jk = B'b'$ et $ki = A'a'$. La ligne de fermeture $a' b'$ est donc déterminée et par suite aussi les ordonnées y' numérotées de 1 à 15 qui représentent les moments ou charges fictives positives et négatives, arbitraires.

Ligne de fermeture de l'arc. — Il reste à tracer la ligne de fermeture de l'arc lui-même, considéré comme le funiculaire d'une poutre encastrée; mais cet arc étant très surbaissé, il est préférable de lui substituer un polygone dont les ordonnées soient celles de l'arc amplifiées dans un rapport constant. En multipliant par 3 les ordonnées de l'arc ACB, on obtient le polygone elliptique AcB. Il sera facile, comme nous l'avons fait pour l'arc précédent, de tenir compte ultérieurement de cette amplification.

Par suite de la symétrie de l'arc, sa ligne de fermeture sera évidemment horizontale: soit $a_1 b_1$ cette ligne, nous n'avons qu'à déterminer la hauteur $Aa_1 = Bb_1$ de façon que la surface de ce rectangle soit égale à celle de l'arc amplifié AcB. La géométrie nous apprend que pour une division de la corde AB en 16 parties égales, cette hauteur est égale à 1/8 de la somme des ordonnées. On trouve ainsi $Aa_1 = Bb_1 = 51$ m/m. La ligne $a_1 b_1$ nous donne maintenant pour une moitié de l'arc les ordonnées y_1 à y_8.

A présent on déterminera les coefficients de H' ou de y', comme pour l'arc précédent, en traçant les *seconds polygones funiculaires* ou polygones des y et des y', qui donneront les flexions z et z' de la poutre verticale fictive égale à la flèche Dc de l'arc.

Polygone des flexions z. — Pour le construire, nous porterons sur une horizontale menée du point c, les charges fictives représentées par les ordonnées Aa_1, y_1, y_2.... comprises entre l'arc amplifié et sa ligne de fermeture $a_1 b_1$. A cause de la symétrie de l'arc, il suffit de n'en considérer que la moitié. La charge sur l'appui A, correspondant à la moitié d'une division, sera $1/2\ Aa_1$. Portons donc $c - o = 1/2\ Aa_1$; $o - 1 = y_1$; $1 - 2 = y_2$; $2 - 3 = y_3$; les y qui suivent changeant de signe, nous les porterons en sens inverse des précédents, soit $3 - 4 = y_4$; $4 - 5 = y_5$..... enfin $7 - c$ doit être égal à $1/2\ y_8$. Menons les rayons au point D pris pour pôle, le rayon $D - o$ limité à l'horizontale du point 1', donne le premier côté du funiculaire, on tracera de même les autres côtés, parallèles aux rayons précédents, et limités aux horizontales menées des points de l'arc amplifié. On obtient finalement $cf = z$.

Polygone des flexions z'. — Son tracé s'effectue comme le précédent, mais, pour ne pas surcharger la figure nous l'avons porté à droite.

Les charges fictives $A'a'$, y_1, y_2'..... $B'b'$ ou les ordonnées du funiculaire arbitraire limitées à sa ligne de fermeture $a'b'$, n'étant pas symétriques, nous tracerons le deuxième funiculaire des ordonnées de gauche, et celui des ordonnées de droite,

Portons donc $co = 1/2\ A'a'$; $o - 1 = y_1'$; $1 - 2 = y_2'$; $2 - 3 = y_3'$; puis, en revenant sur la droite, nous porterons $3 - 4 = y_4'$ et ainsi de suite, finalement on doit trouver $15 - c = 1/2\ B'b'$. Menons les rayons au pôle D, et, en partant de ce même point D, on trace comme précédemment les deux polygones Df', Df'' et $1/2\ f'f'' = z'$.

Funiculaire réel. — Actuellement nous pouvons effectuer la réduction de la distance polaire H' ou l'augmentation des ordonnées y'.

A cet effet, portons sur la verticale du pôle D, $Dn = z'$ et $Dn_1 = z$, menons de n une horizontale nn' limitée à un quelconque des rayons primitifs, au rayon $3 - D$ par exemple, puis menons une verticale de n' et une horizontale de n_1, le point n_2 ainsi déterminé fixe la position du rayon $D - E$, limité au point E situé sur l'horizontale du point 3. La distance EF est la distance polaire H cherchée, et les ordonnées y du funiculaire tracé avec cette distance polaire seront bien amplifiées dans le rapport ci-dessus. En effet on a :

$$3 - F : EF :: (n_2 n_1 = n'n) : n''n :: z : z' \qquad \text{ou} \qquad H = H' \frac{z'}{z} .$$

Une ordonnée quelconque du rayon 3 — D est à une ordonnée du rayon E D, comme $z' : z$. Si donc nous portons $Du' = A'a'$, en projetant u' sur 3 — D, on aura l'ordonnée réelle uu_1, que nous porterons en $a_1 A_1$; la ligne de fermeture $a_1 b_1$ étant aussi celle du funiculaire réel. Le point A_1 est donc l'origine du funiculaire réel et AA_1 mesure le moment d'encastrement en A. De même en portant $Dv' = B'b'$ on trouve vv_1 que l'on porte en $b_1 B_1$; B_1 est l'autre origine du funiculaire et BB_1 mesure le moment d'encastrement en B. L'ordonnée y_8' sur l'axe de l'arc amplifiée devient de même, ww' que l'on porte en $c_1 c'$.

On pourrait amplifier ainsi toutes les ordonnées y', mais on peut opérer plus simplement. Sur la verticale $a\,b$ menée par le point E, c'est-à-dire à une distance polaire H de D, rapportons toutes les charges 1 à 15 et puisque le funiculaire réel doit avoir sa ligne de fermeture se confondant avec $a_1 b_1$, menons D K parallèle à A' B', puis une horizontale de K qui déterminera le nouveau pôle o_1. En menant de ce pôle o^1 les rayons aux points de division de $a\,b$, puis en partant de A_1 ou de B_1 on tracera facilement le funiculaire réel (tracé en éléments) dont les distances verticales à l'arc amplifié mesurent les moments réels en chaque point de l'arc. Comme vérification, les points t', t' où la ligne $a'b'$ coupe le funiculaire arbitraire, doivent se trouver sur les verticales des points t, t, où la ligne $a_1 b_1$ coupe le funiculaire réel.

Compression N. *Effort tranchant* F. — Puisque nous avons opéré sur un arc dont les ordonnées ont été multipliées par 3, il faut aussi multiplier par 3 la distance polaire. Si donc on prend $ko' = 3\,ko_1$, les rayons menés du pôle o' aux points de division de ab représenteront, à l'échelle des charges, les efforts T en chaque section, puis, en les décomposant suivant la normale à la section et sa perpendiculaire, on aura les valeurs de N et de F à la même échelle que celle des charges portées sur ab.

On pourra maintenant calculer la section de l'arc comme nous l'avons fait déjà.

Cas d'une charge uniforme. — Dans le cas d'un arc ainsi chargé, les opérations que nous venons de faire se simplifieraient beaucoup. En effet, dans ce cas, le funiculaire arbitraire A'D B' appartient à une même parabole, et la ligne A' B' est horizontale. Or la surface du segment parabolique est égale à sa base A' B' multipliée par les deux tiers de sa hauteur Dd. Donc la hauteur du rectangle équivalent est $A'a' = B'b = 2/3\,Dd$ ou $y'_8 = 1/3\,Dd$, la ligne de fermeture $a'b'$ est donc de suite déterminée.

Tout étant symétrique, il suffit de tracer la moitié de l'épure pour obtenir z et z'.

On trouverait ainsi une courbe ou parabole des moments positifs, un peu différente de celle trouvée par la méthode analytique, mais la différence serait négligeable en pratique ; cette différence résulte surtout de ce que la méthode graphique suppose constante la hauteur de la ferme.

Dôme sphérique.

Soit ABC (Pl. XXXII) la ligne moyenne ou quart de cercle d'un méridien, dont la rotation autour de l'axe CD engendre une demi-sphère. Rappelons qu'on appelle : *Méridien* tout plan passant par l'axe de la sphère et la coupant suivant un *grand cercle* ; *parallèle* tout plan perpendiculaire à cet axe coupant la surface suivant un *petit cercle* ; *fuseau* la surface comprise entre deux méridiens ; *calotte* la surface au-dessus d'un parallèle ; *zone* la surface comprise entre deux parallèles.

La surface d'une sphère de rayon R est égale à la circonférence d'un grand cercle $\times$ le diamètre ou à quatre fois la surface d'un grand cercle.

$$2\pi R \times 2R = 4\pi R^2 = \pi D^2.$$

Nous supposons la surface sphérique assez mince pour n'avoir pas à tenir compte de son épaisseur.

Au lieu de considérer une surface sphérique continue, nous considérons, comme cela a lieu en pratique, un dôme composé d'un certain nombre de cercles méridiens AC, A'C, A"C réunis par des pannes situées dans les parallèles. Nous remplaçons ainsi la section continue de la sphère suivant un parallèle, par les sections des arcs méridiens ; et la section continue suivant un méridien, par les sections des pannes.

Dans un dôme ou surface de révolution mince, la seule poussée qui ait lieu en un point quelconque d'une section méridienne est forcément dirigée suivant la tangente à la courbe méridienne. Cette poussée a pour composante verticale le poids supérieur et pour composante horizontale la résultante des tensions des pannes, située dans le parallèle du point considéré. Il suffit donc de déterminer le poids du dôme aux divers points voulus pour que la poussée et sa composante horizontale en ces points soient déterminées. La détermination de ces efforts est donc un simple problème de statique.

Nous diviserons le dôme par un certain nombre de parallèles équidistants, 8 par exemple, qui divisent l'axe CD en 9 parties égales. Les parallèles passant par les points de division d_1 à d_8, coupent l'arc méridien aux points $a_1 \ldots\ldots a_8$. On pourrait aussi diviser l'arc ABC en parties égales, cela ne changerait rien à la méthode. Maintenant supposons que le poids total (couverture et ossature) soit uniforme sur la surface sphérique et égal à p par mètre carré, et représentons par CD à une échelle quelconque, à déterminer, le poids total correspondant à un demi-fuseau CA'A, poids qui agit sur un arc méridien AC. Ce poids est égal à celui du 1/2 dôme $= p \times \pi D^2$, divisé par le nombre de fuseaux. Or, la surface d'une calotte sphérique étant égale à la circonférence d'un grand cercle multipliée par la hauteur de la calotte, on voit que les hauteurs égales $cd_1, d_1 d_2 \ldots\ldots$ représenteront à l'échelle adoptée, pour le poids total CD, les poids égaux de chaque portion de zone correspondant au fuseau.

Actuellement, menons par le point C des parallèles aux tangentes en $a_1, a_2 \ldots\ldots$, nous obtenons ainsi les points $b_1, b_2 \ldots\ldots$ qui appartiennent à une courbe continue. Si on prend C D = R pour axe des x et AD pour axe des y, l'équation de cette courbe est :

$$y^2 : x^2 :: R - x : R + x.$$

Sa tangente en C est horizontale et sa tangente en D est à 45°, si nous menons une tangente verticale et par le point de contact b une horizontale, nous obtenons sur l'arc un point B dont le rayon BD fait avec l'horizon un angle de 38° environ.

Considérons maintenant la portion supérieure Ca_1 du fuseau, dont le poids est représenté par Cd_1. Ce poids est tenu en équilibre par la poussée tangentielle N_1 et par la résultante Q_1 des tensions des pannes, située dans le plan a_1d_1, par conséquent Cd_1b_1 est le triangle de ces trois forces en équilibre; donc $Cb_1 = N_1$ et $b_1d_1 = Q_1$. La section de l'arc sera $S = N_1 : R$, R étant ici le coefficient de résistance du métal.

En se reportant au plan du dôme, il sera facile de décomposer Q_1 suivant les directions a_1a_1' et a_1a_1'' des pannes et par suite de déterminer leurs sections en tenant compte de ce que nous avons dit des piliers.

Si le dôme était surmonté d'une lanterne EE, on déterminerait le poids P afférent à un fuseau Ca_1, et si $C'd' = P$ on aura encore $C'b_1 = N_1$ et $b_1d' = Q_1$.

Passons au parallèle a_2, le poids total est Cd_2 d'où $Cb_2 = N_2$. Mais, par suite de l'existence des pannes en a_1, la composante horizontale est ici $Q_2 = b_2d_2 - b_1c_1 = b_2c_2$, en portant dans le plan $a_2c_2 = b_2c_2$ on obtient a_2e pour les compressions des pannes. Leur section et celle de l'arc s'en déduiront simplement.

On trouve de même en a_3, $N_3 = Cb_3$ et $Q_3 = b_3c_3$.

On voit que la poussée horizontale absolue croît de C en b, puis décroît de b en A où elle est nulle. La poussée effective, qui constitue une compression des pannes au dessus de b, décroît de C en b; au dessous de ce point, cette poussée horizontale effective, qui est la différence des poussées absolues dans deux parallèles consécutifs, change de signe, elle constitue donc des efforts de traction pour les pannes, efforts que l'on détermine par la simple construction du parallélogramme comme en a_2.

La section de l'arc ira donc en croissant comme les compressions normales N depuis le sommet C jusqu'à la base A qui supporte le poids total CD du demi-fuseau.

De ce qui précède, on conclut que s'il s'agissait d'un dôme en matière inextensible, en maçonnerie par exemple et mince, il ne serait stable, c'est-à-dire comprimé, que sous un angle de 52° à partir du sommet, de C en B, au-dessous de cet angle, c'est-à-dire de B en A, il serait soumis à l'extension et se fendrait suivant des plans méridiens.

Arc à 3 articulations. — Charges multiples.

Planche XXXIII.

Le cas de plusieurs charges concentrées quelconques, peut résulter des charges d'un convoi ou d'une charge uniforme répartie soit suivant la fibre moyenne de l'arc, soit suivant sa corde (comme fig. 176).

Si la charge est totale et symétrique sur les deux parties de l'arc, la détermination des réactions, compressions normales, moments, etc., se fait exactement comme sur la figure 176.

Cependant quand il s'agit d'un arc surbaissé on peut faire un tracé plus exact et qui est l'extension du tracé figure 167 relatif à une charge unique. Nous croyons bon de le rapporter ici.

D'après ce que nous avons dit (fig. 167, page 158), *le lieu des réactions des appuis* A *et* B, *résultant d'une charge quelconque* P *est toujours sur l'une des lignes* BC *ou* AC *prolongées joignant les articulations* A *et* B *des appuis à la clef* C.

Une charge P engendre sur les appuis (fig. 167 et 168) des réactions T et T_1. Ces appuis A et B étant de niveau, la charge P engendre sur ces appuis une poussée horizontale égale à H, et cette ligne H divise la longueur $ab = P$, en deux parties qui sont la réaction verticale F_0 en A, et la réaction verticale F_1 en B. Ces réactions verticales sont les mêmes que pour une poutre droite posée sur appuis, portant la même charge P.

Réactions totales dues à plusieurs charges (fig. 1). — Nous supposons l'arc entièrement chargé et portant les charges 1 à 11 que, pour simplifier, nous supposons égales entre elles. Décomposons chacune des charges 2 à 9 suivant les directions des réactions dont le lieu des intersections est sur les lignes AC et BC prolongées; nous désignons par a_1-a_2-a_3... les composantes des réactions en A et par b_1-b_2-b_3... les composantes des réactions en B.

Si maintenant on forme (fig. 2) le polygone des composantes P_1-a_1-a_2-a_3....., la ligne de fermeture de ce polygone sera la résultante de toutes ces réactions, ou la réaction totale. Cette réaction totale décomposée suivant une horizontale et une verticale, détermine la poussée horizontale totale et la réaction verticale totale sur l'appui A, qui est la même que celle qui aurait lieu pour une poutre droite posée sur appui et portant les mêmes charges.

On tracerait de même le polygone des composantes b_1-b_2-b_3... P_{11} et sa ligne de fermeture serait la réaction totale en B.

Efforts tranchants. Compressions normales (fig. 3). — On les détermine pour les diverses sections de l'arc, comme cela a été dit et fait figure 176. Sur la composante verticale de la réaction totale, représentant la réaction verticale en A, on porte les charges successives qui s'exercent sur la moitié de l'arc, puis on mène les rayons au point *o* base de la réaction totale; ces rayons représentent les résultantes de translation pour toute section de l'arc comprise entre deux charges, ils permettent de tracer le polygone des forces extérieures pour le demi-arc considéré. Enfin, si on considère, par exemple, la section milieu entre deux charges, il suffira de décomposer chaque résultante de translation suivant le rayon passant par cette section et suivant une perpendiculaire à ce rayon, pour avoir l'effort tranchant F, et la compression normale N qui se produisent en chacune des sections de l'arc.

Moments fléchissants. — Les ordonnées de la surface comprise entre la fibre moyenne de l'arc et le funiculaire des forces extérieures représentent à l'échelle

nH, comme nous le savons, le moment fléchissant en chaque point de l'arc ; H étant la poussée horizontale et $1:n$ l'échelle de réduction des longueurs sur le dessin de l'arc. Ce moment peut se calculer, on a :

$$\mu = (F_0 x - \Sigma P z) - H h.$$

x, est la distance de la section considérée à l'appui A où a lieu la réaction verticale totale F_0 ;

z, est la distance de chacune des charges, situées à gauche de la section considérée, à cette section ;

h, est la hauteur de la fibre moyenne de cette section.

Le terme entre parenthèses est le moment fléchissant qui aurait lieu pour une poutre simplement posée, portant les mêmes charges que l'arc.

Un seul côté chargé. — Dans ce cas on détermine les réactions sur les appuis, le polygone des forces extérieures et par suite la surface des moments, en procédant en tous points comme nous l'avons fait pour la ferme (fig. 178, page 179).

CINQUIÈME PARTIE

DONNÉES DE CONSTRUCTION

RÈGLEMENT SUR LES PONTS (1891)

APPLICATIONS

CHAPITRE XII

DONNÉES DE CONSTRUCTION

§ I. — De la rivure.

Poinçonnage (fig. 183). — Le perçage des tôles peut se faire au poinçon. Le plus petit diamètre d du poinçon dépend du rapport de sa résistance à l'écrasement R_c, à la résistance au cisaillement R_{ci} de la tôle.

La résistance à la traction de la tôle étant R, on a $R_{ci} = 0,8\,R$ pour le fer; $R_{ci} = 0,7\,R$ pour l'acier.

Si e est l'épaisseur de la tôle, on a au maximum :

$$R_c \frac{\pi d^2}{4} = R_{ci}\,\pi\,de; \qquad \frac{d}{e} = 4\frac{R_{ci}}{R_c}.$$

Pour le fer, $R = 30^k$, $R_{ci} = 24$; pour l'acier du poinçon $R_c = 90^k$:

$$\frac{d}{e} = 4\frac{24}{90} = 1,06 \qquad \text{soit } d = e.$$

Pour tôle d'acier, $R = 45$, $R_{ci} = 31,5$:

$$\frac{d}{e} = 4\,\frac{31,5}{90} = 1,4; \qquad d = 1,4\,e.$$

Fig. 183.

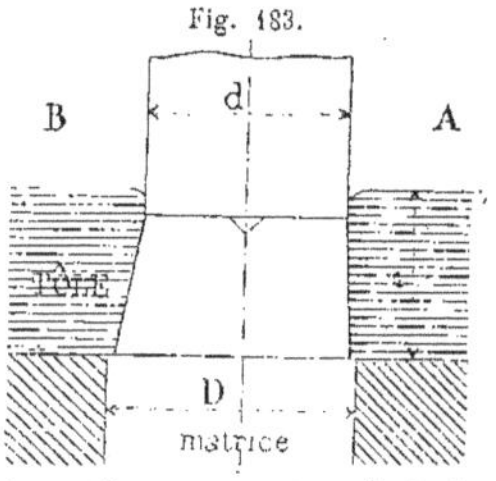

Les trous poinçonnés sont plus ou moins coniques, suivant le rapport D : d, de la matrice au poinçon.

Le poinçonnage présente l'inconvénient de produire, sur toute la surface du trou, un écrouissage d'autant plus marqué que le métal est plus dur. Aussi pour les tôles d'acier il est stipulé dans tous les cahiers des charges que les tôles poinçonnées seront recuites au rouge cerise, ou les trous alésés ou mieux percés à la mèche.

Exécution (fig. 184). — De ce que les trous poinçonnés sont un peu coniques il faut s'arranger pour que dans l'assemblage des tôles ces cônes soient opposés par le sommet. Le diamètre du rivet est toujours un peu plus faible que celui du trou et la tige doit être assez longue pour remplir les trous et bien former la tête.

Les formes usuelles sont indiquées fig. 184. La forme conique A se fait entièrement au rivoir; les formes sphériques B et en goutte de suif C, se terminent à la bouterolle ou se font à la machine; les rivures fraisées avec tête et calotte ou sans tête, se font exceptionnellement; elles coûtent plus cher et sont moins solides.

La rivure se faisant à chaud, le retrait de la tige produit un serrage énergique des tôles; mais si ce rivet est long, ce retrait peut aussi occasionner le décollage de la tête, ou tout au moins créer une fissure ou une tension trop grande et la tête se détachera ultérieurement par l'effet des vibrations, etc. Aussi doit-on employer pour les rivets du fer ou acier à grand allongement. Une petite fraisure sous la tête renforce sensiblement la rivure, en supprimant l'angle vif (fig. 184).

Le nombre de rivets qu'une équipe peut poser à l'heure varie beaucoup suivant les conditions du travail. Pour des rivures courantes, une bonne équipe peut poser en moyenne par heure les nombres de rivets suivants :

Diam. du rivet	12-14	16	18	20	22	25
à la main	45 à 55	40-45	35-40	30-35	25-30	20-25
à la machine	140-180	160	150	110-140	90-110	75-90

Fig. 184.

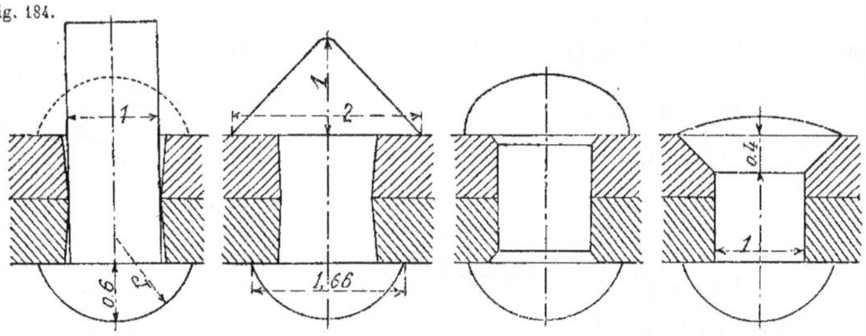

Défauts des rivures (fig. 185). — Les trous des tôles peuvent ne pas coïncider, on force alors une broche dans ces trous, mais cette pratique qui corrige très peu la déviation a l'inconvénient d'écrouir le métal; l'alésage est préférable mais il faut avoir soin de ne pas affamer la pince *b*. Cette déviation des tôles exige des rivets plus petits et plus longs et s'ils ne remplissent pas bien le vide du trou les tôles sont plus susceptibles de glisser l'une sur l'autre.

Fig. 185.

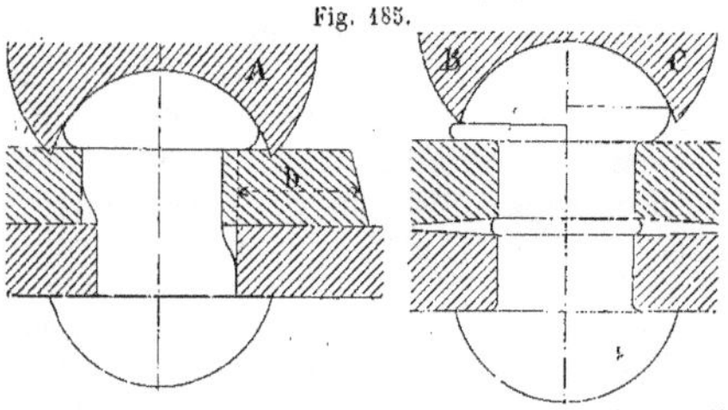

Ce remplissage du trou est plus complet quand la rivure se fait à la machine.

La rivure est incomplètement formée : 1° fig. A, quand le rivet n'est pas assez long; 2° quand le rivet est trop froid et se laisse pas écraser fig. C. Il est préférable que la bouterolle laisse tout autour une bavure que l'on enlève au burin. Quand le rivet est trop court fig. A, la bouterolle peut blesser la tôle. Quand le rivet est placé obliquement la tête peut ne pas porter sur la tôle et la rivure peut être excentrée. Enfin si les tôles ne sont pas en contact il peut se former entre elles un bourrelet qui augmente la flexibilité du rivet et empêche l'étanchéité.

Disposition des rivures (fig. 186-187). — Les rivets, quand ils forment plusieurs rangs se disposent, 1° en *chaîne*, c'est-à-dire en lignes perpendiculaires au joint; 2° en quinconce, ou lignes obliques au joint. D'autres fois ils forment des groupes. Les tôles peuvent être simplement superposées, c'est la rivure à *clin* ou à *recouvrement* ; elles peuvent être déposées bout à bout avec un ou deux couvre-joints, alors la rivure se répète de chaque côté du joint.

Fig. 186.

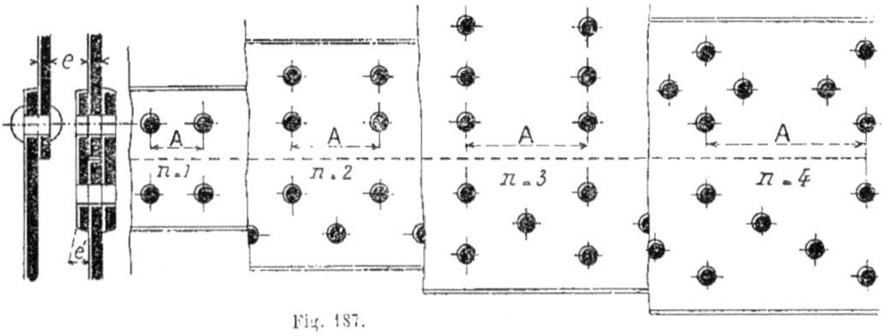

Fig. 187.

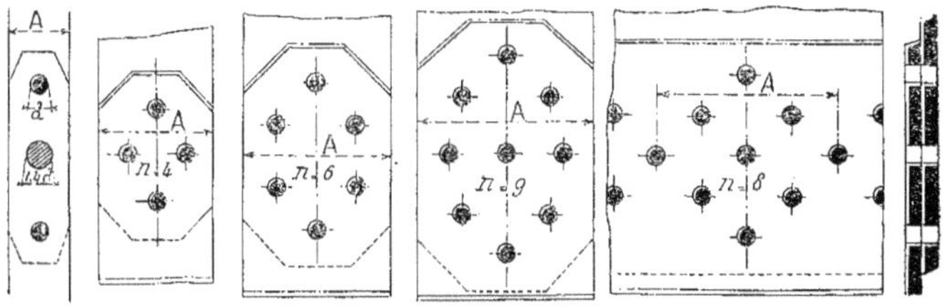

Proportions des rivures d'assemblage. — Le rapport $d : e$ du diamètre d du rivet, à l'épaisseur e de la tôle varie de $d = 3\,e$ pour tôle mince à $d = 1{,}2\,e$ pour tôles fortes et même $d = 1{,}06\,e$ pour les tôles de 30 $^{m}/_{m}$.

Les deux tableaux suivants donnent les proportions usitées dans les ateliers, le pas A est la distance d'axe en axe des rivets; la pince est la distance de l'axe du rivet au bord de la tôle.

RIVURES D'ASSEMBLAGE DE 2 TÔLES

Épaisseur e des tôles	1	2	3	4	5	6	7	8	9	10	11	12	13	14	15	16	17	18	19	20	21	22
Diam. des rivets	4	6	8	10	12	14	14	16	18	20	20	20	22	22	22	22	22	25	25	25	26	26
Pas, A =	20	25	35	45	50	60	80	90	100	100	110	120	130	140	150	160	170	180	190	200	210	220
Recouvrement total = 2 pinces	25	30	35	40	45	50	50	55	60						70				75		80	

A partir de l'épaisseur $e = 10$, le pas est constamment $A = 10\,e$.

RIVURES DE PLUSIEURS TÔLES

Épaisseur à river		3-6	6-10	10-12	12-14	14-16	16-20	20-25	25-35	35-50	50-70	70-100
Rivet	d	6	8	10	12	14	16	18	20	22	24	26
Poinçon		6,5	9	11	13,5	15,75	18	20	22	24,5	28	30
Pas	A	30	50-60	60-70	70-80	80-90	90-100		100-120		120-140	
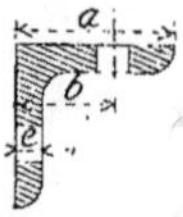	a	30	35	40	45	50	60	70	80	90	100	100
	c	4,5	5-6	5-7	6-8	6-8	6-10	9-13	9-14	10-16	18	18
	b	16	19	22	25	28	33	38	45	50	58	58

Calcul des rivures soumises à la traction. — La rupture d'un assemblage peut avoir lieu fig. 188; 1° par le cisaillement des rivets; 2° par la rupture de la tôle entre 2 rivets; 3° par la déchirure suivant le recouvrement, sous le rivet.

Fig. 188.

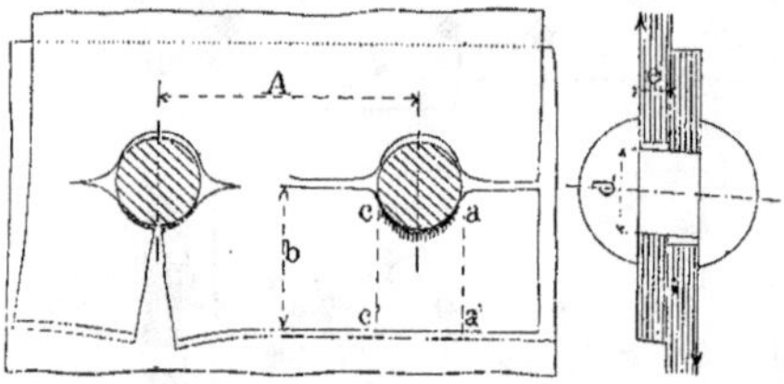

Soit : A, le pas de la rivure ou distance d'un groupe;

n, le nombre de rivets contenus dans le pas;

d, e, le diamètre du trou et l'épaisseur de la tôle.

R et R', la résistance à la rupture par traction de la tôle ou du fer à rivet;

R_1, la compression sous le rivet qui correspond à la déchirure du recouvrement.

1° En égalant la résistance de la tôle entre 2 rivets distants du pas A, et la résistance au cisaillement (0,8 R') des rivets, on a :

$$R\,(A - d)\,e = 0{,}8\,R'\frac{\pi d^2}{4}\,n. \qquad (a)$$

Pour la tôle de construction on a en moyenne R = 32, et pour le fer à rivet R' = 36 à 38. On peut donc admettre R = 0,8 R'.

Règlement.—Le règlement de 1891 (v. chap. XIII) stipule « que les rivures seront calculées avec le même coefficient que celui auquel travaillent les tôles qu'elles assemblent, mais en réduisant la section des rivets aux 0,8 de la section réelle. » Cela équivaut à faire dans (*a*) R = R'; on donne ainsi aux rivets un excès de résistance justifié par les défauts que la rivure peut présenter, surtout quand elle est faite à la main sur le chantier. On tire alors de (*a*) :

$$n = \frac{(A - d)\,e}{0{,}63\,d^2}, \quad \text{nombre de rivets.} \qquad (b)$$

Si on divise les 2 termes de (*a*) par d on a :

$$A = d\left(0{,}63\,\frac{d}{e}\,n + 1\right), \quad \text{pas de la rivure.} \qquad (c)$$

Pour la rivure à double couvre-joint ou double cisaillement, il suffit de multiplier par 2 le second terme de (a), ou remplacer dans la valeur de n et de A, le facteur numérique 0,63 par 1,26.

3° En égalant la résistance ou cisaillement d'un rivet à la compression sous un rivet qui produit la déchirure au recouvrement, on a :

$$0{,}8\,R'\frac{\pi d^2}{4} = R_1 de; \quad \frac{d}{e} = 1{,}6\,\frac{R_1}{R'}; \quad R_1 = 0{,}63\,R'\frac{d}{e}. \qquad (d)$$

Essais de la Société de Sclessin (1). — Ces essais ont porté sur 60 clouures ; dont 2 séries de 15, à simple cisaillement, l'une faite à la main, l'autre à la machine ; et 2 séries à double cisaillement, à la main ou à la machine.

Avant la rivure { les plats ont donné R = 34^k,5, allongement 13 à 19 %.
le fer à rivets R = 42 » 25 à 30.

L'allongement des assemblages n'était plus que 3 à 6 0/0. Les fers plats ont été poinçonnés au diamètre $d = 19$ m/m.

Pour la clouure simple, à la main ou à la machine, avec la plus petite pince = 35 m/m = $2d$, c'est le rivet qui s'est cisaillé sous un effort de cisaillement = 29 à 32^k par m/m carré = (0,8 R').

Le tableau suivant donne les résultats pour la clause double.

Nous avons calculé la compression R^1 (relation d).

	$\frac{d}{e} = 3{,}2$			$\frac{d}{e} = 1{,}6$			$\frac{d}{e} = 1{,}6$						$\frac{d}{e} = 1{,}05$		
Dimension des plats $\frac{A}{e}$ =	$\frac{60}{6}$	$\frac{15}{6}$	$\frac{90}{6}$	$\frac{60}{12}$	$\frac{75}{12}$	$\frac{90}{12}$	75 × 12						$\frac{60}{18}$	$\frac{75}{18}$	$\frac{90}{18}$
Saillie du bout (pince) b	35	47	53	37	47	55	29	35	40	47	50	60	35	45	55
Charges par millim. carré sur : le plat rivé R'	27	29	28	29	25	19	20	23	25	25	23	25	23	19	15
le rivet (2 sections) R″	14	18	21	26	30	27	24	26	29	30	27	29	30	33	32
le champ R_1	70	90	105	65	75	67	60	65	72	75	67	72	50	27	53
Partie rompue	—	T	T	—	rivet		T	T	T	rivet			rivet		

Pour les gros rivets $d : e = 3{,}2$, ce sont les plats qui se sont rompus.

Les barres étroites, 60 m/m = $3d$, se sont seules fendues en travers, la pièce étant = 35 à 37, pour 0,8 R' = 28^k en moyenne, la compression étant $R_1 = 65$ et 70^k. Pour $R_1 = 90$ à 105^k, même avec une pince de 53 m/m, la rupture a eu lieu en long et en travers.

Pour $d : e = 1{,}05$, ce sont les rivets qui se sont cisaillés, même avec une pince = 35 m/m.

La résistance au cisaillement double est bien double de celle du cisaillement simple.

(1) *Le Génie Civil*, 1886.

Couvre-joint des membrures ; joints en escalier. — Considérons (fig. 189), une membrure formée de 3 tôles, à joints en escalier *a*, *b*, *c*. Le couvre-joint doit avoir une épaisseur au moins égale à la plus épaisse des tôles formant la membrure.

La résistance au cisaillement qu'offrent les rivets dans chaque joint *ab*, *bc*, *cd*, doit être égale à celle que présente la section nette d'une tôle ou du couvre-joint, suivant une ligne de rivets.

Fig. 189.

Fig. 190.

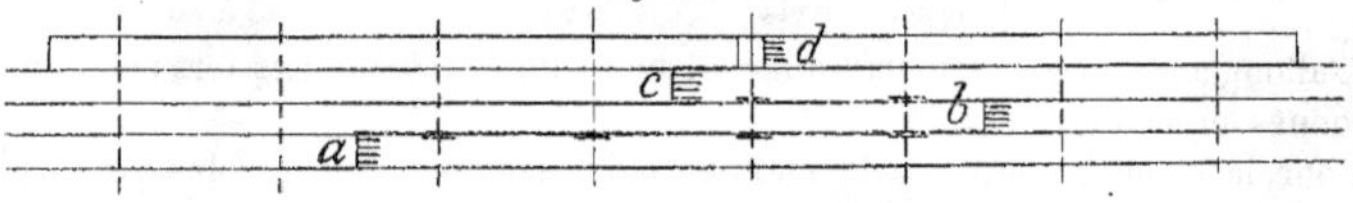

Soit : A, la largeur des tôles; *e*, l'épaisseur d'une tôle;

m, le nombre de rivets sur la largeur A et sur un rang;

n, le nombre des sections de rivets dans un recouvrement *ab*, etc.;

0,63 d^2, la section réduite d'un rivet d'après le règlement.

On aura donc pour l'égalité de résistance dans un recouvrement :

$$(A - md)e = n \times 0{,}63\,d^2$$

$$n = \frac{(A\ md)\,e}{0{,}63\,d^2}.$$

Exemple : soit $A = 580\ ^m/_m$; $m = 6$; $d = 20$; $e = 10$.

On trouve $$n = \frac{580 - 6 \times 20}{0{,}63 \times 400}\,10 = 18.$$

Comme il y a 6 rivets sur la largeur, il faudra mettre trois rangs de rivets par étage ou recouvrement *ab*.

Si le pas de la rivure $= 100\ ^m/_m$, et la pince $35\ ^m/_m$, les recouvrements extrêmes *c-d* auront une longueur $= 50 + 100 + 100 + 35 = 285$; les recouvrements intermédiaires auront comme longueur $ab = bc = 300\ ^m/_m$.

Joints croisés (fig. 190). — Supposons la rupture par la ligne de jonction *abcd*; admettons qu'on ait deux rangs de rivets par étage ou recouvrement intérieur. Les rivets (*f*) fournissent chacun deux sections de cisaillement, les rivets (*g*) fournissent chacun une section : les 4 rivets fournissent 6 sections soit par étage : $n \times 1{,}5$ sections de cisaillement. La section nette du couvre-joint est $(A - md)e$.

On a donc : $$(A - md)\,e = 1{,}5\,n \times 0{,}63\,d^2,$$

$$n = \frac{(A - md)\,e}{1{,}5 \times 0{,}63\,d^2}.$$

Avec les données de l'exemple ci-dessus on trouve $n = \frac{1,8}{1,5} = 12$ et comme il y a 6 rivets en largeur, les deux rangs par étage donnent bien $n = 12$.

Ce couvre-joint sera moins long que le précédent.

Rivure des tables à l'âme (fig. 191). — L'effort de glissement ou de cisaillement longitudinal dans une poutre, est maximum pour l'axe neutre de la poutre. Supposons l'âme constituée par deux tôles réunies suivant l'axe neutre par un double couvre-joint.

Soit : F, l'effort tranchant dans la section considérée;

h, la hauteur moyenne de la table;

$R_{ci} = 0,8$ R, l'effort de cisaillement par millim. carré de la section des rivets, R étant celui que supportent les tables;

d, le diamètre des rivets;

x, la distance cherchée entre deux rivets.

Fig. 191.

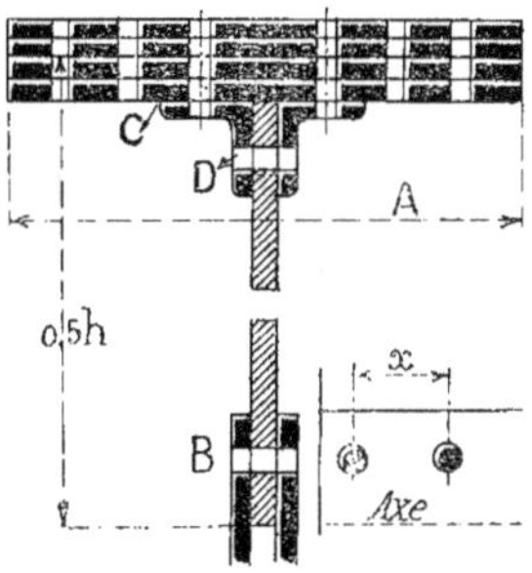

Considérons une longueur de 1 m. de la poutre à partir de la section considérée. Chaque rivet présente une section $= \pi d^2 : 4$; mais il offre une double section au cisaillement; le nombre de rivets par mètre est $1 : x$. La section totale de cisaillement par mètre est donc :

$$\frac{2}{x} \times \frac{\pi d^2}{4} = \frac{\pi d^2}{2x} = 1,57 \frac{d^2}{x}.$$

On aura alors la relation d'équilibre :

$$R_{ci} \times 1,57 \frac{d^2}{x} = F h,$$

d'où on déduira x si on se donne d. Cette distance x pourra être adoptée pour la jonction des cornières à l'âme et aux tables. Cette distance x sera ici un peu faible puisque le cisaillement est moindre. Quand la distance x paraît trop petite, on établit un double rang de rivets en quinconce.

§ II. — Fers et aciers profilés.

Fers (fig. 193-194). — Chaque forge publie un album donnant les dimensions, les valeurs de I : v et charges que peuvent porter leurs profilés.

La fig. 192 se rapporte aux fers à planchers.

La fig. 193 — — pour construction.

Pour chaque profil, on augmente la résistance en augmentant la largeur, ce qui s'obtient en éloignant les cylindres lamineurs; mais ces profils épais sont moins économiques. Si a est l'augmentation d'épaisseur donnée au fer, et b la hauteur de ce fer, la valeur primitive de I : v sera augmentée de $a b^2 : 12$.

Dans les tableaux qui suivent, les dimensions sont en millimètres et les valeurs de I : v sont rapportées au centimètre, soit 10^6 fois plus grandes que si on les rapportait au mètre. Si donc on divise R, pris par mètre carré, par 10^6, ce qui revient à prendre pour R sa valeur par millim. carré, le produit RI : $v = \mu$ est le moment en kilog. × mètres.

Pour comparer deux sections ou profils différents, on calcule le *coefficient économique*, en divisant le moment résistant RI : v, ou simplement I : v, par le poids du mètre. Ce coefficient économique est le moment résistant pour 1^k de métal. La section qui donne le coefficient le plus élevé est la plus économique.

Fers Zorès (fig. 195 à 197). — Ces fers, que fabriquent les Forges de Franche-Comté, s'emploient comme poutrelles pour planchers, surtout pour planchers de ponts, le profil fig. 197 s'emploie aussi pour former des colonnes.

Séries normales (fig. 193 à 197). — Ces séries, adoptées par les maîtres de forges allemands, comprennent à peu près tous les profils des diverses forges et ont sensiblement les mêmes valeurs de I : v, valeurs indiquées dans les tableaux suivants.

Les faces intérieures des ailes des ⌶ ont une pente de 14 °/₀.
id. id id. des ⊏ — — 8 °/₀.
Les faces a des fers ⊥ — — 2 °/₀.
id. h id. ⊥ — — 4 °/₀.

Le grand congé a un rayon $r = e$ épaisseur moyenne ; pour le petit congé $r' = 0{,}5\, r$. Pour les ⌶ $r' = 0{,}6\, r = 0{,}6\, e$.

Tableau. Pl. XII. — Pour une charge uniforme p par mètre, on a :

$$R\frac{I}{v} = \mu = p\,\frac{l^2}{8}, \qquad p = \left(8R\frac{I}{v}\right)\frac{1}{l^2}, \qquad pl = \left(8R\frac{I}{v}\right)\frac{1}{l}.$$

Si on se donne R, le terme entre parenthèses, pour $l = 1$, sera la charge par mètre égale à la charge totale. C'est ainsi qu'ont été calculées les dernières colonnes des tableaux (A) (B) (E) (F), en faisant R = 10. Pour R = 6 ou 8, on multipliera ces chiffres par 0,6 ou 0,8. Pour une portée donnée la charge p par mètre s'obtiendra en divisant ces chiffres par l^2 ; la charge totale pl s'obtiendra en divisant ces chiffres par l.

La relation qui donne pl est celle d'une ligne droite.

Si donc on prend 1 : l pour abscisses il suffira de calculer une valeur de pl pour ordonnée.

C'est ainsi qu'a été établi le graphique pl. XII pour fers à planchers.

A l'échelle de	pour l =	1	2	3	4	5	6	7	8
0^m,40 par mètre	l'abscisse =	400	200	133	100	80	67	57	50

Les trois échelles des ordonnées correspondent à R = 6, 8, 10 k.

L'usage de ce tableau est si simple que nous croyons inutile d'insister.

FERS DE CONSTRUCTION (fig. 193)

Fig. 192.

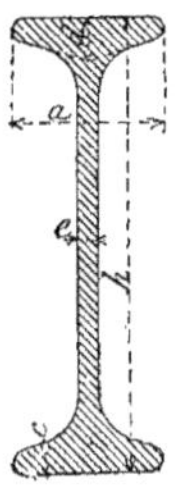

Au bord c = e à peu près.

Fig. 193.

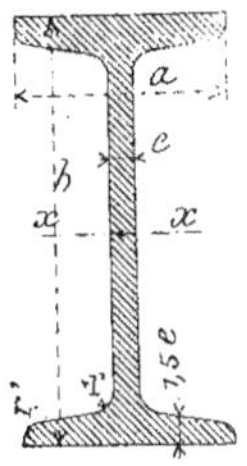

FORGES DE FRANCHE-COMTÉ

h	a	e	c	s	Poids	$\frac{I}{v}$	$80\frac{I}{v}$
120	70	6		23,6	18	92	7360
	76	12		30,8	23,5	106	
125	75	7	8,5	20,5	16	80	6464
		10		24,3	19	88	
140	80	7		28,6	22	130	10400
	87	14		38,4	29,5	153	
160	80	8		30	23	155	12400
	86	14		40,4	31	183	
175	80	8		32,4	22,5	157	12560
	87	15		42	32,5	193	
180	100	10		42,6	32	241	19280
	105	15		51,6	39	268	
200	90	9	11	35,8	28	219	17520
	96	15		48	37,5	259	
	100	10		46	35	291	23280
	106	16		58	44,5	331	
220	110	10		49	36	344	27520
	116			62,5	46	392	
235	95	9	12	41	32	297	23760
	100	14		52,5	41	343	
240	100	9	11,5	42,9	33,5	331	26520
	106			57	44,7	371	
	115	10,5	13	53	41,5	392	31360
	121			67,4	52,7	450	
250	100	10	12,5	47,3	37	357	28560
	105			59,5	46,5	410	
	130	11	13,5	58,9	46	438	35040
	135			71,7	56	490	
260	120	10		59.5	45,5	498	39840
	129	19		83	64	601	
300	120	12		75,7	57	700	56000
	128			99,7	76	820	

FERS A PLANCHERS, FIG. 192

(Creusot).

h	a	e	d	Poids	$\frac{I}{v}$	$80\frac{I}{v}$
80	39	4,5	10,5	k 7	21,08	1686
	44,5	10		10,5	26,86	
100	42	5	11,5	9	32,14	2570
	47,5	10,5		13	41,95	
120	44	5,5	13	10,5	46,97	3757
	49,5	11		16	60,57	
140	47,7	6	14	13	64,8	5184
	53,7	12		19	84,4	
160	52,5	6,5	15	15	88,72	7097
	58	12		23	112,2	
180	56,5	7	16	19,5	121,7	9736
	61,5	15		30	159,5	
200	58,5	7,5	17	22	153,7	12300
	66	15		33	199,8	
220	62,5	8	18	25,5	195,6	15650
	70	15,5		38	260,8	

Fig. 194.

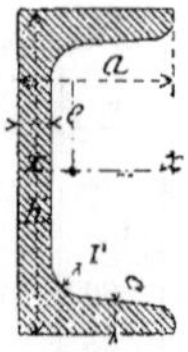

e au milieu = 10 *a* 13.

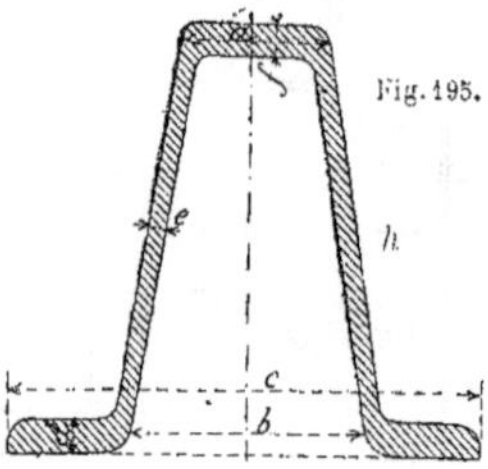

Fig. 195.

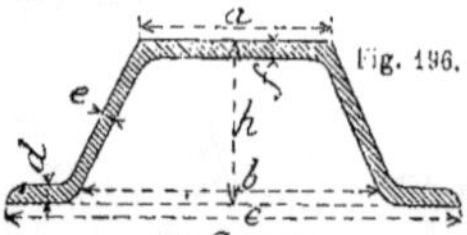

Fig. 196.

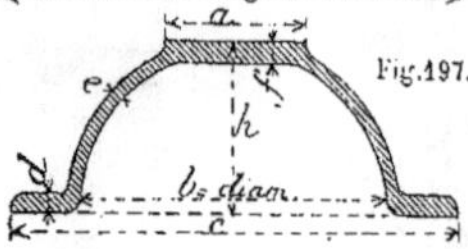

Fig. 197.

FERS, fig. 194.

h	a	e	Poids	$\frac{I}{v}$
120	51	9	15	63
	55	13	18,7	72,7
	58	10	16,8	72,5
	62	14	20,5	82
140	45	7	13	67,8
	52	8	16	78,2
	50	12	18	84
	57	13	21	94,5
175	60	8	19,25	121,8
	67	15	28,75	157,5
235	85	10	33,65	289
	90	15	42,8	335
250	80	10	32,75	287
	85	15	42	339

FERS ZORÈS

h	a	b	c	d	e	f	Poids	S	$\frac{I}{v}$
Pour planchers ou ponts, fig. 195.									
80	30	45	100	5	3,5	6	7	9,64	18,8
110	35	55	120	6	4	8	11,1	14	38,28
120	40	68,5	140	8	5	10	15,5	20,9	59,6
140	45	80,5	160	9	6	11	20	26,1	89
160	50	89	180	10	7	12	25	35	135
180	55	101	200	11	7	14	32	41,6	183
200	80	109	220	13	7	16	39,5	52	301
Spécial pour ponts, fig. 196.									
120	90		240	7	5	7	18,5	23,6	81,2
Pour traverses ou poutrelles, fig. 196.									
66	78		226	8	5 5	7,5	14,6	18,5	35,42
66	80		260	7	4,5	6,5	14	17,7	37,38
67	130		260	6	6	7,5	17,5	23,5	42,64
Pour poutrelles et colonnes, fig. 197.									
43	30	80	110	3,5	2,5	3,5	3,5	45,2	5,17
62	52	120	170	6	4	5,5	8	11,3	20,82
85	65	160	220	8	5	7,5	14,5	18,8	42,12
112	100	208	310	12	10	12	35	48	134,8

SÉRIES NORMALES

Fig. 198.

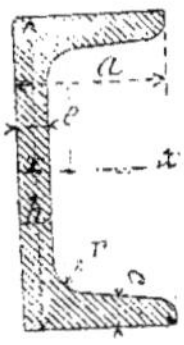

Fig. 199.

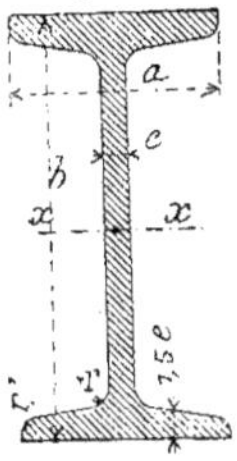

Fers fig. 198.

h	a	$e = r$	c	S	Poids	$\frac{I}{v}$	$80 \frac{I}{v}$
30	33	5	7	5,42	4,2	4,3	344
40	35	5	7	6,20	4,8	7,1	568
50	38	5	7	7,12	5,6	10,7	856
65	42	5,5	7,5	9,05	7,1	17,9	1432
80	45	6	8	11,04	8,6	26,7	2136
100	50	6	8,5	13,5	10,5	41,4	3312
120	55	7	9	17,04	13,3	61,3	4904
140	60	7	10	20,4	15,9	87,0	6960
160	65	7,5	10,5	24,1	18,8	117	9360
180	70	8	11	28,0	21,9	152	12160
200	75	8,5	11,5	32,3	25,2	193	15440
220	80	9	12,5	37,6	29,3	247	19760
260	90	10	14	48,4	37,8	374	29920
300	100	10	16	58,8	45,9	538	43040
105	65	8	8	17,5	13,7	55,7	4456
117,5	65	10	10	22,8	17,8	77,3	6184
145	60	8	8	19,9	15,5	81,9	6552
235	90	1[illegible]	12	42,7	33,3	295	23600
260	90	10	10	42, 0	32,8	305	24400
300	75	10	10	43,0	33,5	332	26550

Fers fig. 199.

h	a	$e = r$	S	Poids	$\frac{I}{v}$	$80 \frac{I}{v}$
80	42	3,9	7,61	6,0	19,6	1568
90	46	4,2	9,05	7,1	26,2	2096
100	50	4,5	10,69	8,3	34,4	2752
110	54	4,8	12,36	9,6	43,8	3504
120	58	5,1	14,27	11,1	55,1	4408
130	62	5,4	16,19	12,6	67,8	5424
140	66	5,7	18,55	14,3	82,7	6616
150	70	6,0	20,5	16,0	99,0	7920
160	74	6,3	22,9	17,9	118	9440
170	78	6,6	25,4	19,8	139	11120
180	82	6,9	28,0	11,9	162	12960
190	86	7,2	30,7	24,0	187	14960
200	90	7,5	33,7	26,2	216	17280
210	94	7,8	36,6	28,5	246	19680
220	98	8,1	39,8	31,0	281	22480
230	102	8,4	42,9	33,5	317	25360
240	106	8,7	46,4	36,2	357	28560
260	113	9,4	53,7	41,9	446	35680
280	119	10,1	61,4	47,9	547	43760
300	125	10,8	69,4	54,1	659	52720
320	131	11,5	78,2	61,0	789	63120
340	137	12,2	87,2	68,0	931	74480
360	143	13,0	97,5	76,1	1098	87840
380	149	13,7	107,5	83,9	1274	101920
400	155	14,4	118,3	92,3	1472	117760
425	163	15,3	132,0	103,7	1754	140320
450	170	16,2	147,7	115,2	2054	164320
475	178	17,1	163,6	127,6	2396	191680
500	185	18,0	180,2	140,5	2770	221600

SÉRIES NORMALES

Fig. 200.

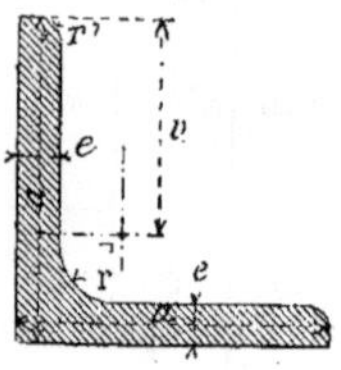

Fig. 201.

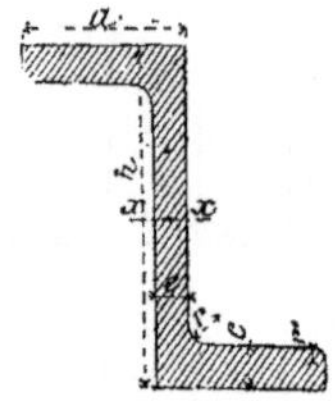

Fers fig. 201

h	a	e	c	Section	Poids	I : v
30	38	4	4,5	4,26	3,3	4
40	40	4,5	5	5,35	4,2	6,7
50	43	5	5,5	6,68	5,2	10,4
60	45	5	6	7,8	6,1	14,7
80	50	6	7	10.96	8,6	27,0
100	55	6,5	8	14,26	11,1	43,8
120	60	7	9	17,94	14	65,9
140	65	8	10	21,26	17,6	95,1
160	70	8,5	11	27,23	21,2	130,3

Cornières fig. 200

a	e	Section	Poids	v	I : v
15	3	0,81	0,63	1,02	0,156
	4	1,04	0.81	0,98	0,199
20	3	1,11	0,87	1,39	0,290
	4	1,44	1,12	1;35	0,370
25	3	1,41	1,10	1,76	0,466
	4	1,84	1,44	1,73	0,599
30	4	2,24	1,75	2,10	0,885
	6	3,24	2,53	2,02	1,25
35	4	2,64	2,06	2,48	1,22
	6	3,84	3,00	2,40	1,74
40	4	3,04	2,37	2,85	1,62
	6	4,41	3,46	2,77	2,32
	8	5,76	4,49	2,70	2,97
45	5	4,25	3,32	3,19	2,53
	7	5,81	4,53	3,11	3,41
	9	7,29	5,69	3,04	4,23
50	5	4,75	3,7	3,56	3,15
	7	6,51	5,1	3,49	4,27
	9	8,19	6,4	3,41	5,3
55	6	6,24	4,9	3,91	4,55
	8	8,16	6,4	3,83	5,85
	10	10,00	7,8	3,76	7,1
60	6	6,84	5,3	4,28	5,45
	8	8,96	7,0	4,21	7,05
	10	11,00	8,6	4,14	8,55
65	7	8,61	6,7	4,62	7,4
	9	10,9	8,5	4,55	9,25
	11	13,1	10,2	4,48	11,05
70	7	9,31	7,3	4,99	8,65
	9	11,8	9,2	4,92	10,85
	11	14,2	11,1	4,85	12,95

Suite des cornières fig. 200

a	e	Section	Poids	v	I : v
75	8	11,4	8,9	5,33	11,3
	10	14,0	10,9	5,26	13.8
	12	16,6	12,9	5,19	16,15
80	8	12,2	8,5	5,71	12,9
	10	15,0	11,7	5,63	15,8
	12	17,8	13.9	5,56	18,55
90	9	15,4	12,0	6,42	18,4
	11	18,6	14,5	6,35	22.05
	13	21,7	16,9	6,28	25,6
100	10	19,0	14,8	7,13	25,25
	12	22,6	17,6	7,06	29 75
	14	26,0	20,3	6,99	34,1
110	10	21,0	16,4	7,88	30,85
	12	25,0	19,5	7,81	36,3
	14	28,9	22,5	7,74	41,8
120	11	25,2	19,7	8,59	40,3
	13	29,5	23,0	8,52	46,9
	15	33,8	26,3	8,45	53,4
130	12	29,8	23,2	9,31	51,5
	14	34,4	26,9	9,24	59,5
	16	39,0	30,5	9,17	67
140	13	34,7	27,1	10,02	65
	15	39,8	31,0	9,95	73,5
	17	44,7	34,9	9,88	82,5
150	14	40,0	31,2	10,7	80
	16	45,4	35,4	10,7	90,5
	18	50,8	39.6	10.6	100,5
160	15	45,8	35,7	11,5	97
	17	51.5	40,2	11,4	109,5
	19	57,2	44,6	11,3	121

SÉRIES NORMALES

Fig. 202.

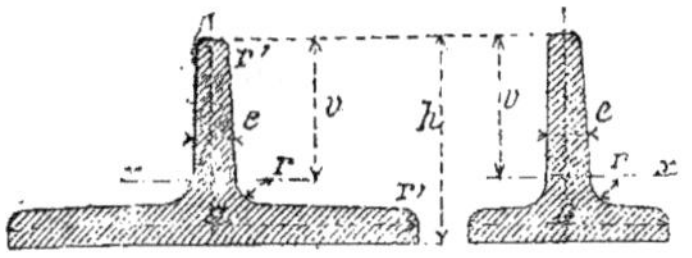

Fig. 203.

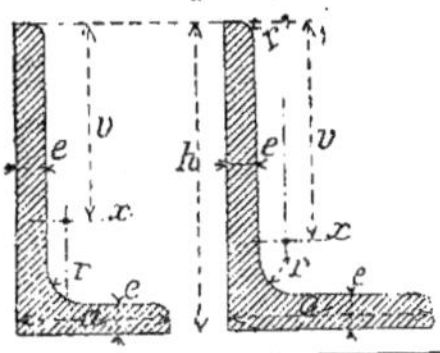

$a = 2h$		e	Section	Poids	v	$\frac{I}{v}$
60	30	5,5	4,64	3,6	2,30	1,26
79	35	6	5,94	4,6	2,69	1,90
80	40	7	7,71	6,2	3,07	2,89
90	45	8	10,16	7,9	3,45	4,18
100	50	8,5	12,02	9,4	3,84	5,51
120	60	10	17,0	13,3	4,62	9,35
140	70	11,5	22,8	17,8	5,39	14,17
160	80	13	29,5	23,0	6,17	21,7
180	90	14,5	37,0	28,9	6,95	30,5
200	100	16	45,4	35,4	7,72	41,8
$a = h$						
20		3	1,11	0,9	1,39	0,29
25		3,5	1,63	1,3	1,75	0,53
30		4	2,24	1,7	2,10	0,88
35		4,5	2,95	2,3	2,46	1,36
40		5	3,75	2,3	2,82	1,97
45		5,5	4,65	3,6	3,17	2,76
50		6	5,64	4,4	3,53	3,71
60		7	7,91	6,2	4,24	6,23
70		8	10,6	8,2	4,96	9,76
80		9	13,6	10,6	5,67	14,4
90		10	17,0	13,3	6,38	20,3
100		11	20,8	16,2	7,10	27,5
120		1	29,5	23,0	8,52	45,6
140		15	39,8	31,0	9,95	73,7

$a = 0{,}66\,h$		e	Section	Poids	v	$\frac{I}{v}$
20	30	3	1,41	1,10	1,01	0,639
		4	1,84	1,44	1,05	0,828
30	45	4	2,84	2,22	1,50	1.94
		5	3,50	2,73	1 54	2,38
40	60	5	4,75	3,71	1,99	4,33
		7	6,51	5,08	2,06	5,88
50	70	7	8,26	6,4	2,51	3,39
		9	10,44	8,1	2,58	11,8
65	100	9	14,04	11,0	3,37	21,5
		11	16,94	13,2	3,44	25,7
80	120	10	19,0	14,8	3,97	34,7
		12	22,56	17,6	4,05	41.0
100	150	12	28,56	22,3	4,95	65,2
		14	33,04	25,8	5,02	73,1
$a = 0{,}5\,h$						
20	40	3	1,71	1,33	1,45	1,11
		4	2,24	1,75	1,49	1,44
30	60	5	4,25	3,32	2,20	4,13
		7	5,81	4,53	2,27	5,59
40	80	6	6,84	5,34	2,90	8,87
		8	8,96	7,00	2,97	11,5
50	100	8	11,36	8,9	3,64	18,4
		10	14,00	10,9	3,71	22,5
65	130	10	18,50	14,4	4,72	39,0
		12	21,96	17,1	4,79	46,0
80	160	12	27,36	21,3	5,79	70,9
		14	31,64	24,7	5,87	81,7
100	200	14	40,04	31,2	7,20	130,0
		16	45,44	35,4	7,27	147,1

§§ III. — Poutres composées

Valeurs de I : v. — Dès que la hauteur d'une poutre dépasse $0^m,3$, il est souvent plus économique de la former de tôles et cornières que d'employer les poutrelles laminées. Ces poutres se font à âme pleine, évidée, ou en treillis, avec ou sans tables.

Dans les tableaux suivants A à D, que nous avons calculés spécialement pour ce manuel, les valeurs de I : v sont, comme précédemment, rapportées au centimètre et elles sont égales à μ : R en prenant R par millimètre carré, et μ calculé en prenant les longueurs en mètres et les charges en kilog.

Les tableaux (A) donnent les valeurs de I : v des 4 cornières seules (fig. 204) calculées par la relation suivante (89, chap. IV).

$$\frac{1}{v}=2\,\frac{(a\,h^3-a'\,h'^3-e\,h''^3)}{6\,h}=\frac{1}{3}\,\frac{a\,h^3-(a-e)\,h'^3-e h''^3}{h}.$$

Ces tableaux permettent aussi de déterminer la valeur de I : v des sections non symétriques (fig. 205). A cet effet, on détermine d'abord les distances v et v' de

Fig. 204. 205. 206. 207. 208.

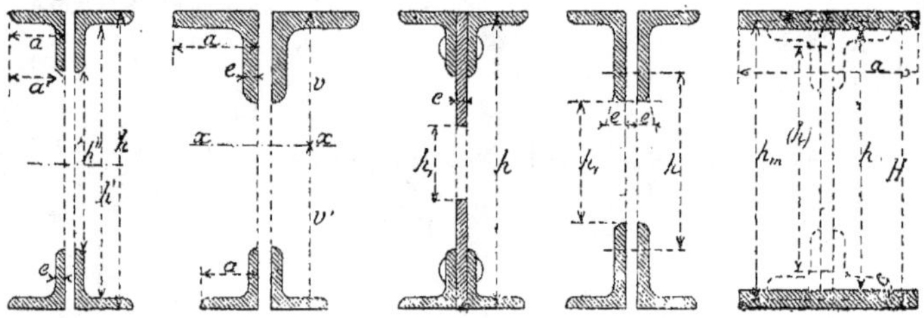

l'axe neutre xx, on cherche la valeur de I : v pour les cornières correspondant à $h=2\,v$, puis celle des cornières correspondant à $h'=2\,v'$; la demi-somme de ces deux valeurs est celle de la section non symétrique.

Au bas de ces tableaux nous donnons les valeurs de I : v de l'âme de 1 centimètre d'épaisseur, $e=1$.

On a donc, si h est pris en centimètres :

$$\frac{1}{v}=\frac{e\,h^2}{6}=\frac{h^2}{6} \qquad \text{et pour } R=6, \text{ on aurait } R\,I : v=h^2.$$

Ce tableau donne aussi I : v pour les âmes évidées (fig. 206), on a :

$$I : v=\frac{h^2}{6}-\frac{h_1^2}{6} \qquad \text{et pour } R=6, \text{ on aurait } R\,I : v=h^2-h_1^2.$$

Pour toute autre épaisseur de l'âme il suffira, puisque I : v est proportionnel à e, de multiplier les valeurs de I : v, ainsi obtenues, par l'épaisseur e exprimée en centimètres.

Ce qui précède, permet encore de déterminer l'accroissement de $I : v$, dû aux cornières à côtés inégaux (fig. 207). Si h est la hauteur entre les ailes verticales des cornières à côtés égaux et e leur épaisseur, cet accroissement est :

$$2\,e\,\frac{h^3 - h_1^3}{6} = \frac{1}{3}\,e\,(h^3 - h_1^3).$$

Le tableau (B) donne les valeurs de $I : v$ pour les tables ou plates-bandes seules, de largeur $a = 10$ centimètres (fig. 208) calculées par la relation :

$$I : v = 10\,\frac{H^3 - h^3}{6\,H}\,.$$

La valeur de $I : v$, pour toute autre largeur de table, s'obtiendra en multipliant les chiffres de ce tableau par la largeur donnée exprimée en décimètres.

Enfin, nous avons dressé les tableaux (C) (D) d'après les précédents (A) (B); ils donnent $I : v$ total, pour des tables étroites ou larges à deux ou quatre files de rivets et les cornières, mais sans âme.

Le lecteur, pourra facilement, établir des tableaux semblables pour d'autres proportions des tables.

Usage de ces tableaux. — Si le profil est donné, on trouvera la valeur de $I : v$ en additionnant celles relatives à l'âme, aux cornières et aux tables; si, au contraire, c'est le moment μ qui est donné, ainsi que R par millimètre, on a, $\mu : R = I : v$.

Il faut alors se donner la hauteur h qui varie de 1/12 à 1/8 de la portée.

Supposons que la poutre soit à âme pleine d'épaisseur donnée, on retranche successivement de $I : v$ ci-dessus la valeur de $I : v$ relative à cette âme, puis celle relative aux 4 cornières (A) qu'on se donne aussi; le reliquat est la valeur de $I : v$ afférente aux tables; si donc on divise cette valeur par la largeur des tables exprimée en décimètres, le quotient, cherché sur les tableaux (B), donnera l'épaisseur des tables.

Si cette épaisseur ne s'y trouve pas et qu'on ne veuille pas dépasser celle indiquée, on prendra une autre largeur. Le tâtonnement est assez simple et c'est pour le simplifier encore que nous avons calculé les tableaux (C) et (D).

Nous devons dire que le plus souvent les constructeurs calculent l'âme pour résister à l'effort tranchant, tandis que les tables et cornières seules sont considérées comme résistant au moment fléchissant.

Poids des poutres. — Ce poids se compose : 1° de celui des 4 cornières; 2° de celui de l'âme ou du treillis, qui, pour les grandes poutres, croît en allant du milieu aux extrémités de la poutre; 3° du poids des tables qui, le plus souvent, décroît en allant du milieu aux extrémités de la poutre. Si on admet que cette diminution de poids suit la loi de réduction des μ, qui est une parabole pour la charge uniforme, et si q est le poids par mètre des tables d'épaisseur e au milieu et q' le poids par mètre pour celles d'épaisseur e' aux extrémités qui figurent dans nos tableaux, on a sensiblement pour le poids moyen q_m par mètre des plate-bandes :

$$q_m = q' + \frac{2}{3}(q - q') = \frac{2q + q'}{3}\,.$$

Si donc les tables sont formées de n épaisseurs égales, $q = nq'$ et $q_m = q'\,\dfrac{(2n+1)}{3}$.

Pour $n = 2$	3	4	5	6
Le poid moyen $q_m = q' \times 1{,}666$	2,333	3	3,666	4,333

C'est ainsi qu'ont été calculés les poids moyens des tableaux (C) et (D), en y ajoutant celui des cornières.

Limite de la hauteur. — Pour un moment résistant donné, on trouve évidemment que les dimensions des tables et le poids diminuent à mesure que h est plus grand ; mais si on tient compte du poids de l'âme, pleine ou en treillis, on trouve bientôt une limite au delà de laquelle le poids total augmente pour un même moment. C'est ce qui conduit à limiter h entre 1/8 à 1/12, soit en moyenne 1/10 de la portée.

Poutres hautes. — Pour des poutres de plus de $1^m,50$, on peut se contenter, en pratique, de la relation (91) $I : v = Sh$. Pour les cornières, S est la section des deux cornières et h (fig. 203) la distance des centres de gravité ; pour les tables, S est la section de la table et h_m (fig. 207) la distance des centres de gravité.

Pour nous rendre compte de l'approximation du calcul Sh, appliquons-le à la poutre de $h = 150$ centimètres.

Pour cornières de 80 — 80 — 10, les tableaux des séries normales donnent $v = 5{,}63$, d'où $8 - 5{,}65 = 2{,}37$ et $h = 150 - 4{,}74 = 145{,}26$; on a aussi $S = 30$, d'où $Sh = 145{,}26 \times 30 = 4357{,}8$.

Le tableau (A) donne $I : v = 4225$, la différence 132,8 représente pour le calcul Sh une augmentation de 3 % environ sur la valeur exacte de $I : v$.

Pour cornières de 110 — 110 — 14 on a de même $v = 7{,}74$ d'où $11 - 7{,}74 = 3{,}26$ et $h = 150 - 6{,}52 = 143{,}5$. On a aussi $S = 57{,}8$ d'où $Sh = 143{,}5 \times 57{,}8 = 8294$.

Le tableau (A) donne $I : v = 7932$, la différence 362 représente pour le calcul Sh une augmentation de 4,5 % environ.

La relation Sh est donc d'autant plus exacte que la cornière est plus petite par rapport à h.

Passons aux tables. Pour $c = 5$, $a = 10$ et $h = 150$, le tableau (B) donne $I : v = 8011$.

Sh donne $50 \times 155 = 7750$, soit 261 ou 3 % en moins de la valeur exacte.

Cette différence décroît avec l'épaisseur de la table, donc le calcul Sh est ici très admissible en pratique.

Puisque ces différences sont, tantôt en plus, tantôt en moins sur le calcul exact, il est clair qu'en définitive il y aura compensation et que la relation Sh donnera pour la poutre entière une approximation plus grande que les précédentes.

Ainsi, pour une poutre ayant $h = 150$, $a = 400$, $c = 50$ avec cornières de 110 — 110 — 14.

Les tableaux donnent $I : v = 7932 + 4 \times 8011 = 39976$.

Le calcul Sh donne $I : v = 8294 + 4 \times 7750 = 39294$. La différence 682 représente pour (Sh) une diminution de 1,5 %. On peut donc adopter ce calcul Sh qui sera d'autant plus exact que h sera plus grand.

VALEURS $\frac{I}{v}$ DES 4 CORNIÈRES SEULES ET DES AMES DE 1 CENTIMÈTRE SEULES (A)

Cornières			Hauteur des poutres en centimètres									
a	e	Poids des 4	25	28	30	32	35	38	40	42	45	48
45	5	k 13,3	173	197	214	231	256	281	298	315	340	366
50	6	17,6	223	256	278	301	334	367	390	412	445	479
55	7	22,7	279	321	349	377	419	462	490	519	561	604
	8	25,5	313	361	382	424	472	520	553	585	633	682
60	7	24,7	300	346	377	407	454	500	531	563	609	656
	9	31,2	374	432	470	509	568	677	660	705	764	824
65	8	30,4	362	418	455	493	550	607	645	684	741	799
	10	37,4	438	507	554	600	670	740	787	834	905	976
70	8	33	385	445	485	526	587	649	690	731	794	856
	10	40,6	467	541	591	641	716	792	843	894	970	1047
	12	48	544	631	690	749	838	928	988	1048	1138	1229
75	10	44	494	573	627	680	761	843	897	952	1034	1116
	13	56	616	716	784	852	955	1058	1127	1197	1301	1406
80	10	46,8	—	—	662	719	805	892	950	1009	1096	1184
	13	60	—	—	829	901	1011	1122	1196	1270	1382	1494
90	12	62,4			854	930	1045	1160	1238	1316	1433	1551
	14	72,5			973	1061	1193	1320	1415	1550	1640	1775
100	12	70,4			931	1014	1141	1269	1355	1441	1571	1702
	14	81,2			1061	1157	1303	1451	1550	1650	1800	1915
	16	92			1185	1274	1459	1626	1738	1850	2020	2191
110	14	90			—	—	—	—	1680	1790	1954	2120
	16	102			—	—	—	—	1885	2008	2195	2383

Valeur de I : v de l'âme de 1 centimètre d'épaisseur

	25	28	30	32	35	38	40	42	45	48
$\frac{I}{v} = \frac{h^2}{6} =$	104	130	150	170	204	240	266	294	337	384

(A) *suite.* $\frac{I}{v}$ DES 4 CORNIÈRES SEULES, DES AMES SEULES

Cornières		Hauteur des poutres en centimètres									
a	*e*	50	52,5	55	57,5	60	62,5	65	67,5	70	75
55	7	633	669	704	740	776	812	848	884	920	—
	8	714	754	795	835	876	917	957	998	1038	—
60	7	688	727	766	805	844	884	923	962	1002	1080
	9	863	913	962	1012	1061	1111	1160	1210	1260	1359
65	8	838	886	934	983	1031	1079	1128	1176	1225	1322
	10	1024	1083	1142	1202	1261	1321	1380	1440	1500	1619
70	8	898	950	1002	1054	1106	1159	1211	1263	1316	1421
	10	1098	1168	1227	1291	1355	1420	1484	1548	1613	1742
	12	1290	1365	1441	1517	1593	1669	1745	1821	1897	2050
75	10	1171	1240	1310	1378	1448	1517	1586	1656	1725	1864
	13	1476	1564	1652	1740	1827	1915	2004	2092	2180	2268
80	10	1243	1317	1391	1465	1539	1613	1687	1761	1835	1984
	13	1569	1663	1757	1851	1945	2039	2134	2228	2323	2417
90	12	1629	1728	1827	1925	2025	2124	2283	2323	2422	2621
	14	1866	1980	2093	2207	2322	2436	2550	2665	2780	3010
100	12	1790	1900	2010	2120	2230	2341	2452	2563	2674	2896
	14	2052	2180	2306	2433	2560	2688	2816	2944	3072	3329
	16	2305	2448	2591	2735	2879	3023	3168	3313	3457	3748
110	14	2232	2371	2511	2651	2792	2932	3073	3215	3356	3640
	16	2509	2666	2824	2983	3142	3301	3461	3621	3781	4102
120	14	2405	2557	2709	2862	3016	3170	3324	3478	3663	3943
	16	2705	2877	3050	3223	3397	3571	3746	3921	4096	4447
	18	2996	3187	3380	3573	3767	3961	4155	4350	4546	4937

Valeur de I : *v* de l'âme de 1 centimètre d'épaisseur

$\frac{I}{v}=$ 416	471	504	661	600	651	704	759	816	937

(A) *suite.* $\frac{I}{v}$ DES 4 CORNIÈRES SEULES, DES AMES SEULES

Cornières		Hauteur des poutres en centimètres									
a	*e*	**80**	**85**	**90**	**95**	**100**	**110**	**120**	**130**	**140**	**150**
65	8	1419	1516	1613	1710	—	—	—	—	—	—
	10	1738	1857	1977	2097	—	—	—	—	—	—
70	8	1526	1631	1736	1841	1946	2157	2368	2578	2789	3000
	10	1871	2001	2130	2260	2389	2648	2907	3167	3426	3686
	12	2203	2355	2508	2661	2814	3120	3427	3733	4040	4346
75	10	2003	2142	2281	2421	2560	2839	3118	3397	3677	3956
	13	2534	2711	2888	3065	3242	3597	3952	4300	4663	5018
80	10	2133	2282	2431	2580	2730	3028	3327	3626	3925	4225
	13	2702	2892	3081	3272	3457	3849	4230	4600	5000	5370
90	12	2821	3021	3221	2421	3621	4023	4424	4826	5228	5630
	14	3240	3470	3700	3931	4162	4624	5087	5550	6013	6477
100	12	3119	3342	3566	3789	4013	4462	4910	5359	5809	6258
	14	3586	3844	4102	4360	4618	5135	5653	6172	6690	7210
	16	4038	4330	4621	4913	5205	5790	6375	6962	7548	8135
110	14	3924	4209	4494	4779	5065	5637	6210	6784	7358	7932
	16	4424	4746	5068	5391	5715	6362	7011	7660	8309	8959
120	14	4254	4566	4878	5190	5503	6130	6758	7387	8016	9179
	16	4800	5152	5506	5860	6214	6924	7635	8347	9060	9773
	18	5330	5723	6117	6512	6907	7700	8491	9285	10080	10875

Valeurs de I : *v* de l'âme de 1 centimètre d'épaisseur

$\frac{I}{v}=$ 1066	1204	1350	1540	1666	2016	2400	2816	3266	3750

VALEURS DE $\frac{I}{v}$ DES TABLES SEULES DE $a = 10$ CENTIMÈTRES (B)

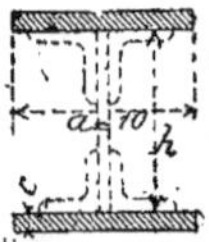

	Hauteur h sous tables en centimètres.									
	25	**28**	**30**	**33**	**35**	**38**	**40**	**42**	**45**	**48**
$c =$ 8	200	224	240	264	280	304	320	336	360	385
10	250	280	300	330	350	380	400	420	450	480
12	300	336	360	396	420	489	480	504	540	576
15	376	421	450	496	526	571	601	631	675	720
18	452	506	542	596	632	685	721	757	811	865
20	504	563	603	662	702	762	802	842	902	994
26	657	735	786	864	915	993	1045	1096	1174	1252
30	761	850	910	999	1058	1148	1207	1267	1357	1446
36	914	1025	1096	1203	1274	1381	1453	1524	1631	1739
c	**50**	**52,5**	**55**	**57,5**	**60**	**62,5**	**65**	**67,5**	**70**	**75**
8	400	420	440	460	480	500	520	540	560	600
10	500	525	550	575	600	625	650	675	700	750
12	600	630	660	690	720	750	780	810	840	903
15	750	788	825	863	900	938	975	1013	1050	1125
20	1002	1051	1101	1151	1201	1251	1301	1351	1401	1501
30	1506	1581	1655	1730	1805	1843	1955	2029	2104	2254
40	2014	2114	2213	2313	2412	2512	2611	2711	2810	3010
50	2528	2651	2775	3000	3023	3147	3272	3396	3520	3769
c	**80**	**85**	**90**	**95**	**100**	**110**	**120**	**130**	**140**	**150**
8	640	680	720	760	800	866	960	1040	1120	1200
10	800	850	900	950	1000	1100	1200	1300	1400	1500
12	960	1022	1080	1140	1200	1320	1440	1560	1680	1800
15	1200	1275	1350	1425	1500	1650	1800	1950	2100	2250
20	1601	1701	1801	1901	2001	2200	2400	2600	2800	3000
30	2404	2554	2687	2853	3003	3303	3603	3902	4202	4502
40	3209	3409	3608	3808	4007	4408	4806	5206	5605	6005
50	4092	4267	4516	4765	5015	5513	6012	6514	7011	7510

Épaisseur $c =$	8 m/m	10	12	15	20	30	60	50
Poids par mètre des 2 tables de largeur. $a = 10$ c/m.	12k,48	15k,60	18k,72	23k,40	31k,20	46k,80	62k,40	78k

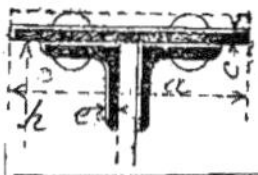

VALEURS DE $\frac{I}{v}$ DES POUTRES A TABLES ÉTROITES (C)

		$a =$ 18		20		22		24		26 centimètres	
en centimètres		corn. 65×65		70—70		80—80		90—90		100—100 m/m	
h	c	$e = 8$	10	8	12	10	13	12	14	12	16 m/m
30	1	995	1094	1085	1290	1322	1489	1574	1693	1711	1965
	2	1540	1639	1691	1896	1989	2156	2301	2420	2499	2753
35	1	1180	1300	1287	1538	1575	1781	1885	2033	2051	2369
	2	1813	1933	1991	2242	2349	2555	2730	2878	2966	3284
40	1	1365	1507	1490	1788	1830	2076	2198	2375	2395	2778
	2	2088	2230	2294	2592	2714	2960	3163	3340	3440	3823
45	1	1551	1715	1694	2038	2086	2372	2513	2720	2741	3190
	2	2364	2528	2598	2942	3080	3366	3598	3805	3916	4365
50	1	1738	1924	1898	2098	2343	2669	2829	3066	3090	3605
	2	2641	2827	2902	3102	3447	3773	4034	4271	4395	4910
55	1	1924	2132	2102	2541	2601	2967	3147	3413	3440	4021
	2	2916	3124	3204	3643	3813	4179	4469	4735	4873	5454
60	1	2111	2341	2306	2793	2859	3265	3465	3762	3790	4439
	2	3193	3423	3508	3995	4181	4587	4907	5204	5353	6002
65	1	2298	2550	2511	3045	3117	3564	3843	4110	4142	4858
	2	3470	3722	3813	4347	4549	4996	5405	5672	5835	6551
70	1	2485	2760	2716	3297	3375	3863	4102	4460	4494	5277
	2	3747	4022	4118	4699	4917	5405	5784	6142	6317	7100
75	1	2672	2969	2921	3550	3634	4067	4421	4810	4846	5698
	2	4024	4321	4423	5052	5286	5719	6223	6612	6799	7651
80	1	2859	3178	3126	3803	3893	4462	4741	5160	5199	6118
	2	4301	4620	4728	5405	5655	6224	6663	7082	7282	8201
85	1	3046	3387	3331	4055	4152	4762	5061	5510	5552	6540
	2	4578	4919	5033	5757	6024	6634	7103	7552	7765	8753
90	1	3233	3597	3536	4308	4411	5061	5381	5860	5906	6961
	2	4855	5219	5338	6110	6393	7043	7543	8022	8249	9304
95	1	3420	3807	3741	4561	4670	5362	5701	6211	6259	7383
	2	5132	5519	5643	6463	6762	7434	7983	8493	8732	9856
100	1	»	»	3946	4814	4930	5657	6021	6562	6613	7805
	2	»	»	5948	6816	7132	7859	8423	8964	9216	10408

Poids moyens, par mètre, des tables et cornières, sans âme :

$c =$	1 c/m	58k,5	65k,5	64k,2	71k,8	81k,12	94k,3	99k,8	110k	111k	132k,6
	2 c/m	77 ,2	84 ,2	85 ,2	92 ,8	104	117 ,2	124 ,8	135	138	159 ,6

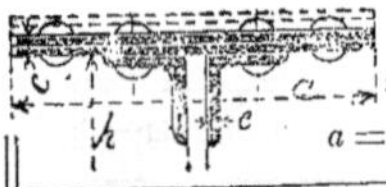

VALEURS DE $\frac{I}{v}$ DES POUTRES A TABLES LARGES (D)

		$a = 30$		32		35		40		45 centimètres	
en centimètres		corn. 80—80		90—90		100—100		110—110		120—120 m/m	
h	c	$e = 10$	13	12	14	12	16	14	16	14	18 m/m
50	2	4249	4575	4835	5072	5297	5812	6240	6517	6914	7505
	4	7275	7601	8074	8311	8829	9344	10288	10565	11468	12059
55	2	4694	5060	5350	5616	5863	6444	6915	7228	7663	8334
	4	8030	8396	8909	9175	9755	10336	11363	11676	12667	13338
60	2	5142	5548	5868	6165	6433	7082	7596	7946	8420	9171
	4	8775	9181	9743	10040	10672	11321	12440	12790	13870	14621
65	2	5590	6037	6446	6713	7005	7721	8277	8665	9178	10009
	4	9520	9967	10638	10905	11590	12306	13517	13905	15073	15904
70	2	6038	6526	6905	7263	7577	8360	8960	9385	9937	10850
	4	10265	10753	11414	11772	12509	13292	14596	15021	16278	17191
75	2	6487	6920	7424	7813	8149	9001	9644	10106	10697	11691
	4	11014	11447	12253	12642	13431	14283	15680	16142	17488	18482
80	2	6936	7505	7944	8363	8722	9641	10328	10828	11458	12534
	4	11760	12329	13090	13509	14350	15269	16760	17260	18694	19770
85	2	7385	7995	8464	8913	9295	10283	11013	11550	12220	13377
	4	12509	13119	13930	14379	15273	16261	17845	18382	19906	21063
90	2	7834	8484	8984	9463	9869	10924	11698	12272	12982	14221
	4	13255	13908	14767	15246	16194	17249	18926	19500	21114	22353
95	2	8283	8975	9504	10014	10442	11566	12383	12995	13744	15066
	4	14004	14696	15607	16117	17117	18241	20011	20623	22326	23648
100	2	8733	9460	10024	10565	11016	12208	13069	13719	14507	15911
	4	14751	15478	16443	16984	18037	19229	21093	21743	23534	24938
110	2	9628	10449	11063	11664	12162	13490	14437	15162	16030	17600
	4	16252	17073	18129	18730	19890	21218	23269	23994	25966	27536
120	2	10527	11430	12104	12767	13310	14775	15810	16611	17558	19291
	4	17745	18648	19803	20466	21731	23196	25434	26235	28385	30118
130	2	11426	12400	13146	13870	14459	16062	17184	18060	19087	20985
	4	19244	20218	21485	22209	23580	25183	27608	28484	30814	32712
140	2	12325	13400	14188	14973	15609	17348	18558	19509	20616	22680
	4	20740	21815	23164	23949	25426	27165	29778	30729	33238	35302
150	2	13225	14370	15230	16077	16758	18635	19932	20959	22679	24375
	4	22240	23385	24846	25693	27275	29152	31952	32979	36201	37897

Poids moyens, par mètre, des tables et cornières, sans âme :

$c =$											
	2 c/m	98k,8	112k	144k	154k	161k	183k	194k	206k	215k	237k
	4 c/m	140,4	153,6	209	219	233	279	277	289	310	330

§ IV. — Surcharge et poids propre (poids mort)

La surcharge que doivent porter les poutres ou charpentes est toujours connue. Mais dans les constructions un peu importantes il faut encore tenir compte du poids mort ou poids propre de la construction. Or ce poids est inconnu puisque le calcul a pour but de déterminer les dimensions des diverses parties de la construction.

On est donc conduit à procéder par tâtonnement; on fait une première évaluation du poids mort, par comparaison avec d'autres constructions, puis quand on a déterminé les dimensions des différentes parties de la construction on vérifie si leur poids diffère beaucoup de celui sur lequel on a compté et s'il y a lieu on refait les calculs.

Poids et charges des planchers

Ces charges comprennent : 1° le poids propre de la construction; 2° la surcharge variable; 3° le poids des cloisons.

Le poids du béton, carrelage, ciment ou pierre, se compte à 2000 kg. le m. cube.

Le poids propre des poutrelles en fer varie de . . . . 10 à 35k le m. carré.

Celui des fantons est constant à . . . . 5k id.

Le houri varie suivant qu'il est plus ou moins épais et fait en platras, briques pleines ou creuses ou spéciales, de . . . 100 à 200k id.

Les lambourdes se comptent à 30 kg. et le plancher chêne à 20k id.

Pour la surcharge, le poids d'un homme = 70 kg. et on admet pour les locaux publics, 4 hommes par mètre carré. Le tableau suivant résume ces données.

Pour les magasins, la surcharge varie suivant la nature des marchandises.

Voici les surcharges adoptées aux magasins généraux de Bercy-Conflans. 1er étage 1,500 kg.; 2e étage 1,250 kg.; 3e à 5e étage 1,000 kg.; 6e étage 800 kg. Soit 6,550 kg. par mètre carré de projection horizontale.

CHARGES PAR MÈTRE CARRÉ DES PLANCHERS

		Épaisseur	Poids propre		Surcharge	Charge totale	
Maisons ordinaires et grandes	Planchers sous combles . . . / Chambres à coucher et cabinets	30	225	575	75	300	350
grandes	Salons 3e et 4e étage	35	250	300	100	350	400
	Grands salons 1er et 2e étage. .	»	270	320	130	400	450
	Magasin, rez-de chaussée . . .	»	250	300	200	450	500
Édifices publics	Bureaux, salles ordinaires . .	30	225	275	175	400	450
	Salons, assemblées ordinaires .	35	250	300	200	450	500
	Salons, grandes assemblées . .	40	270	320	280	550	500

Poids et charges des charpentes.

Poids du fer. — Le poids des charpentes métalliques varie suivant leurs dispositions et surtout suivant la portée des fermes. Les poids suivants sont des moyennes, pour des constructions ordinaires; ils se rapportent au m. carré de surface horizontale ils ne comprennent pas les pieds droits des fermes ou piliers métalliques, ni les chéneaux de la toiture.

POIDS DU FER PAR M. CARRÉ HORIZONTAL

Couverture en	Tuile	Ardoise	Zinc ou tôle
Fermes	10	10	9
Pannes	10	10	9
Chevrons	8	8	0
Lattis	10	2	2
Contreventement. . . .	2		
Total pour portée < 15^{m}	40^{k}	30^{k}	20^{k}
— — de 15 à 30	44	34	24
— au-dessus de 30^{m}	50 à 60	40 à 50	30 à 40

Poids des couvertures. — *Tuiles.* Les tuiles mécaniques, type Montchanin, à crochet, se posent sur lattis sans voligeage.

Ardoises. Cette couverture se fait sur voliges de 25 $^{m}/_{m}$.

Zinc. On emploie généralement des feuilles n° 14, qui se posent avec tasseaux et couvre-joint, sur planches de 34 $^{m}/_{m}$.

Tôle ondulée. Cette couverture se fait sans voliges, souvent même les tôles étant cintrées et rivées entre elles permettent de supprimer pannes et fermes; de simples tirants suffisent.

Le voligeage ou planches, en bois blanc, pèse environ 600^{k} le mètre cube soit 6^{k} par m. carré et par centimètre d'épaisseur avec les tasseaux sur lesquelles on le cloue il faut compter sur 8 à 9^{k} soit 18 à 20^{k} pour voliges de 2 cent. et 25 à 30^{k} pour planchers de 3 à 3,5 centimètres d'épaisseur. Un plafond en plâtre sur simple lattis se compte de 18 à 20^{k} par m. carré.

Le poids par mètre carré de surface horizontale croît à mesure que l'inclinaison ($h : l$) de la toiture augmente (fig. 209).

Pente $h : l$	0	0,2	0,3	0,4	0,5	0,6
Tuile et ardoise	45	»	»	49	51	53
Zinc et tôle	33	34	35	36	37	38

Neige. — La neige fraîchement tombée pèse 1/8 du poids de l'eau soit 125^k le m. cube ou $1^k,25$ le centim. d'épaisseur. Une couche de 32 centim. donnerait un poids de 40^k.

On compte en France, suivant la région, sur 25 à 50^k.

A mesure que l'inclinaison du toit augmente le poids de neige diminue parce qu'elle glisse ; à 45° la neige ne reste pas.

On a donc en moyenne, en comptant sur 50^k de neige :

Tuile ou ardoise, pente 0,4 à 0,6 ; moyenne $50^k + 50 = 100^k$.

Zinc ou tôle — 0,2 à 0,5 ; — $35^k + 50 = 85^k$.

En ajoutant ces poids à ceux du fer on a enfin :

CHARGES TOTALES DES CHARPENTES

	Portée <	< 15	15-30	30 et au-dessus
$\alpha = 30$ à 60°	Tuile.	140	144	150 — 160
	Ardoise.	130	134	140 150
$\alpha = 18$ à 25°	Zinc ou tôle . .	105	109	115 125

Vent. — Le vent chasse la neige, on ne peut donc pas ajouter son action à la surcharge de neige.

La pression du vent sur une surface normale à sa direction croît avec le carré de la vitesse, comme suit :

Vent fort,	vitesse $= 15^m$	poussée $= 30$
— impétueux,	— 20	— 54
— tempête,	— 25	— 78
— — violente,	— 30	— 122
Grand ouragan,	— 45	— 278

On peut admettre que la direction du vent est horizontale soit fig. 209 $ao = P$ cette poussée, elle se décompose en une pression normale $bo = N$ et une composante oc parallèle au toit :

Fig. 209.

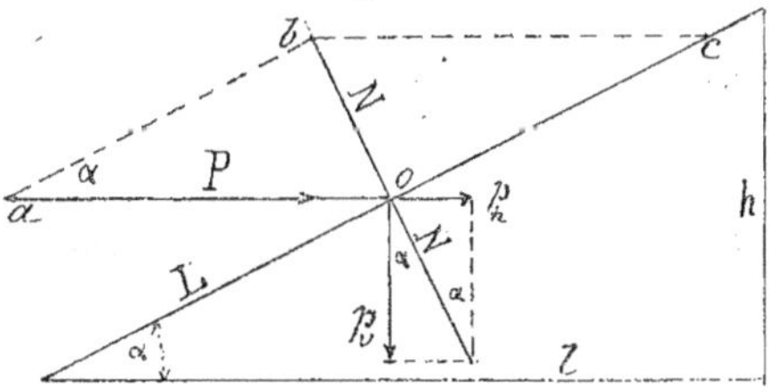

Soit L la longueur du toit, l et h ses projections : $L^2 = l^2 + h^2$.

On a : $N = P \sin \alpha = P \frac{h}{L}$.

Cette pression normale N peut se décomposer en pression verticale,

$$p_v = N \cos \alpha = P \sin \alpha \cos \alpha, \qquad (1)$$

(1) On calcule souvent la pression verticale due au vent par la relation $p_v = P \frac{l}{h}$, c'est une erreur ; ainsi pour $\alpha = 45°$, $h = l$, cette relation donne $p_v = P$ ce qui n'est pas possible.

et une poussée horizontale : $p_h = N \sin \alpha = P \sin^2 \alpha$.

Mais $N : L :: p_v : l :: p_h : h \left\{ \begin{array}{l} p_v = N \frac{l}{L} \\ p_h = N \frac{h}{L} . \end{array} \right.$

Dans le cas de $\alpha = 45°$, $\sin \alpha = \cos \alpha = 0{,}707$, on a : $p_v = p_h = 0{,}5$ P et pour un vent de $P = 100^k$, $p_v = p_h = 50^k$.

Nous avons dit qu'on ne devait pas compter en même temps la neige et le vent ; le vent chassant la neige. D'après ce qui précède on comptera sur la neige seule pour les toitures ayant moins de 45° d'inclinaison ; et le vent seul pour les toitures ayant plus de 45° comme surcharge accidentelle.

Contreventement des charpentes

Pour assurer le parallélisme des fermes de charpentes, contre l'action du vent, etc., on établit un contreventement directement sous la toiture. Dans un bâtiment comportant un grand nombre de fermes et lorsque les pannes assurent l'entretoisement des fermes, il peut suffire de contreventer quelques-unes des fermes extrêmes. On doit aussi établir des barres en diagonales entre les colonnes supportant les fermes, quand l'intervalle des colonnes n'est pas muré.

Les fermes en arc d'une seule pièce avec le pilier sont par elles-mêmes dans un état d'équilibre plus instable que les fermes triangulaires posées sur murs, puisque le centre de gravité est au-dessus de la base à une plus grande hauteur. Il ne suffit pas de compter sur la résistance que peut présenter l'assemblage des pannes aux fermes, pour assurer la verticalité de ces fermes en arc, il faut encore disposer un contreventement supérieur ; deux faits survenus lors de l'érection des fermes en arc de l'Exposition de 1878, l'ont suffisamment prouvé.

Pour les fermes de 110 m. de la Galerie des Machines, comme pour celles de 50 m. des autres palais, on avait cru pouvoir supprimer les contreventements, en comptant sur la résistance qu'offrait l'assemblage des pannes. Les deux premières fermes de 110 m. abandonnées à elles-mêmes, ont subi à la clef un déplacement de $0^m,25$. Les deux fermes de 50 m. pour lesquelles on avait moins de méfiance, ont subi une déformation plus grande et leur chute n'a été arrêtée que par l'échafaudage. On a dû adopter les barres de contreventement pour assurer l'équilibre de ces fermes de 110 et de 50 m.

CHAPITRE XIII

PONTS. — DONNÉES. — APPLICATIONS

§ I. — **Règlement sur les ponts métalliques** (1891) (Extrait).

PONTS PORTANT DES VOIES DE FER NORMALES

Art. 1. — Ces ponts devront être en état de livrer passage aux trains autorisés à circuler sur le réseau auquel ils appartiennent et, en outre, au train-type (art. 4).

Art. 2. — Les dimensions des pièces des ponts seront calculées de telle sorte que, dans la position la plus défavorable des trains et en tenant compte de la charge permanente ainsi que des efforts accessoires tels que ceux résultant des variations de température, le travail du métal par $^m/_m$c. de section nette, déduction faite des trous de rivets, ne dépasse par les limites ci-dessous :

Pour la fonte	supportant un effort d'extension directe		$1^k,50$
— —	à l'extension dans les pièces soumises à la flexion		$2^k,50$
— —	supportant un effort de compression		$6^k,00$
	à l'extension, compression ou flexion	pour le fer	$6^k,50$
		pour l'acier	$8^k,50$

Ces limites sont abaissées respectivement :
à $5^k,5$ pour le fer ; à $7^k,5$ pour l'acier, dans les pièces de pont, longerons et entretoises ;
à 4^k id. 60^k id. pour les barres de treillis et autres pièces exposées aux efforts alternatifs d'extension et de compression ; ces dernières limites pourront se rapprocher des précédentes pour des pièces soumises à de faibles variations de ces efforts.

Pour les fermes principales d'ouvrages métalliques d'une ouverture supérieure à 30 m. on adoptera au plus, pour le fer $8^k,50$, pour l'acier $11^k,50$.

Pour les fers laminés dans un seul sens et soumis à des efforts de traction perpendiculaires au sens du laminage, les coefficients seront réduits de 1/3.

Les coefficients concernant l'acier ne seront pas réduits.

On appliquera aux efforts de cisaillement et de glissement longitudinal les mêmes limites mais réduites de 1/5 ; pour le fer laminé dans un seul sens on réduira ces coefficients de 1/3.

Le nombre et les dimensions des rivets seront calculés de telle sorte que le travail de cisaillement du métal ne dépasse pas les 0,80 de la limite qui aura été admise pour la plus faible des pièces à assembler et que le travail d'arrachement des têtes, s'il s'en produit, ne dépasse pas 3^k par $^m/_m$ c. en sus de l'effort résultant du serrage.

Art. 3. — Les coefficients ci-dessus, correspondent aux qualités suivantes :

Fers profilés, plats, tôles, dans le sens du laminage		All. °/₀ 8	Rupture 32
Tôles dans le sens perpendiculaire au laminage		3,5	28
(Éprouvettes de 200.)	Acier laminé	22	42
	Rivets en fer	16	36
	— acier	28	38

Dans l'acier les trous des rivets seront forés ou alésés après le perçage sur une épaisseur de 1 $^m/_m$, les bords des pièces coupées à la cisaille, seront affranchies sur la même épaisseur.

Train-type. — *Art.* 4. — En ce qui concerne les fermes longitudinales, on examinera l'hypothèse du passage, sur chaque voie, du train ci-dessous.

Fig. 210.

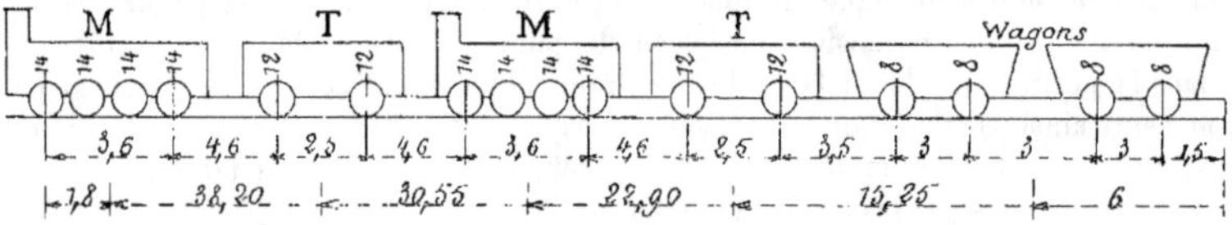

Pression du vent. — *Art.* 5. — Le travail du métal sous l'influence des plus grands vents ne devra pas dépasser de plus de 1 k. les limites ci-dessus.

On admettra que la pression du vent par m. c. peut s'élever à 270 k., mais que le passage des trains est interrompu lorsqu'elle atteint 170 k.

On supposera, en outre, que cette pression s'exerce sur la surface nette, déduction faite des vides, de chacune des maîtresses-poutres, qu'elle agit intégralement sur l'une d'elles et que, sur la suivante, elle est diminuée d'une fraction de sa valeur égale au rapport de la surface nette de la première à la surface totale limitée par son contour; enfin que l'effet du vent, en arrière de ces deux poutres est négligeable. Pour les piles métalliques, on supposera que la pression s'exerce intégralement sur la surface nette de toutes les pièces.

Dans l'hypothèse d'un train placé sur le pont, on comptera, pour la surface verticale nette, un rectangle de 3^m de haut ayant la même longueur que le pont et dont le côté inférieur sera placé à 0^m,50 au-dessus du rail; on déduira de ce rectangle la surface nette de la partie de la première poutre placée en avant et on supposera que la pression du vent est nulle sur la partie de la seconde poutre masquée par le train.

Enfin on s'assurera que les efforts de glissement transversal et de renversement des tabliers et des piles métalliques sous l'action du vent n'atteignent pas des limites dangereuses, en tenant compte des conditions spéciales dans lesquelles pourront être placés les ouvrages et en supposant que le train défini ci-dessus est composé de wagons vides.

Voies étroites.

Art. 13. — Les prescriptions précédentes s'appliquent aux chemins de fer à voie dont la largeur n'est pas inférieure à 1 m. sauf les modifications suivantes :

Le poids par essieu des machines du train-type sera réduit à $10^t \times l$, l étant la largeur de la voie (à l'intérieur des rails). Le train-type sera composé comme suit :

Pour le calcul du travail du métal sous l'action d'un essieu isolé, on admettra une charge de $14^t \times l$.

Fig. 211.

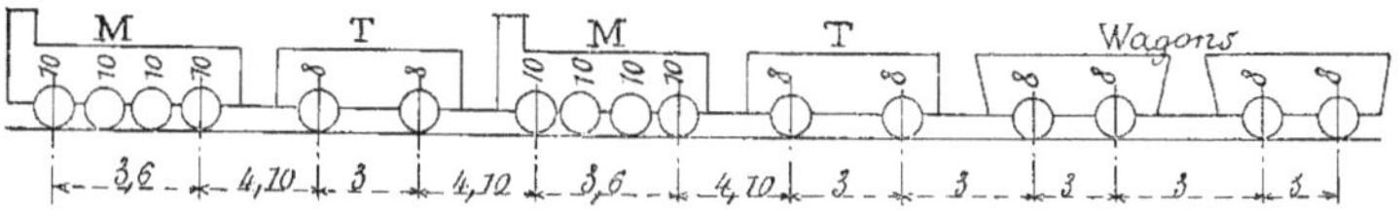

Ponts portant des voies de terre.

Art. 15. — Les ponts à travées métalliques devront être en état de livrer passage aux voitures à 2 roues attelées au plus de 5 chevaux, et de 8 chevaux si elles sont à 4 roues.

Art. 16. — Les dimensions des différentes pièces des ponts seront calculées dans les conditions fixées à l'art. 2, sauf la substitution au train-type des charges définies art. 17.

Art. 17. — Le travail du métal par $^m/_m$ c. ne dépassera pas les limites fixées, art 2 ; 1° sous l'action d'une surcharge uniformément répartie de 400^k par m. c. sur toute la largeur de l'ouvrage, compris les trottoirs ; 2° sous le passage de tombereaux à 1 essieu à 2 chevaux (fig. 212) et formant autant de files continues que le comportera la largeur de la chaussée. On admettra pour faire ce calcul, que les trottoirs sont surchargés à 400^k par m. c.

Fig. 212.

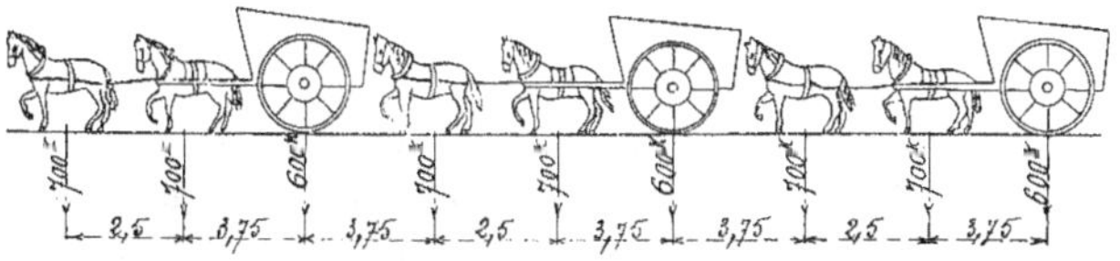

Fig. 213.

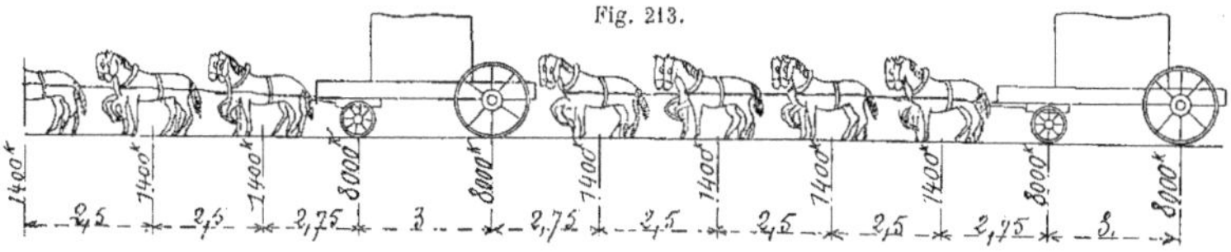

On s'assurera que le travail du métal par $^m/_m$ c. dans chaque pièce ne dépasse pas de plus de 1^k les limites de l'art. 2, dans le cas où on substituerait à l'un des tombereaux un véhicule pesant 11 tonnes de mêmes dimensions, traîné par 5 chevaux en file, et, dans le cas ou ces tombereaux seraient remplacés sur toute la surface du tablier, par des chariots à deux essieux traînés par 8 chevaux sur deux files (fig. 213).

Art. 18. — Les prescriptions des art. 5, 6, 7, 8 et 10 sont applicables ici. Toutefois pour le calcul de la pression du vent (art. 5) il ne sera pas tenu compte de la présence possible de véhicules sur le pont.

§ II. — Poids propre des Ponts métalliques.

Les poids ci-après de la partie métallique des ponts ont été calculés d'après les surcharges que fixe le réglement de 1891. Pour une portée donnée, le poids varie suivant les proportions des poutres et le mode de construction, les poids que nous donnons ne sont donc pas absolus. Ces poids s'entendent pour une travée unique ; pour un pont à poutres continues de portées l, on prendra les poids correspondants à des portées réduites :

POIDS PAR MÈTRE COURANT DES PONTS A VOIES DE FER NORMALE

Portée	Ponts à une voie				à 2 voies	
	Acier		Fer		Poids moyen	
	moyen	minim.	moyen	minim.	acier	fer
4	570	330	660	390	970	1120
5	620	350	715	410	1110	1290
6	635	380	735	440	1160	1340
7	665	400	770	470	1220	1400
8	690	420	795	490	1260	1450
9	710	440	825	510	1310	1520
10	735	460	850	530	1350	1560
12	810	500	935	570	1470	1700
14	875	540	1020	620	1590	1830
16	930	590	1080	680	1700	1960
18	1000	650	1160	750	1810	2100
20	1100	690	1220	800	1940	2250
25	1250	780	1430	925	2200	2600
30	1400	900	1630	1070	2500	3000
35	1580	1030	1830	1200	2850	3350
40	1760	1140	2030	1390	3210	3720
45	1920	1280	2250	1510	3500	4120
50	2100	1440	2470	1700	3850	4500
60	2450	1750	2900	2150	4450	5350
80	3100	2450	3800	3100	5700	7000
100	3750	3150	4750	4000	7100	8700

Le poids de la voie, traverses, longrines et platelage, non compris.

aux 0,90 l pour ponts à deux travées ;
— 0,85 l pour plusieurs travées.

Pour les ponts de chemins de fer on ajoutera le poids de la voie comme suit :

Voie simple	Sur longrines le mètre courant	160^k
	Sur traverses espacées de 0,70	190
	Platelage de 8 c/m	300

Pour les ponts à voie de terre on ajoutera le poids de la chaussée et plancher, dont on peut arrêter d'avance la construction, en se basant sur les poids suivants :

Chaussée macadam, épaisseur 0^m,25	le mètre carré	450^k
Voûtes briques de 11 c/m garnies en betons, et chape de 2 c/m	id.	400^k
Voûtes id. de 23 c/m — — —	id.	650^k
Plancher fers Zorès (V.) — — —	id.	60^k
id. en tôles embouties de 8^m/m d'épaisseur	id.	75^k

Les poids par mètre carré s'obtiennent en divisant les poids par mètre courant du tableau par la largeur du pont $l=7^m$, ou $l=4^m$.

POIDS MOYEN PAR MÈTRE COURANT DES PONTS A VOIE DE TERRE

Portée	à chaussée Macadam sur voûtes ou plancher métallique				à platelage en bois			
	largeur 7^m		largeur 4^m		largeur 7^m		largeur 4^m	
	Fer	Acier	Fer	Acier	Fer	Acier	Fer	Acier
5	1190	1030	704	610	970	840	570	500
6	1225	1060	730	636	1000	860	590	516
8	1300	1120	780	680	1040	900	630	544
10	1370	1180	840	720	1100	940	670	576
12	1460	1250	890	770	1150	990	710	610
15	1550	1340	970	840	1240	1060	770	660
20	1740	1490	1110	950	1400	1200	870	750
25	1950	1660	1260	1070	1550	1320	980	840
30	2150	1830	1400	1190	1720	1460	1100	940
35	2350	2000	1550	1300	1900	1610	1220	1040
40	4550	2150	1690	1420	2100	1750	1350	1130
45	2760	2320	1840	1540	2280	1920	1480	1250
50	3000	2500	2000	1670	2500	2090	1610	1360
60	3430	2850	2310	1920	2900	2420	1900	1580
70	3900	3220	2640	2180	3360	2760	2200	1800

Les poids du plancher métallique, de la chaussée ou du platelage ne sont pas compris dans ces poids.

§ III. — Train-type, voie normale.

Efforts tranchants. — L'effort tranchant sur un appui est maximum quand le 1er essieu de la locomotive de tête du train est très près de cet appui et que le train couvre tout le pont.

En groupant les charges des essieux également chargés et en écrivant les distances (v. fig. 210) du centre de gravité de chaque groupe à l'appui de droite on calculera l'effort tranchant F_0 sur l'appui de gauche comme suit. Nous supposons une travée de 40^m et le 1er essieu sur l'appui A, les distances des groupes à l'appui B sont alors ceux écrits sur la fig. 210.

$$F_0 = \frac{32000 \times 6 + 24000 \times 15,25 + 56000 \times 22,9 + 24000 \times 30,55 + 56000 \times 38,2}{40} = 117820.$$

C'est ainsi qu'ont été calculées les valeurs de F_0 du tableau suivant. A ces efforts tranchants il faudra ajouter ceux qui sont engendrés par le poids mort.

Moments fléchissants (fig. 214). — Nous avons indiqué précédemment la

Fig. 214.

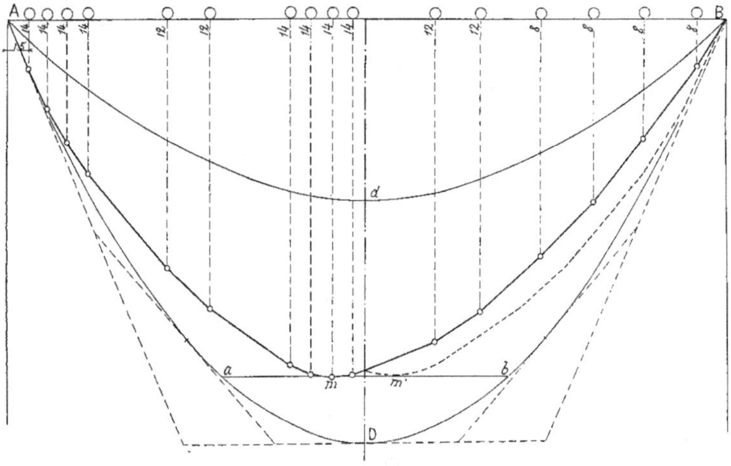

méthode graphique qui détermine les moments et le moment maximum sur une poutre simple, dus à des charges mobiles, mais à intervalles constants, comme celles d'un train.

Cette méthode graphique est tout à fait suffisante et nous jugeons inutile de citer la méthode analytique. Nous nous bornerons à rappeler la règle indiquée par Winckler dans son ouvrage déjà cité. *Le moment dans une section est maximum quand la charge par unité de longueur est la même de chaque côté de la dite section.* Nous savons aussi :

1° que ce maximum correspond à un des sommets du funiculaire, c'est-à-dire à l'un des essieux du train; 2° que tous les moments sont maximums quand le train couvre toute la poutre. Le moment maximum est donc sous l'un des essieux qui se trouvent de chaque côté de la verticale passant par le centre de gravité du train.

Sur la fig. 214 nous n'avons pas tracé le polygone rectiligne des charges ni les rayons au pôle, mais simplement le polygone AmB qui en résulte. Comme le train peut circuler en sens inverse, on trace un second funiculaire $m'B$, symétrique au premier.

Surcharge uniforme p, équivalente au train parabole enveloppe des moments. — Le calcul de la charge uniforme, équivalant à plusieurs charges mobiles, se fait comme il est dit page 47. La charge uniforme doit produire sur l'appui le même effort tranchant F_0 que l'ensemble des charges mobiles ;

on a $$F_0 = p\frac{l}{2}, \qquad \text{d'où} \qquad p = 2\frac{F_0}{l}.$$

C'est ainsi que sont calculées les valeurs de p du tableau suivant. La parabole des moments correspondant à p, enveloppe toutes les paraboles qui correspondent à chaque charge mobile. Cette parabole ADB (fig. 214) enveloppe donne évidemment au milieu de la poutre un moment plus fort que celui du train.

Pour une travée unique il y a une économie de métal à limiter la surface des moments au polygone ou à la parabole tronquée par la ligne ab. A cette surface il faut ajouter celle de la parabole Cd due au poids mort. Mais dans le cas des poutres continues il est plus simple d'ajouter de suite la surcharge uniforme p au poids mort q et de ne tracer qu'une seule parabole, le moment maximum est:

$$\mu = 1/8\,(p + q)\,l^2 = CD + Cd.$$

Train-type, voie de 1^m. — Les charges de ce train sont données figure 211. On calcule comme précédemment l'effort tranchant F_0 sur l'appui et les moments ; ou on détermine graphiquement ces efforts tranchants, en y joignant ceux dus au poids mort. On détermine de même les moments en traçant le funiculaire de ces charges, ou en traçant la parabole enveloppe. Le second tableau suivant contient pour les portées de 4 à 50^m. Les valeurs de F_0 et p pour la surcharge ainsi que les moments maximums correspondants au funiculaire μ^m, ou ceux correspondants à la parabole $= 1/8\,pl^2$. A ces moments dus à la surcharge il faut ajouter ceux dus au poids mort.

RÉACTION F_0, p, ET MOMENTS MAXIMUMS. TRAIN-TYPE VOIE NORMALE

Portée l	Réaction F_0	Charge uniforme équivalente p	Moments maxim. du polygone	Moments maxim. parabole enveloppe $0{,}125\ pl^2$	Portée l	Réaction F_0	Charge uniforme équivalente p	Moments max. du polygone	Moments max. parabole enveloppe $0{,}125\ pl^2$
	k	k	k. m.			k	k	k. m.	
4	30800	15400	22500	30800	26	87800	6760	460000	571220
5	35800	14300	37400	44500	28	92900	6600	526000	649000
6	39200	13000	51200	58500	30	97500	6500	605000	731000
7	41600	11800	65100	72300	32	102000	6360	685000	814100
8	43400	10800	79000	86400	34	106000	6240	768000	901700
9	45800	10200	92900	102300	36	110000	6100	851800	988200
10	48000	9600	106900	120000	38	114000	6000	938000	1083000
11	50200	9100	120000	138900	40	117800	5890	1026000	1178000
12	52700	8780	136000	158000	42	121000	5800	1115800	1278900
13	54800	8400	163000	175000	44	125000	5680	1207600	1374560
14	56600	8080	170000	198000	46	128500	5600	1300000	1481200
15	59000	7750	190000	218000	48	132000	5500	1396000	1584000
16	60000	7500	210000	240000	50	135000	5400	1492000	1687500
17	62500	7350	231000	285500	52	138000	5330	1591000	1801500
18	65300	7250	254000	293600	54	142000	5250	1691000	1913600
19	68300	7200	277300	324900	56	145000	5180	1792000	2030560
20	71700	7170	303200	358500	58	148000	5100	1896000	2144500
22	74800	7050	355200	426500	60	151000	5000	2000000	2250000
24	82800	6900	407200	496800					

Les efforts tranchants et moments maximums pour les longerons sous rails, sont la moitié des précédents.

A ces efforts tranchants et moments il y a lieu d'ajouter ceux qui sont dus à la charge permanente, considérée comme uniformément répartie.

Valeurs de F_0, p, et moments. Voies de fer de 1^m.

Portée l	F_0	p	Moments max.		Portée l	F_0	p	Moments max.	
			μ_m	$1/8\ pl^2$				μ_m	$1/8\ pl^2$
4	k 22000	11000	18000	22000	20	51800	5180	217600	259000
5	25600	10240	26000	32000	22	55800	5070	253000	306740
6	28000	9330	36000	41980	24	59700	4975	292400	358200
7	29700	8485	46000	51970	26	63300	4870	332400	411500
8	31300	7825	56000	62600	28	66700	4760	377600	466480
9	33200	7380	66000	74720	30	70200	4680	430800	526500
10	34600	6920	76000	86500	32	73400	4580	490800	586240
11	36100	6560	86800	100470	34	76600	4500	552000	650250
12	37700	6280	98800	113040	36	79800	4430	616000	717660
13	39100	6000	110800	126750	38	82900	4360	680000	786980
14	40500	5780	124800	141600	40	85900	4290	747600	858000
15	42100	5600	138800	157500	42	89000	4238	815600	934730
16	43500	5400	152800	172800	44	91900	4177	885600	1010800
17	45000	5300	167600	191400	46	94900	4126	957600	1091300
18	47200	5240	183600	212220	48	97900	4080	1029600	1175000
19	49500	5200	199600	234650	50	100700	4028	1103600	1258750

§ IV. — Contreventement des ponts.

La poussée horizontale due au vent, sur les poutres d'un pont ou sur le train, se calcule comme il est dit à l'art. 5 du règlement précédent. La poussée sur le convoi se reporte entièrement sur les rails. Le contreventement le plus important est toujours celui sous rails. Ce contreventement empêche la déformation du pont non seulement contre l'action du vent, qui est la plus puissante, mais aussi contre les vibrations résultant du passage d'un train.

Les barres en diagonales du contreventement horizontal du tablier se calculent comme les barres de treillis verticales, en considérant l'effort tranchant. Soit p la poussée par mètre courant, sur le pont de longueur l; l'effort tranchant horizontal, aux extrémités du pont est : $F_0 = p\frac{l}{2}$; la tension U de la barre extrême, faisant l'angle α avec F se déduit de $F_0 = U \cos \alpha$, d'où $U = F_0 : \cos \alpha$. Si on trace la ligne oblique des efforts tranchants, les obliques parallèles aux barres donneront U dans chaque panneau. Si *ab* (fig. 215) représente F_0, *ac* représentera U.

Comme le vent peut agir en sens opposé, on dispose des barres symétriques aux premières. Ces diagonales de contreventement étant généralement longues, il est préférable de ne considérer que la traction, en faisant supporter tout l'effort tranchant à la barre tendue, plutôt que de répartir cet effort sur les deux barres, dont l'une serait tendue, l'autre comprimée.

Tablier inférieur. Contreventement en A seulement (fig. 215). — Le contreventement se calcule pour toute la poussée du vent sur le pont. Cette poussée tend à renverser les poutres et produit une torsion du pont d'où résulte un effort de soulèvement de la poutre du côté du vent, et un effort d'abaissement pour la poutre opposée au vent.

Fig. 215.

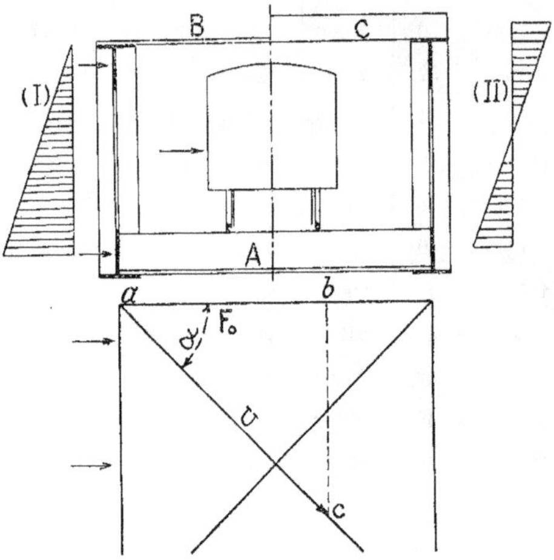

La poussée horizontale du vent produit encore sur le tablier un moment fléchissant horizontal, d'où résulte une compression pour la membrure du côté du vent et une tension pour l'autre.

Nous ne nous arrêterons pas au calcul de ces tensions secondaires.

Tablier inférieur. Contreventement double en A et B. — On calcule séparément la poussée sur le tablier et sur le haut de la poutre et par suite aussi le contreventement inférieur et le supérieur. Les montants verticaux, qui transmettent au tablier la poussée supérieure subissent une flexion dont les moments sont représentés (fig. 1) si les poutres ne sont pas entretoisées par le haut. Mais si ces poutres sont fortement entretoisées par des traverses C on peut les considérer comme encastrées haut et bas. Le moment de flexion des montants est alors (fig. 11) moitié du précédent. Ce moment se reproduit sur les poutres entretoisées haut et bas.

Le moment des montants sur piles, à l'extrémité des poutres, est maximum, puisque l'effort tranchant horizontal y est maximum. Il faut en effet que ces montants extrêmes puissent transmettre au tablier inférieur, qui seul est buté sur les appuis, la plus grande partie possible de l'effort tranchant horizontal que subit le contreventement supérieur.

Tablier supérieur. Contreventement double (fig. 216). — On calcule comme précédemment le contreventement supérieur, qui est le plus important, et le contreventement inférieur, qui est seul buté sur les appuis. Mais ici la solidarité de ces deux contreventements est mieux établie que précédemment, par suite des diagonales verticales qui entretoisent les poutres.

Fig. 216.

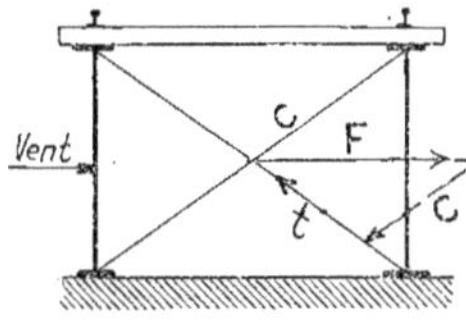

Fig. 217.

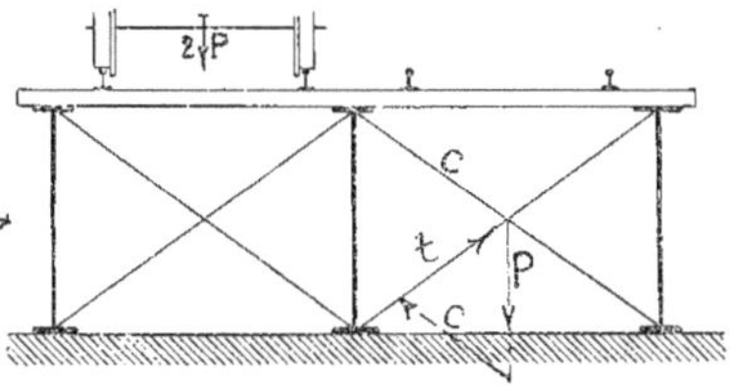

Entretoises. — Comme précédemment ces diagonales présenteront la plus grande section sur les appuis. Soit F l'effort tranchant horizontal supérieur, dans un panneau, si on les décompose suivant les directions des diagonales on obtient la traction *t* pour la barre *t* et la compression *c* pour la barre *c*.

Cas de 3 poutres (fig. 217). — Le système des diagonales étant double, les efforts qu'elles supportent pour un même effort F sont moitié des précédents.

Ces diagonales ont encore pour effet, dans le cas de 3 poutres et 2 voies, d'assurer le parallélisme des poutres et de transmettre sur les 3 poutres une charge non symétrique. Soit sur une voie 2 P la charge correspondant à un panneau ou à un système de diagonales ; les diagonales à droite de la figure subiront la charge P ; si on la décompose suivant la direction des barres, on obtient la traction *t* pour la barre *t* et la compression *c* pour la barre *c*. Ces tensions seront à ajouter à celles dues au vent.

§ V. — Calcul des piles métalliques.

Planche XXXIV

La charge sur une section d'une pile se compose du poids de la portion du tablier et du train afférent à la pile considérée, plus le poids de la portion de la pile supérieure à la dite section.

Cette charge est supportée uniquement par les quatre membrures, tandis que les diagonales, qui constituent le contreventement, s'opposent à la déformation par flexion des membrures, sous la poussée du vent.

La poussée du vent sur le tablier, le train et la pile même, se calcule comme cela est dit au règlement : soit à raison de 170 k. par mètre carré sur le tablier et le train, et 270 k. sur le tablier seul sans le train; quant à la pile, on admet que la poussée du vent s'exerce intégralement sur la surface nette de toutes les pièces.

Nous admettons que les membrures de la pile sont (fig. 1) inclinées et que leurs directions prolongées se rencontrent au point O. La hauteur de la pile est divisée en un certain nombre de panneaux comportant chacun deux diagonales. On considère d'abord un seul système de ces diagonales, celles qui s'élèvent à droite par exemple, les autres auront évidemment la même section; il suffira de ne considérer dans chaque panneau que la moitié de la poussée du vent pour déterminer la tension des barres simples.

Soit : 1, 2, 3, 4, 5, 6 et 7 les efforts dus au vent sur le tablier, sur le convoi et en chacune des divisions des panneaux. Formons (fig. 2) le polygone rectiligne de ces forces et menons les rayons à un pôle quelconque, mais pris sur la verticale menée à l'extrémité du polygone, traçons (fig. 1) le funiculaire correspondant. En prolongeant les cotes extrêmes le point R où ces cotes se coupent détermine la position de la résultante de ces forces 1 à 7. En prolongeant de même les autres côtés du funiculaire on obtient les points par où passent les résultantes r_2 à r_6 des forces situées au-dessus de chaque panneau.

Tensions des diagonales. — Considérons par exemple la barre inférieure (5), prolongeons-la jusqu'à la rencontre de r_6 et joignons ce point de rencontre au point o de concours des arbalétriers; puis décomposons r_6 suivant ces deux directions et on obtient t_5 pour la tension de la barre 5 et t_5' pour la force agissant au sommet o.

Tensions des arbalétriers. — Si on décompose t_5' suivant les deux directions de O A et O B ces arbalétriers, on obtient une traction T_5 pour OB et une compression T_4' pour O A. Si maintenant on faisait le même tracé pour le second système de barres obliques, on trouverait une traction T_5' pour O A et une compression T_5 pour O B. Chaque arbalétrier supporte donc une tension totale $T_5 + T_5'$ qui est une traction du côté du vent et une compression du côté opposé au vent. Cette compression totale s'ajoute à la compression normale que subit la pile sous le poids du tablier, du train, et le poids propre de la pile. La section de l'arbalétrier se déterminera en considérant que cet arbalétrier a la longueur l d'un panneau et qu'il est encastré à ses deux extrémités.

On détermine de même les tensions dans les autres barres obliques et des arbalétriers dans chaque panneau.

Amarrages. — La poussée totale du vent, passant en R, composée avec le poids total Q, donne la résultante R_1. La tension des boulons d'amarrage en B s'obtient en prenant les moments autour de A; on a :

$$R_1\, a = B\, b, \quad \text{d'où} \quad B = R_1 \frac{a}{b}.$$

CHAPITRE XIV

PONTS SUSPENDUS

Calcul des câbles de suspension. — Soit (fig. 218) p la charge uniforme par mètre courant de la longueur $2\,l$, comprenant le poids du tablier et la charge d'épreuve. Nous négligeons pour le moment le poids du câble. Le polygone funiculaire est alors circonscrit à une parabole et la tension horizontale est constante en tous points.

Fig. 218.

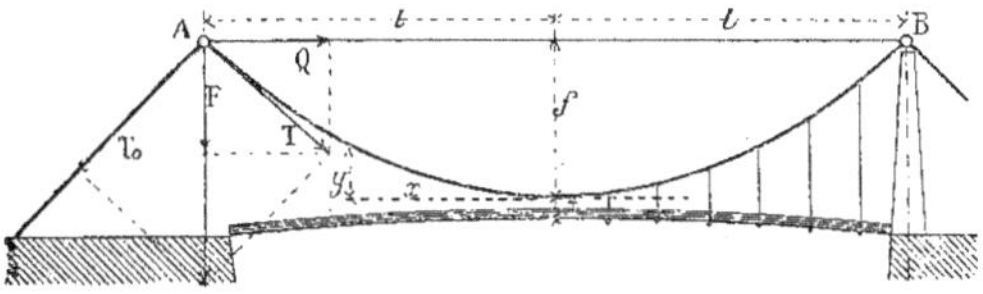

Si les tiges de suspension sont assez rapprochées, le polygone se confond avec la courbe parabolique dont f est la flèche.

La tension totale T, dirigée suivant les tangentes extrêmes de la courbe, est la résultante des composantes horizontales Q et verticales F sur chaque appui.

Q s'obtient en prenant les moments par rapport au sommet de la courbe.

On a :

$$F = pl, \qquad Qf = pl\frac{l}{2}, \qquad \text{d'où} \qquad Q = \frac{pl^2}{2f} \qquad (a)$$

d'où

$$T = SR = nsR = \sqrt{Q^2 + F^2} = \frac{pl}{2f}\sqrt{4f^2 + l^2}. \qquad (b)$$

On se donne habituellement la flèche f, qui varie de 1/20 à 1/10 de la portée $2\,l$.

Pour un câble donné capable d'une tension RS, on peut demander quelle flèche il faut lui donner pour porter un poids uniforme p. On a :

$$Q = \sqrt{T^2 - F^2} = \frac{pl^2}{2f}, \qquad \text{d'où} \qquad f = \frac{pl^2}{2\sqrt{T^2 - (pl)^2}}. \qquad (c)$$

Dans cette relation, p pourra comprendre le poids du câble.

Les appuis ne sont pas de niveau (fig. 219). — Les relations précédentes s'appliquent encore en substituant à f et l des relations précédentes les valeurs $f_{,}$ et $l_{,}$ pour $T_{,}$ en A, $f_{,,}$ et $l_{,,}$ pour $T_{,,}$ en B. Les relations entre ces quatre quantités se déduisent de ce que la tension horizontale est constante. On a :

$$Q = \frac{pl_{,}^2}{2f_{,}} = \frac{pl_{,,}^2}{2f_{,,}}, \qquad \text{d'où} \qquad l_{,} : \sqrt{f_{,}} :: l_{,,} : \sqrt{f_{,,}} :: l_{,} + l_{,,} : \sqrt{f_{,} + f_{,,}},$$

d'où

$$l_1 = l_1 + l_{\prime\prime} \frac{\sqrt{f_1}}{\sqrt{f_1 + f_{\prime\prime}}} \quad \text{et} \quad l_{\prime\prime} = l_1 + l_{\prime\prime} \frac{\sqrt{f_1 + f_{\prime\prime}}}{\sqrt{f_{\prime\prime}}}. \qquad (d)$$

Si donc on se donne l'une des flèches $f_{\prime}$ ou $f_{\prime\prime}$, l'autre sera connue, puisque la différence de niveau des appuis $h = f_{\prime\prime} - f_{\prime}$ est donnée. On aura aussi $l_{\prime}$ et $l_{\prime\prime}$, puisque la distance horizontale $l_{\prime} + l_{\prime\prime}$ des appuis est donnée. Il suffit de calculer la tension $T_{\prime\prime}$ pour l'appui le plus élevé ; on en déduira la section du câble.

Fig. 219.

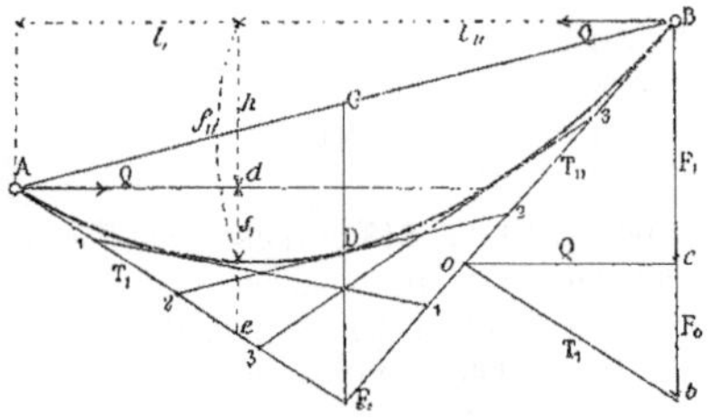

Résistance R. — Les ponts et chaussées admettent pour les câbles en fils de fer : charge de rupture $= 54$ k., charge de sécurité $= 18$ k.

Tracé de la parabole et calcul graphique des tensions. — Prenons le cas le plus général, celui où les appuis ne sont pas de niveau. h est la différence de niveau donnée. Le tracé de la parabole se fait facilement en menant les tangentes extrêmes (28). Si on donne la flèche f_1 du sommet de la parabole, on a $f_{\prime\prime} = h + f_1$, d'où on tire les distances l_1, $l_{\prime\prime}$. On prend $de = 2 f_1$. La ligne Ae est la tangente extrême en A. En la prolongeant jusqu'en E sur la verticale du milieu de la travée, BE sera la tangente extrême en B. Si maintenant on divise ces lignes en un même nombre de parties égales, les lignes 1 — 1, 2 — 2, 3 — 3 sont autant de tangentes à la parabole, qu'il est alors facile de tracer. Comme vérification on doit avoir CE $=$ 2 CD.

Pour obtenir la valeur des tensions, qui sont dirigées suivant ces tangentes extrêmes, il suffit de remonter au polygone rectiligne des charges (56). Prenons B b, représentant à une échelle donnée 1 : n la charge totale $p\,(l_1 + l_{\prime\prime})$; menons bo parallèle à AE : on obtient le pôle o. Bo représente $T_{\prime\prime}$ et bo représente $T_{\prime}$; la distance polaire oc représente la tension horizontale Q ; enfin, $bc = F_0$ et B$c = F_1$.

On voit facilement comment, dans le cas de la charge uniforme, si la tension $T_{\prime\prime}$ était donnée, les charges verticales F_1, $F_{\prime\prime}$ restant les mêmes, en la portant à l'échelle ci-dessus, on déterminerait Q et les nouvelles directions des tangentes extrêmes, et par suite les flèches, en effectuant le tracé de la courbe.

Cas de charges concentrées P_1, P_2, P_3 (fig. 220). — Voyons comment s'applique la méthode graphique. Calculons F^0 et F_1 ; ce sera souvent plus simple que de les déterminer graphiquement. On a :

$$F_1\,L = P_1\,l_1 + P_2\,l_2 + P_3\,l_3 \ldots$$

d'où

$$F_0 = P_1 + P_2 + P_3 \ldots - F_1.$$

Si maintenant nous formons le polygone des charges B $b = P_1 + P_2 + P_3 \ldots$ et si nous portons $Bc = F_1$, on aura $cb = F_0$. C'est sur l'horizontale du point c que se trouve le pôle. Il faut donc pour déterminer le funiculaire se donner ou cette distance polaire, représentant la tension horizontale Q, ou la direction d'un des côtés extrêmes, Bo par exemple. Le pôle o étant connu, on mène les divers rayons qui déterminent les directions des divers côtés du funiculaire.

Fig. 220.

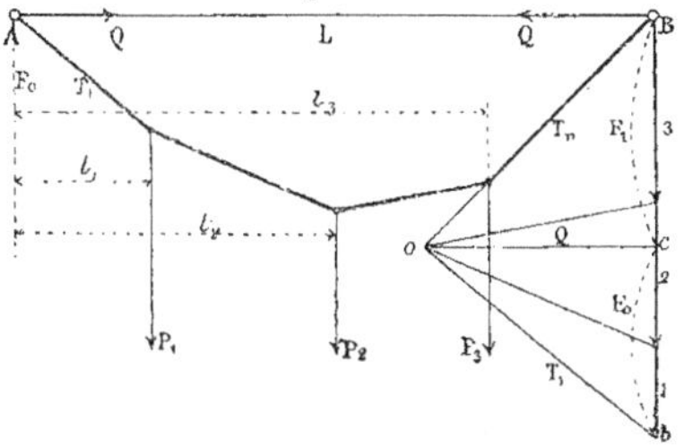

ÉCHELLES. — Si les échelles des longueurs et des flèches sont les mêmes, les tensions, T_1, T_{11} Q seront à la même échelle 1 : n que la charge totale; mais si les flèches sont à une échelle m fois plus grande que les longueurs, ce que l'on fait habituellement, l'échelle de Q sera aussi m fois plus petite que celle des charges, soit à l'échelle $\frac{1}{n'} = \frac{1}{mn}$, et puisque $T = \sqrt{Q^2 + F_2}$, l'échelle des tensions selon la direction des tangentes sera :

$$\frac{1}{K} = \sqrt{\left(\frac{1}{n'}\right)^2 + \left(\frac{1}{n}\right)^2}.$$

Exemple : Prenons pour unité de charge 1 tonne = 1000^k représentée par 1^m, soit $\frac{1}{n} = \frac{1}{100}$ l'échelle des flèches ou des charges; 1 millim. représentera 100 kg.

Soit $m = 8$, d'où $\frac{1}{n} = \frac{1}{800}$ échelle des longueurs et de Q. L'échelle des T sera :

$$\frac{1}{K} = \sqrt{\left(\frac{1}{800}\right)^2 + \left(\frac{1}{100}\right)^2} = \frac{1}{62{,}44},$$

c'est-à-dire que 1 millimètre des rayons Bo, bo, etc. représentera 62^k,44.

Longueur du câble. — Soit λ la longueur d'un arc de parabole, compté du sommet de la courbe à l'un des appuis. En considérant cet arc comme un arc de cercle, on obtient la relation suivante, suffisante en pratique :

$$\lambda = l\left(1 + \frac{2}{3}\left(\frac{f}{l}\right)^2\right) = Kl, \quad \text{d'où} \quad l = \frac{\lambda}{K}. \qquad (e)$$

Si les appuis sont de niveau, la longueur totale est 2 λ; dans le cas contraire, on calculera les arcs λ_1 et λ_{11} pour les longueurs l_1, l_{11} correspondant aux flèches f_1, f_{11}. La longueur totale $= \lambda_1 + \lambda_{11}$.

Calcul exact du câble de suspension. — Appelons q le poids par mètre de câble pour S = 1 $^m/_m$. Ce poids dépend de la torsion, et pour 1^m,10 de fil par mètre, $q = 0{,}0085$. Le poids de l'arc λ est $q\lambda$S, et si p est la charge uniforme par mètre et par câble, on a : $F = pl + q\lambda S$.

Si α est l'angle que fait la tangente extrême ou T avec l'horizontale, on a aussi :

$$F = T \sin \alpha, \qquad Q = T \cos \alpha = S \times Q \cos \alpha,$$

d'où

$$T = \frac{F}{\sin \alpha} = \frac{pl + q\lambda S}{\sin \alpha} = RS, \qquad \text{d'où} \quad S = \frac{pl}{R \sin \alpha - 0{,}0085\lambda}. \qquad (a)$$

Pour calculer S et Q, il suffit d'exprimer $\sin \alpha$ et $\cos \alpha$ en fonction de l et de f (1) :

$$\operatorname{tang} \alpha = \frac{2f}{l}, \qquad \cos \alpha = \frac{1}{\sqrt{1 + \left(\frac{2f}{l}\right)^2}}, \qquad \sin \alpha = \frac{1}{\sqrt{1 + \left(\frac{l}{2f}\right)^2}}.$$

Tiges de suspension. — Pour une abscisse x comptée à partir du sommet de la parabole (fig. 218), l'ordonnée correspondante au-dessus de ce sommet est : $y = f\frac{x^2}{l^2}$. On calcule de même les ordonnées y' de la courbe du tablier, parabolique, et si z est la distance des sommets des courbes, la longueur d'une tige est $y + y' + z$.

La charge qu'elles supportent, si leur écartement est m, est pm.

Câble de retenue. — Sa direction étant donnée (fig. 221) ainsi que celle du support, on aura la tension T_0 et la compression Am du support en décomposant la tension T du câble de suspension suivant ces deux directions.

Fig. 221.

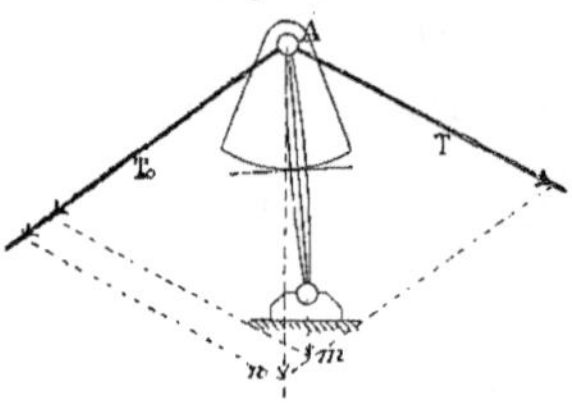

Si le câble de retenue ou T_0 est donné ainsi que sa direction, en composant T_0 et T on détermine la direction du support ou plus généralement celle de la résultante et sa valeur. Avec un secteur, la résultante de T_0 et T est la verticale An, comme il convient pour des supports en maçonnerie.

---

(1) La trigonométrie donne (fig. 222 : $\sin \alpha : \operatorname{tang} \alpha :: \cos \alpha :$

ou $\sin \alpha = \cos \alpha \times \operatorname{tang} \alpha$. et $\cos = \frac{\sin \alpha}{\operatorname{tang} \alpha}$

On a aussi : $\overline{\sin}^2 \alpha + \overline{\cos}^2 \alpha = 1 = \overline{\cos}^2 \alpha (1 + \operatorname{tang}^2 \alpha) = \overline{\sin}^2 \alpha \left(1 + \frac{1}{\overline{\operatorname{tang}}^2 \alpha}\right)$.

d'où : $\cos \alpha = \frac{1}{\sqrt{1 + \operatorname{tang}^2 \alpha}}$ et $\sin \alpha = \frac{1}{\sqrt{1 + \left(\frac{1}{\operatorname{tang}^2 \alpha}\right)}}$.

Fig. 222.

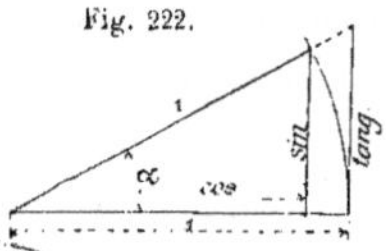

FIN

TABLE DES MATIÈRES

DU

MANUEL DES CONSTRUCTIONS MÉTALLIQUES

PREMIÈRE PARTIE

RÉSISTANCE DES MATÉRIAUX

CHAPITRE PREMIER

FORMULES GÉNÉRALES DE LA RÉSISTANCE

CHAPITRE II

§ 1. — COEFFICIENTS DE RÉSISTANCE

DEUXIÈME PARTIE

SYSTÈMES TRIANGULAIRES. — MÉTHODE DES MOMENTS

CHAPITRE VI

CALCUL DES TENSIONS DANS LES SYSTÈMES TRIANGULAIRES

TROISIÈME PARTIE

GRAPHOSTATIQUE APPLIQUÉE AUX SYSTÈMES TRIANGULAIRES, POUTRES SIMPLES ET ENCASTRÉES

CHAPITRE VII

DÉTERMINATION GRAPHIQUE DES TENSIONS DANS LES SYSTÈMES TRIANGULAIRES

CHAPITRE VIII

DÉTERMINATION GRAPHIQUE DES MOMENTS ET EFFORTS TRANCHANTS DANS LES POUTRES SIMPLES

CHAPITRE IX

DÉTERMINATION GRAPHIQUE DES MOMENTS. POUTRES ENCASTRÉES A SECTION CONSTANTE (MÉTHODE DE MOHR)

QUATRIÈME PARTIE

CALCUL DES ARCS. — MÉTHODE ANALYTIQUE ET GRAPHIQUE

CHAPITRE X

CALCUL DES ARCS. — MÉTHODE ANALYTIQUE

CHAPITRE XI

CALCUL DES ARCS. — MÉTHODES GRAPHIQUES

CINQUIÈME PARTIE

DONNÉES DE CONSTRUCTION. — RÈGLEMENT. — APPLICATIONS

CHAPITRE XII

DONNÉES DE CONSTRUCTION

CHAPITRE XIII

PONTS. — DONNÉES. — APPLICATION

CHAPITRE XIV

PONTS SUSPENDUS

LISTE DES OUVRAGES DE J. BUCHETTI

Aide-mémoire Français. — Un volume in-18°, 524 fig., relié. . Prix fr. 10

Les machines à vapeur actuelles. — 2e édition.

1re Partie. Calculs des machines, 1 vol. in-4°, 127 fig. 2 pl. . . . } Prix 40
2e — Distributions, 1 vol. texte, 1 atlas de 18 pl. in-4°. . . }
3e — Construction, 1 vol. in-4°, 281 fig., 1 album in-f° 50 pl. . Prix 50
L'ouvrage pris complet . . . . Prix 75

Supplément aux machines à vapeur actuelles (1re édition). — Texte in-4°, fig. et album de 20 planches (quelques exemplaires). Prix 30

Les machines à vapeur à l'Exposition de 1889. — Texte in-4°, fig. et album de 40 planches (quelques exemplaires). . . . Prix 50

Guide pour l'essai des moteurs à vapeur, à gaz. (3e édition). — Un vol. in-8°, 179 figures, cartonné. . . . . Prix 15
(Cet ouvrage a été traduit en anglais.)

De la mesure du travail des machines-outils, etc. — Dynamos et dynamomètres, texte avec 27 figures et 17 planches. Prix 15

Les moteurs hydrauliques actuels (2e édition). — 2 vol. in-4°, et album de 40 planches, en carton . . . . Prix 60

Les Turbines actuelles. — Texte et album de 30 planches . . Prix 40

Les Pompes centrifuges et rotatives. — Théorie et construction, 1 vol. in-8°, 35 fig., 20 planches . . . . Prix 15

Manuel des constructions métalliques. — Nouvelle édition (3me) refondue et augmentée. — Texte in-4° avec 222 figures et Atlas cartonné de 39 planches . . . . Prix 40

Angers, Imp. A. Burdin et Cie, rue Garnier, 4.

LISTE DES OUVRAGES DE J. BUCHETTI

Aide-mémoire Français. — Un volume in-18°, 524 fig., relié. . Prix fr. 10

Les machines à vapeur actuelles. — 2e édition.

1re Partie. Calculs des machines, 1 vol. in-4°, 127 fig. 2 pl. . . .	Prix	40
2e — Distributions, 1 vol. texte, 1 atlas de 18 pl. in-4° . . .		
3e — Construction, 1 vol. in-4°, 281 fig., 1 album in-f° 50 pl. .	Prix	50
L'ouvrage pris complet	Prix	75

Supplément aux machines à vapeur actuelles (1re édition). — Texte in-4°, fig. et album de 20 planches (quelques exemplaires). Prix 30

Les machines à vapeur à l'Exposition de 1889. — Texte in-4°, fig. et album de 40 planches (quelques exemplaires) . . . Prix 50

Guide pour l'essai des moteurs à vapeur; à gaz. (Nouvelle édition (3e) refondue.) — Un vol. in-8°, 179 figures, cartonné. Prix 15
(Cet ouvrage a été traduit en anglais, dès son apparition.)

De la mesure du travail des machines-outils, etc. — Dynamos et dynamomètres, texte avec 27 figures et 17 planches. Prix 15

Les moteurs hydrauliques actuels (2e édition). — 2 vol. in-4°, et album de 40 planches, en carton . . . . Prix 60

Les Turbines actuelles. — Texte et album de 30 planches . . Prix 40

Les Pompes centrifuges et rotatives. — Théorie et construction, 1 vol. in-8°, 35 fig., 20 planches . . . . Prix 15

Manuel des constructions métalliques. — Nouvelle édition (3me) refondue et augmentée. — Texte in-4° avec 222 figures et Atlas cartonné de 39 planches . . . . Prix 40

Angers, Imp. A. Burdin et Cie, rue Garnier, 4

www.ingramcontent.com/pod-product-compliance
Lightning Source LLC
Chambersburg PA
CBHW060346200326
41519CB00011BA/2052
* 9 7 8 2 3 2 9 0 6 1 5 6 6 *